U0954393

◀ 船舶就位

▲ 单桩运输

单桩基础自沉 ▶

▲ 单桩基础压锤及沉桩

单桩沉桩完成 ►

◄ 风机安装完成

◀ 导管架运输船进位

升压站导管架基础工程桩插桩自沉 ▶

KEY TECHNOLOGY OF
OFFSHORE WIND FARM CONSTRUCTION IN
MINGYANG YANGJIANG SHAPA PROJECT

# 明阳阳江沙扒项目
# 海上风电场
# 施工关键技术

保利长大港航工程有限公司　保利长大工程有限公司　编著

人民交通出版社
北　京

## 内 容 提 要

本书是一本关于海上风电项目建设的书籍，是基于保利长大工程有限公司在参建明阳阳江沙扒海上风电项目过程中形成的施工关键技术所编写，主要内容包括风机基础建设、升压站基础建设和风机机组安装技术。全书从研究及应用的角度详尽地介绍了各分项工程所涉及的主要施工技术，各章节内容相互衔接又相互独立。本书适合从事海上风电安装和其他海上施工工程的专业技术人员以及相关方向爱好者参考阅读。

**图书在版编目(CIP)数据**

明阳阳江沙扒项目海上风电场施工关键技术/保利长大港航工程有限公司，保利长大工程有限公司编著. —北京：人民交通出版社股份有限公司，2024.7

ISBN 978-7-114-19431-3

Ⅰ.①明… Ⅱ.①保… ②保… Ⅲ.①风力发电—发电厂—工程施工—广东 Ⅳ.①TM614

中国国家版本馆 CIP 数据核字(2024)第 047906 号

Mingyang Yangjiang Shapa Xiangmu Haishang Fengdianchang Shigong Guanjian Jishu

**书　　名**：明阳阳江沙扒项目海上风电场施工关键技术

**著 作 者**：保利长大港航工程有限公司　保利长大工程有限公司

**责任编辑**：郭晓旭

**责任校对**：孙国靖　刘　璇

**责任印制**：刘高彤

**出版发行**：人民交通出版社

**地　　址**：(100011)北京市朝阳区安定门外外馆斜街 3 号

**网　　址**：http://www.ccpcl.com.cn

**销售电话**：(010)59757973

**总 经 销**：人民交通出版社发行部

**经　　销**：各地新华书店

**印　　刷**：北京武英文博科技有限公司

**开　　本**：787×1092　1/16

**印　　张**：13.5

**插　　页**：2

**字　　数**：300 千

**版　　次**：2024 年 7 月　第 1 版

**印　　次**：2024 年 7 月　第 1 次印刷

**书　　号**：ISBN 978-7-114-19431-3

**定　　价**：88.00 元

（有印刷、装订质量问题的图书，由本社负责调换）

# 《明阳阳江沙扒项目海上风电场施工关键技术》
# 编写委员会

**主　　编**：陈永青

**副 主 编**：颜　波　彭小亮　陈文兵　何海群　周　文
罗国兵

**编写人员**：李宏权　刘永平　韩天星　袁春进　叶剑振
余细强　丘崇都　易燕武　李书博　米世勇
游　浩　王建波　王　嵘　洪鹏达　刘　鹏
王　燚

# 前言

PREFACE

当前，化石能源日益枯竭、环境污染问题日益严峻，而清洁能源发电具有无污染、可持续等优点，其中风力发电又是清洁能源发电技术中最成熟和最具开发规模的发电形式之一，因此海上风力发电被视为清洁能源发展的主要方向之一。对于广东来说，海上风电是现阶段最具有发展潜力的可再生能源，加快发展海上风电，是充分发挥广东海洋优势、培育新经济增长点的重要抓手之一。

2018 年 4 月，广东省发展和改革委员会印发《广东省海上风电发展规划（2017—2030 年）（修编）》（粤发改能新〔2018〕193 号），提出在 2020 年实现开工建设海上风电装机容量 1200 万 kW 以上，其中建成投产 200 万 kW 以上；在 2030 年实现建成投产海上风电装机容量约 3000 万 kW。该规划还对广东海上风电场址布局和项目建设进行了规划，计划建设海上风电场共 23 个，装机容量 6685 万 kW，总投资 12033 亿元；并从技术、制造业和服务业角度提出了广东海上风电产业发展的重要领域。

在广东省大力发展海上风电业务的时代背景下，2019 年底，保利长大工程有限公司正式进军海上风电行业，除了面对全新的施工领域、全新的施工技术、未知的海洋施工环境、海上风电生态环境及起点低等一系列问题及挑战外，还需要应对海上风电资金体量大，稍有不慎就会造成巨大经济损失的风险。高风险和高挑战的同时也意味着高收益和新机遇。保利长大工程有限公司于 2020 年成功打入风电市场，中标了明阳阳江沙扒 300MW 海上风电科研示范项目（以下简称“明阳阳江沙扒海上风电项目”）。此项目风机基础形式主要为单桩基础、四桩导管架基础。如何高效完成基础及风机安装施工是本项目成败的关键因素之一。面对全新的领域、全新的技术及复杂多变的海上环境，高效率高质量的施工是明阳阳江沙扒海上风电项目顺利完成的保证，同时也是公司打赢海上风电拓展业务首战的必要保证。

明阳阳江沙扒海上风电项目海域作业水深超 30m，且海况恶劣，据统计历年全年可作业窗口期仅有 150 天左右。2020 年初新冠疫情暴发，单桩基础钢结构加工、风电机组供货受到极大影响，项目建造进度严重滞后。为了应对新领域中面临的种种问题和重重困难，确保成功打开海上风电市场，项目团队从施工技术角度对海上风电基础、风电机组、升压站基础施工进行了关键技术研究及部署，为后续海上风电项目积累了施工经验。

第 1 章介绍了明阳阳江沙扒海上风电项目的工程概况及建设环境。

第 2、4 章对施工大直径单桩所用的单桩稳桩平台、施工多桩导管架基础用的导向架平台设计作了详尽的阐述，主要从设计思路及验算工况等方面展开研究。

第3、5、6章主要阐述了单桩基础施工技术研究。从施工所用的配套设施、关键施工技术分析等方面验证施工可行性，同时形成成套的施工工艺。

第7章主要阐述了风机安装施工技术。从风机安装船选择及关键技术分析入手，介绍风机安装施工技术。

第8章主要介绍了陆上集控中心土建施工技术。主要包括工程施工测量、土方工程、桩基础工程、主体结构工程、装饰装修工程等多个部分。

本书由保利长大工程有限公司组织编写。由于编者水平有限，书中难免有不当和疏漏之处，敬请读者批评指正。

**编　者**

**2023年10月**

# 目录

CONTENTS

# 第1章 绪论

海上风力发电是在海洋上安装风力发电机，并将电力通过低压海缆汇送至海上升压站升压后，由高压电缆送至陆上集控中心。海上风电场主要由海上风电基础、风机、海上升压站、海底电缆及陆上集控中心等部分组成。

## 1.1 项目概况

### 1.1.1 项目规模

明阳阳江沙扒300MW海上风电场科研示范项目（以下简称“明阳阳江沙扒海上风电项目”）场址位于广东省阳江市阳西县沙扒镇附近海域。涉海面积约48km$^2$。

项目总装机容量为300MW，拟安装44台6.45MW、2台8.3MW的风电机组，风机布置位置如图1-1所示。配套建设220kV海上升压站、陆上集控中心。风电机组发出电能通过35kV集电海底电缆接入海上升压站，升压后通过2回220kV海底电缆接入陆上集控中心，新建1回220kV线路接入三峡阳西沙扒二期陆上集控中心升压至500kV后，与三峡阳西沙扒二期项目共同送出，接入阳江500kV粤西开关站。

### 1.1.2 地形地貌

风电场场区位于阳西县沙扒镇以南约31km的海域。该处海域宽阔，场区内未见岛屿分布。场区内水深为27～33m，地形整体上呈西北高东南低的形态分布。

### 1.1.3 地层

根据区域地质及钻孔资料，风电场覆盖层按其成因类型共分为4大类20层，主要包括全新统海相沉积层（$Q_4^{m}$）、全新统海陆过渡相沉积层（$Q_4^{m+al}$）、晚更新统海陆交互相沉积层（$Q_3^{m+al}$）和第四系残积黏性土层（$Q^{el}$），下伏基岩为中生界晚白垩统泥质砂岩和古生界寒武系花岗片麻岩，场区覆盖层厚度从西北向东南逐渐增大，场地南侧钻孔揭露覆盖层厚度大于90m。风电场岩土体分层情况如表1-1所示。

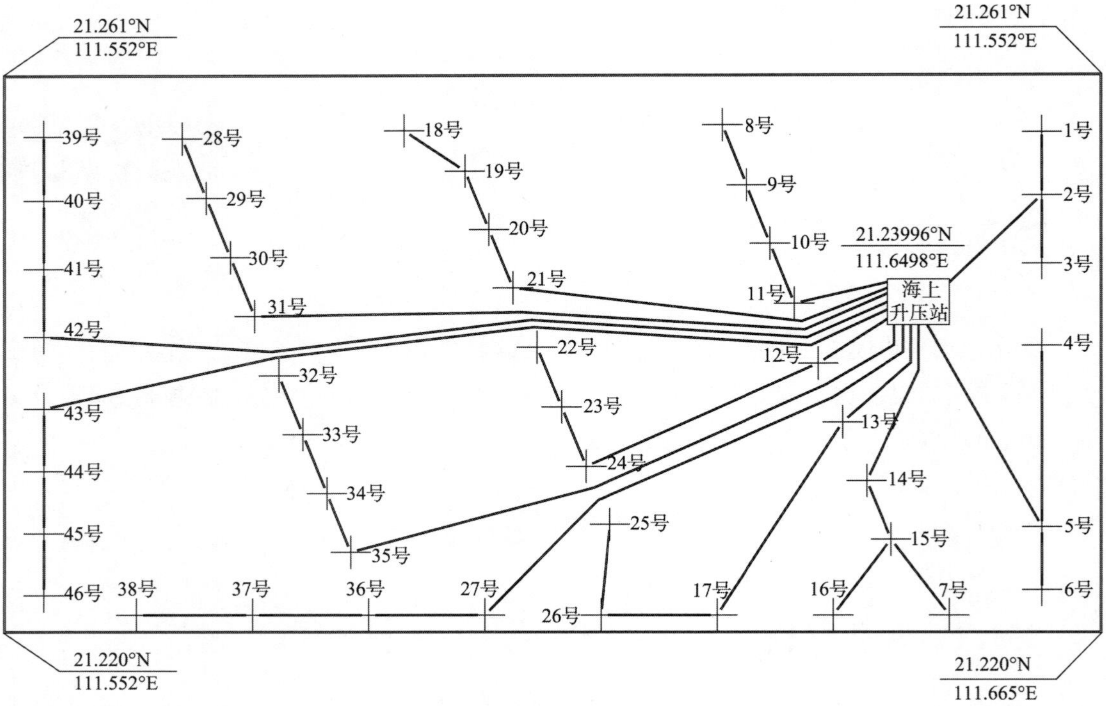


图 1-1　风机布置位置示意图

**工程场地岩土体分层表**　　表 1-1

| 序号 | 岩土名称 | | 岩土层编号 | 地层时代及成因 |
|---|---|---|---|---|
| 1 | 软土 | 淤泥质土 | ①$_1$ | 全新世海相沉积（$Q_4^m$） |
| 2 | | 粉土 | ①$_2$ | |
| 3 | 黏性土 | 黏土 | ②$_1$ | 全新世海陆过渡相沉积（$Q_4^{m+al}$） |
| 4 | | 黏土 | ②$_2$ | |
| 5 | 砂土 | 粉砂 | ②$_3$ | |
| 6 | | 中砂 | ②$_5$ | |
| 7 | | 粗砂 | ②$_6$ | |
| 8 | 黏性土 | 黏土 | ③ | 晚更新世海陆交互相沉积（$Q_3^{m+al}$） |
| 9 | | 黏土 | ③$_1$ | |
| 10 | 砂土 | 粉砂 | ③$_2$ | |
| 11 | | 中砂 | ③$_3$ | |
| 12 | | 粗砂 | ③$_4$ | |
| 13 | | 砾砂 | ③$_5$ | |
| 14 | 黏性土 | 砂质黏性土 | ④$_1$ | 残积（Q） |
| 15 | | 粉质黏土 | ④$_2$ | |

续上表

| 序号 | 岩土名称 | | 岩土层编号 | 地层时代及成因 |
|---|---|---|---|---|
| 16 | 基岩 | 全风化泥质砂岩 | ⑤$_1$ | 晚白垩世($K_2$) |
| 17 | | 全风化花岗片麻岩 | ⑥$_1$ | 寒武纪(ϵ) |
| 18 | | 强风化花岗片麻岩 | ⑥$_2$ | |
| 19 | | 中等风化花岗片麻岩 | ⑥$_3$ | |
| 20 | | 微风化花岗片麻岩 | ⑥$_4$ | |

# 1.2 气象水文

## 1.2.1 潮汐特征

风电场场址位于粤西近岸海域，所在海区的潮汐现象主要是太平洋潮波经巴士海峡和巴林塘海峡进入南海后形成的。冬、夏季观测期间，调查海区潮流类型主要为不正规半日潮流。冬、夏季观测期间的潮流均以旋转流为主，潮流顺时针和逆时针旋转都有，但工程区域潮流则以逆时针旋转性质为主。

工程海域西北侧水深26m处曾有近岸工程设置了潮汐周年观测站(W01)。潮汐周年观测时间为2017年7月1日至2018年6月30日，并与闸坡海洋站进行相关分析，完成设计潮位分析工作。现阶段暂根据该潮汐周年观测站的研究成果分析本项目的潮汐特征。

## 1.2.2 设计潮位

根据本项目潮汐潮流专题报告成果，本项目相关设计水位来自参考观测站处的实测潮汐统计值，以及与闸坡海洋站高、低潮位的相关推算成果，见表1-2。

**设计水位与重现期水位**　　表1-2

| 序 号 | 项目 | 水位(m) |
|---|---|---|
| 1 | 100年一遇高潮位 | 3.85 |
| 2 | 50年一遇高潮位 | 3.64 |
| 3 | 设计高水位 | 2.12 |
| 4 | 设计低水位 | -0.51 |
| 5 | 50年一遇低潮位 | -1.42 |
| 6 | 100年一遇低潮位 | -1.62 |

## 1.2.3 海浪

根据本项目可行性研究阶段波浪数学模型专题报告，本阶段场址的实测波浪特征要素

主要来自参考测风塔处的临时波浪测站(W01)周年观测成果。具体如下:

1)波向分布

春季,常浪向为ESE与SE,出现频率分别为25.63%与33.68%;强浪向为SE。夏季,常浪向主要分布在SSE与S,出现频率分别为33.41%和37.01%;强浪向为SSE和S。秋季,常浪向主要表现为ESE与SE,出现频率分别为49.06%和18.59%;强浪向为ESE和SE。冬季,常浪向为E和ESE,出现频率为24.68%和65.97%;强浪向为ESE。观测海域的常浪向为SE和S,出现频率为26.47%和22.98%;其次为ESE,出现频率为20.54%;波向主要分布在ESE—S之间;在其他方向出现频率较少,一般不超过10%。强浪向为SSE、SE和S,主要由热带气旋造成。

2)波高、周期联合分布

$H_{max}$-$T_{max}$、$H_{1/10}$-$T_{1/10}$、$H_s$-$T_s$、$H_z$-$T_z$ 和 $H_s$-$T_p$ 主要分布在波高50~250cm、0~200cm、0~150cm、0~100cm和0~200cm,周期为2~8s、3~9s、3~8s、3~7s和3~9s的范围内,出现频率分别为90.76%和91.33%,97.59%和92.81%,96.28%和90.96%,97.28%和94.17%,95.39%和90.04%,如表1-3所示。

各月、各季节及全年波浪参数平均值与最大值统计表　　表1-3

| 特征值 | | 最大波高 $H_{max}$ | 最大周期 $T_{max}$ | 1/10大波平均值 $H_{1/10}$ | 平均值为1/10大波周期 $T_{1/10}$ | 1/3大波平均值 $H_{1/3}$ | 平均值为1/3大波周期 $T_{1/3}$ | 波浪特征要素 $H_z$ | 上跨平均周期 $T_z$ | 海浪谱峰周期 $T_p$ |
|---|---|---|---|---|---|---|---|---|---|---|
| 单位 | | (cm) | (s) | (cm) | (s) | (cm) | (s) | (cm) | (s) | (s) |
| 2018.01 | 平均值 | 239 | 6.8 | 174 | 6.8 | 139 | 6.6 | 88 | 5.1 | 8.1 |
| | 最大值 | 451 | 10.8 | 308 | 8.9 | 246 | 8.7 | 154 | 7.0 | 11.1 |
| 2018.02 | 平均值 | 183 | 6.6 | 132 | 6.5 | 106 | 6.3 | 67 | 4.9 | 7.6 |
| | 最大值 | 367 | 10.1 | 229 | 8.6 | 180 | 8.3 | 113 | 6.2 | 11.1 |
| 2018.03 | 平均值 | 143 | 5.9 | 107 | 6.1 | 86 | 5.8 | 55 | 4.8 | 6.3 |
| | 最大值 | 362 | 11.3 | 228 | 11.7 | 181 | 10.9 | 118 | 9.3 | 11.7 |
| 2018.04 | 平均值 | 128 | 6.3 | 95 | 6.3 | 76 | 5.6 | 48 | 5.3 | 6.9 |
| | 最大值 | 447 | 12.8 | 337 | 12.0 | 260 | 10.7 | 159 | 10.1 | 12.6 |
| 2018.05 | 平均值 | 114 | 4.2 | 80 | 4.3 | 64 | 4.3 | 41 | 3.6 | 4.7 |
| | 最大值 | 383 | 7.5 | 233 | 6.9 | 184 | 6.8 | 116 | 5.3 | 9.1 |
| 2018.06 | 平均值 | 159 | 5.5 | 113 | 5.5 | 91 | 5.4 | 58 | 4.3 | 6.2 |
| | 最大值 | 577 | 9.4 | 336 | 7.6 | 264 | 7.4 | 167 | 5.8 | 10.0 |
| 2018.07 | 平均值 | 173 | 5.7 | 126 | 6.0 | 101 | 5.8 | 64 | 4.7 | 6.5 |
| | 最大值 | 269 | 9.4 | 199 | 11.0 | 154 | 8.9 | 97 | 7.4 | 9.7 |
| 春季 | 平均值 | 128 | 5.5 | 94 | 5.6 | 75 | 5.2 | 48 | 4.6 | 6.0 |
| | 最大值 | 447 | 12.8 | 337 | 12.0 | 260 | 10.9 | 159 | 10.1 | 12.6 |

续上表

| 特征值 | | 最大波高 $H_{max}$ | 最大周期 $T_{max}$ | 1/10 大波平均值 $H_{1/10}$ | 平均值为 1/10 大波周期 $T_{1/10}$ | 1/3 大波平均值 $H_{1/3}$ | 平均值为 1/3 大波周期 $T_{1/3}$ | 波浪特征要素 $H_z$ | 上跨平均周期 $T_z$ | 海浪谱峰周期 $T_p$ |
|---|---|---|---|---|---|---|---|---|---|---|
| 单位 | | (cm) | (s) | (cm) | (s) | (cm) | (s) | (cm) | (s) | (s) |
| 夏季 | 平均值 | 159 | 5.6 | 115 | 5.6 | 93 | 5.5 | 59 | 4.5 | 6.3 |
| | 最大值 | 577 | 10.5 | 336 | 11.0 | 264 | 10.5 | 171 | 9.2 | 11.8 |
| 秋季 | 平均值 | 199 | 6.4 | 146 | 6.3 | 119 | 6.0 | 73 | 4.6 | 7.4 |
| | 最大值 | 996 | 13.7 | 709 | 11.8 | 572 | 10.5 | 367 | 8.2 | 14.3 |
| 冬季 | 平均值 | 229 | 7.0 | 167 | 6.9 | 133 | 6.7 | 84 | 5.1 | 8.2 |
| | 最大值 | 496 | 11.0 | 341 | 9.9 | 271 | 9.6 | 172 | 7.4 | 12.5 |
| 全年 | 平均值 | 177 | 6.1 | 129 | 6.1 | 104 | 5.8 | 65 | 4.7 | 6.9 |
| | 最大值 | 996 | 13.7 | 709 | 12.0 | 572 | 10.9 | 367 | 10.1 | 14.3 |

注:表中最大值一栏周期值为波高特征值对应的周期值。

### 1.2.4 海流

根据本项目可行性研究阶段冬、夏季全潮水文观测报告,冬、夏季观测期间调查海区潮流类型主要为不正规半日潮流。冬、夏季观测期间的潮流均以旋转流为主,潮流顺时针和逆时针旋转都有,但工程区域潮流则以逆时针旋转性质为主。冬季理论最大可能潮流流速的最大值出现在 D4 站 0.2$H$($H$ 为水深),为 47.8cm/s,流向为 SE—NW。夏季理论最大可能潮流流速最大值出现在 D4 站 0.4$H$,为 56.8cm/s,流向 ESE。各站层最大可能潮流流向与 M2 分潮的椭圆长半轴方向 NW—SE 基本一致,且随深度变化差异不明显。

而根据本项目可行性研究阶段潮汐潮流专题报告,本项目场址各水深层不同重现期设计流速如表 1-4 所示。

**各层最大可能流速**(单位:m/s) 表 1-4

| 水深层 | 潮流最大可能流速 | 重现期 | | | |
|---|---|---|---|---|---|
| | | 50 年一遇 | 10 年一遇 | 5 年一遇 | 2 年一遇 |
| 表层 | 0.46 | 2.01 | 1.89 | 1.47 | 1.27 |
| 0.6$H$ | 0.54 | 1.53 | 1.45 | 1.18 | 1.05 |
| 底层 | 0.42 | 0.45 | 0.45 | 0.44 | 0.44 |
| 垂向 | 0.51 | 1.35 | 1.28 | 1.05 | 0.93 |

### 1.2.5 场区的海床冲淤演变

1)海床演变

本项目场址水深在 27 ~ 33m 之间,水深较大,而且在海岸周围只有短小河流入海,工程区附近泥沙来源有限,年平均含沙量仅为 0.008kg/m$^3$,年输沙量较少,海水含沙量较低。

根据1966年阳西海域海图水深数据以及本工程海域2018年工程海域地形测量的成果，绘制出1966年和2018年间本项目场址内海图数据点与实测地形示意图（图1-2）。图1-3为工程场址内1966年和2018年水深对比点示意图。表1-5为工程场址内1966年和2018年水深对比点统计表。从图和表上可看出，在52年间本项目所在海域整体存在一定程度的冲刷，对比1966年的海图水深点，工程海域29～31m等深线均向陆迁移。在当前31m等深线处，52年间从等深线所在位置的水深变化幅度来看平均冲刷深度约0.3m。

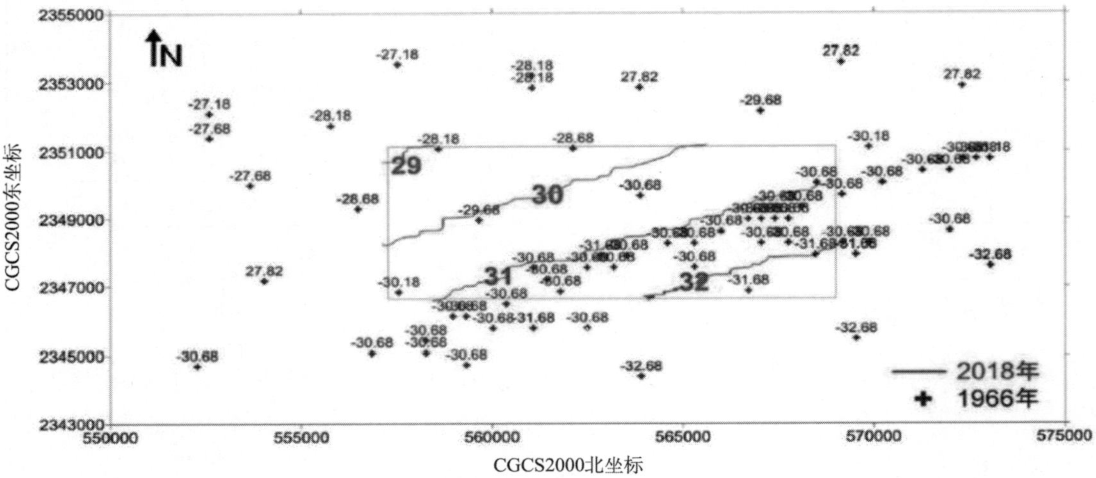


图1-2　1966—2018年间本工程海域等深线变化图

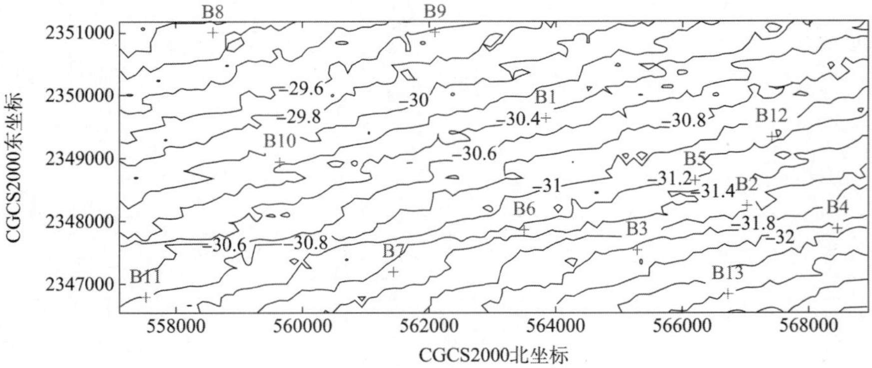


图1-3　工程场址内1966年和2018年水深对比点示意图

**工程场址内1966年和2018年水深对比点统计表**（正值代表淤积，负值代表冲刷）　表1-5

| 编号 | 1966年 | 2018年 | 冲淤 |
|---|---|---|---|
| B1 | −30.68 | −30.44 | 0.24 |
| B2 | −30.68 | −31.57 | −0.89 |
| B3 | −30.68 | −31.86 | −1.18 |

续上表

| 编号 | 1966 年 | 2018 年 | 冲淤 |
|---|---|---|---|
| B4 | -31.68 | -32.02 | -0.34 |
| B5 | -30.68 | -31.25 | -0.57 |
| B6 | -30.68 | -31.25 | -0.57 |
| B7 | -30.68 | -31.27 | -0.59 |
| B8 | -28.18 | -29.16 | -0.98 |
| B9 | -28.68 | -29.59 | -0.91 |
| B10 | -29.68 | -30.17 | -0.49 |
| B11 | -30.18 | -30.79 | -0.61 |
| B12 | -30.68 | -31.17 | -0.49 |
| B13 | -31.68 | -32.41 | -0.73 |

2)泥沙起动特征

本海区波浪动力较强,采用50m水深重现期深水波要素进行计算,场址水深在27～32m之间,2年一遇波浪的起动临界水深分别为35m和28m,泥沙能够起动,如表1-6所示。因此波浪动力为工程场址泥沙起动的主要动力。

不同粒径在不同水深趋于的起动流速　　表1-6

| 粒径(mm) | 水深(m) | 起动流速(m/s) |
|---|---|---|
| 0.01 | 29 | 1.61 |
| | 30 | 1.62 |
| | 31 | 1.63 |
| | 32 | 1.64 |
| 0.02 | 29 | 2.07 |
| | 30 | 2.08 |
| | 31 | 2.09 |
| | 32 | 2.10 |
| 0.05 | 29 | 2.40 |
| | 30 | 2.41 |
| | 31 | 2.42 |
| | 32 | 2.43 |

### 1.2.6　气候概况

本工程位于阳江市阳西县。阳西县位于粤西沿海,北回归线以南,属于南亚热带和中亚热带过渡带，阳光充足，雨量充沛，属亚热带季风气候。

1）气温

阳江年平均气温22.5℃，最热月7月的平均气温为28.2℃，最冷月1月的平均气温为14.9℃，气温年较差为13.3℃；极端最高气温38.3℃（2005年7月19日）；极端最低气温-1.4℃（1955年1月12日）。

2）气压

阳江年平均气压1002.0hPa，各月平均气压在994.6~1009.2hPa之间，8月最低，12月最高；极端最低气压为959.4hPa（2013年8月14日），由登陆阳江市阳西县溪头镇沿海地区的1311号台风"尤特"（超强台风级）影响造成。

3）降水

受海洋暖湿气流影响，阳江气象站记录的多年平均相对湿度是80%，每月相对湿度在69%~87%之间，季节变化不明显，属于全年都比较湿润的气候。

阳江多年平均雨量为2310.7mm，雨水充沛，但干湿季仍然明显。年内降雨主要集中在汛期（4~9月），占全年雨量的85.2%。雨量最少的年份为1977年，降雨量为1197.1mm；雨量最多的年份为2001年，降雨量为3611.3mm。

4）风

阳江气象站多年平均风速为3.0m/s。阳江气象站记录的历史最大风速（10min）为34.6m/s，极大风速（3s）为52.5m/s，均为2008年9月24日于茂名电白登陆的0814号台风"黑格比"（强台风级）影响的结果。

根据阳江气象站历史测风资料统计，该区域年盛行风向以东北至东南风为主。秋冬季主导风向为东北风，春季主导风向为东南风，夏季主导风向为偏南风。

5）特殊天气

阳江气象站年平均雾日为13.8d。雾日主要出现在冬春季节，其中以3月雾日最多，多年平均值为3.0d，2月次之，为2.7d；夏季雾日则较少出现，其中6、7月的多年平均值仅为0.1d。

阳江气象站记录的多年平均雷暴日数为81.1d，雷暴天气主要集中出现在5~9月，平均每月都超过了10d，合计约占全年的84%，11月至翌年2月较少出现雷暴天气。

### 1.2.7 台风

阳江处于台风多发地带，台风主要集中在6~9月，本书总结归纳了2009—2019年对阳江有影响的台风，具体如表1-7所示。

台风数量分析表　　表1-7

| 年份 | 台风总数量 | 需防台台风数量 | 影响天数 | 最强强度等级 | 主要月份 |
|---|---|---|---|---|---|
| 2019 | 32 | 1 | 4 | 热带风暴 | 7,8 |
| 2018 | 34 | 4 | 20 | 超强台风 | 6,8,9 |

续上表

| 年份 | 台风总数量 | 需防台台风数量 | 影响天数 | 最强强度等级 | 主要月份 |
|---|---|---|---|---|---|
| 2017 | 30 | 4 | 17 | 强台风 | 6,8,10 |
| 2016 | 27 | 4 | 11 | 超强台风 | 5,7,8,10 |
| 2015 | 26 | 1 | 5 | 强台风 | 10 |
| 2014 | 26 | 1 | 4 | 超强台风 | 7 |
| 2013 | 35 | 3 | 11 | 超强台风 | 6,7,8,10,11 |
| 2012 | 27 | 2 | 7 | 强热带风暴 | 6,8 |
| 2011 | 26 | 1 | 4 | 热带风暴 | 6 |
| 2010 | 18 | 1 | 4 | 台风 | 7 |
| 2009 | 27 | 4 | 16 | 台风 | 9 |

## 1.3 项目主要施工内容

主要施工内容包括风机基础、升压站基础、风机安装以及集控中心土建施工，具体如表1-8所示。

**主要施工承包内容表** 表1-8

| 序号 | 名称 | 主要承包内容 |
|---|---|---|
| 1 | 升压站 | (1)海上升压站基础施工涉及的全部工作，主要包括升压站基础及导管架的制作与施工、附属构件的制作与安装等(不含基础顶法兰)；<br>(2)海上升压站基础安全监测设备采购及安装 |
| 2 | 风电基础及风电机组 | 43个单桩基础、3个导管架基础施工及44台6.45MW及2台8.3MW风电机组安装涉及的全部工作，主要包括风机基础的制作与施工、附属构件的制作与安装以及风机部件的组拼装、海上安装、风机调试配合 |
| 3 | 集控中心 | 集控中心场地平整及房屋建筑工程 |

# 第2章 单桩稳桩平台设计

## 2.1 单桩稳桩平台设计

### 2.1.1 设计说明

(1)单桩稳桩平台设计为独立的整体式结构,能够满足施工平面位置控制、垂直度测量监控以及液压系统操作的功能。平台由稳桩平台主体和四根辅助桩组成。

(2)稳桩平台由稳桩平台主体、上下两层抱桩器平台、防尘板、辅助桩等组成,如图 2-1a)所示。

①稳桩平台主体。

稳桩平台整体尺寸为 35m×30m×51.2m,主要由稳桩平台主体结构和上下两层抱桩器平台组成。两层抱桩器平台距离 15m。平台设置 4 个辅助桩导向筒,间距 18m×20m,作为辅助桩沉桩导向。

②抱桩器平台。

抱桩器平台分为上下两层,作为顶推油缸的操作平台(图 2-1b),用于精确控制单桩的平面位置和垂直度。每层抱桩器上布置四个顶推油缸,推力 2000kN,油缸行程 1500mm。抱桩器设计为环抱式,可根据不同桩径调节抱桩器抱桩径范围,抱桩器适用范围 $\phi$7 ~ 10m。

③浮力筒。

在稳桩平台前部设置两个高度约 9m 的浮力筒。当稳桩平台入水后,由浮力筒提供浮力以平衡上部抱桩器臂架的偏心荷载,使稳桩平台整体处于平衡状态。

④防沉板。

稳桩平台底部设置防沉板,保证导向架平台入泥深度控制在 1 ~ 1.5m 之间,用于保证导向架平台下放至泥面后平台整体的稳定性。

⑤辅助桩。

辅助桩共四根,直径 2.2m,壁厚 24 ~ 48mm,长度 75m。桩顶部设置耳板,上中部设置三个插孔。当导向架平台周转时,可通过插销将管桩固定于平台上整体转运。

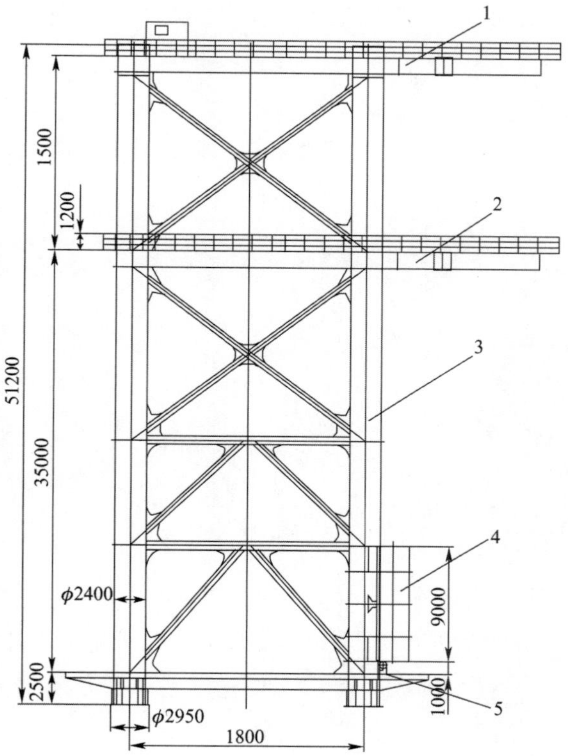


a) 稳桩平台立面图

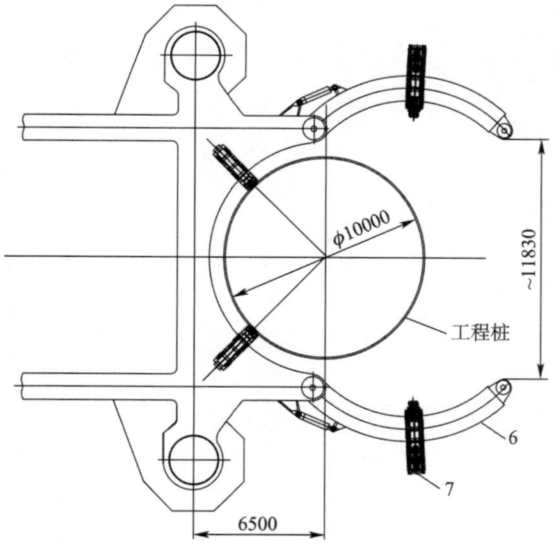


b) 抱桩器平台图

图 2-1　稳桩平台示意图(单位:mm)

1-上层抱桩器平台;2-下层抱桩器平台;3-稳桩平台桩体;4-浮力筒;5-防沉板;6-抱臂;7-顶推油缸

## 2.1.2　计算工况分析

为了保证稳桩平台在单桩施工过程中的安全,通过建立有限元模型对其抬吊翻身工况、首次安装作业工况、正常作业工况、极端工况以及抱臂极限工况进行计算分析。具体包括以下内容：

(1)验算平台在初次安装时双船抬吊翻身中的安全性，如图2-2所示。

(2)分析首次安装作业工况，即定位桩尚未插入阶段平台的稳定性，此阶段平台的状态如图2-3所示。

图2-2 导管架打桩平台初次安装时的双船抬吊翻身

图2-3 导管架打桩平台就位定位桩尚未打入图

图2-4 采用导管架调节单桩垂直度图

(3)分析正常作业工况，即单桩施工期间的稳定性和受力，此阶段定位桩已经打入，如图2-4所示。

(4)分析极限工况时平台的稳定性和受力。

(5)分析抱箍在最大油缸顶推力作用下的受力状态，进行抱箍受力和变形的复核验算。

### 2.1.3 施工海域自然条件

1)设计水位

计算分析采用表2-1所列的设计高水位和设计低水位，以最不利的情况验算。

设计潮位表 表2-1

| 序号 | 项目 | 水位(m) | 序号 | 项目 | 水位(m) |
|---|---|---|---|---|---|
| 1 | 100年一遇高潮位 | 3.85 | 4 | 设计低水位 | -0.51 |
| 2 | 50年一遇高潮位 | 3.64 | 5 | 50年一遇低潮位 | -1.42 |
| 3 | 设计高水位 | 2.12 | 6 | 100年一遇低潮位 | -1.62 |

2)工程地质条件

计算分析选定2号风机所处位置的地质条件。2号风机单桩基础位置泥面高程为-30.9m，设计高水位时水深33.02m，设计低水位时水深30.39m。2号风机单桩基础主要地质参数见表2-2。

**2 号风机单桩基础地质参数表**　　表 2-2

| 土层序号 | 岩土名称 | 层底深度(m) | 厚度(m) | 极限侧摩阻力标准值(kPa) | 抗拔系数 |
|---|---|---|---|---|---|
| 1 | 淤泥 | 1.20 | 1.20 | 2 | 0.70 |
| 2 | 淤泥质土 | 1.80 | 0.60 | 4 | 0.70 |
| 3 | 粉质黏土 | 6.10 | 4.30 | 25 | 0.70 |
| 4 | 粉土 | 7.10 | 1.00 | 34 | 0.70 |
| 5 | 粉质黏土 | 9.00 | 1.90 | 33 | 0.70 |
| 6 | 中砂 | 10.50 | 1.50 | 72 | 0.50 |
| 7 | 粗砂 | 13.40 | 1.90 | 79 | 0.50 |
| 8 | 黏土混砂 | 15.00 | 1.60 | 32 | 0.70 |
| 9 | 粗砂 | 17.40 | 2.40 | 70 | 0.50 |
| 10 | 中砂混黏性土 | 19.50 | 2.10 | 55 | 0.51 |
| 11 | 粗砂 | 20.60 | 1.10 | 72 | 0.52 |
| 12 | 黏土 | 24.30 | 3.70 | 39 | 0.72 |
| 13 | 黏土 | 28.00 | 3.70 | 58 | 0.72 |
| 14 | 粉质黏土 | 31.90 | 3.90 | 63 | 0.73 |
| 15 | 粗砂 | 33.00 | 1.10 | 103 | 0.55 |
| 16 | 砾砂 | 34.00 | 1.00 | 107 | 0.55 |

3)波流荷载

计算分析稳桩平台正常工作时的稳定和受力时,取用极限波浪和潮流参数,见表 2-3。其中,施工和正常作业状态的波高按照表 2-3 作业条件取波高 1m,周期取表 2-3 所示的平均周期;施工状态的潮流无具体要求,按 50 年一遇表面 1.89m/s 取,潮流流速的竖向分布采用线性插值取用。极限状态(自存工况)按最大波高取 9.96m,周期按平均周期考虑,潮流取 100 年一遇的潮流剖面。

**分析稳桩平台安装和正常工作极限状态时采用的波流参数**　　表 2-3

| 项目 | 波高(m) | 周期(s) | 潮流(m/s) |
|---|---|---|---|
| 施工状态 | 1.0 | 10.1 | 1.89 |
| 正常作业状态 | 1.0 | 10.1 | 1.89 |
| 极限状态 | 9.96 | 10.1 | 2.01 |

4)风荷载

根据稳桩平台施工作业条件,稳桩平台的安装要求风速在 12m/s 以下。因此,分析定位桩未打入时导管架打桩平台稳定时,考虑风速 12.0m/s。

稳桩平台进行单桩调整时的工作条件考虑风速 12.0m/s。

根据该工程的前期气象调查,当地气象站观测到极大风速(3s)为 52.5m/s。根据《海上移动平台入级规范(2016)》第 2 篇第 2.2.1.1 款规定,自存工况最小设计风速应为 51.5m/s。因此,在极限状态下取风速 52.5m/s。

## 2.1.4 主要计算荷载

1)定位钢管桩的承载力和抗拔力计算

根据规范《浅海固定平台建造与检验规范(2004)》第二篇第 6.4.2.1 款,钢管桩轴向抗压极限承载力可按下式计算:

$$Q_{\mathrm{d}} = Q_{\mathrm{f}} + Q_{\mathrm{p}} = \sum f_i A_{\mathrm{s}i_i} + qA_{\mathrm{p}} \tag{2-1}$$

式中:$Q_{\mathrm{d}}$——单桩轴向极限承载力值(kN);

$Q_{\mathrm{f}}$——桩侧摩阻力(kN);

$Q_{\mathrm{p}}$——总的桩尖阻力(应不大于土塞承载力)(kN);

$q$——单桩极限端阻力标准值(kPa);

$A_{\mathrm{p}}$——桩端总面积($\mathrm{m}^2$);

$f_i$——桩周第 $i$ 层土的极限侧摩阻力标准值(kPa);

$A_{\mathrm{s}i}$——第 $i$ 层土的桩侧面积($\mathrm{m}^2$)。

根据《码头结构设计规范》(JTS 167—2008)第 4.2.10 条,打入桩的单桩抗拔承载力可按下式计算:

$$T_{\mathrm{d}} = \frac{1}{\gamma_{\mathrm{R}}}\left( \sum \xi_i f_i A_{\mathrm{s}i} + G\cos\alpha \right) \tag{2-2}$$

式中:$T_{\mathrm{d}}$——单桩抗拔极限承载力设计值(kN);

$\gamma_{\mathrm{R}}$——单桩抗拔承载力抗力分项系数,按规范中参数选取;

$\xi_i$——折减系数,对黏性土取 0.7 ~ 0.8;对于砂土取 0.5 ~ 0.6;桩的入土深度大时取大值,反之取小值,此处取表 2-2 所列的抗拔系数;

$G$——桩重力(kN),水下部分按重力计;

$\alpha$——桩轴线与垂线夹角(°)。

根据导管架定位桩图纸,定位桩外径 2.2m、厚度 24mm,桩周长度考虑钢管内侧外侧与土的接触周长。如图 2-5 所示,可以计算得到桩打入深度与桩抗压极限承载力和极限抗拔力之间的关系图。

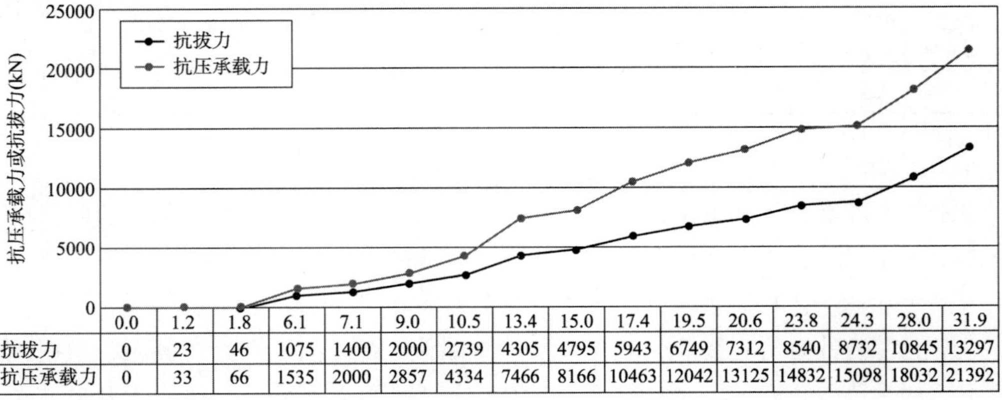


| | 0.0 | 1.2 | 1.8 | 6.1 | 7.1 | 9.0 | 10.5 | 13.4 | 15.0 | 17.4 | 19.5 | 20.6 | 23.8 | 24.3 | 28.0 | 31.9 |
|---|---|---|---|---|---|---|---|---|---|---|---|---|---|---|---|---|
| 抗拔力 | 0 | 23 | 46 | 1075 | 1400 | 2000 | 2739 | 4305 | 4795 | 5943 | 6749 | 7312 | 8540 | 8732 | 10845 | 13297 |
| 抗压承载力 | 0 | 33 | 66 | 1535 | 2000 | 2857 | 4334 | 7466 | 8166 | 10463 | 12042 | 13125 | 14832 | 15098 | 18032 | 21392 |

定位桩打入深度(m)

图 2-5 稳桩平台定位桩极限抗压和抗拉拔力与桩打入深度的关系图

2)水平力下钢管桩的计算

根据《码头结构设计规范》(JTS 167—2018)第4.2.2条,项目采用的定位桩中心距大于6倍桩径,按单桩计算承载力。

根据《码头结构设计规范》(JTS 167—2018)附录B,水平力作用下单桩的计算可以采用$m$法。假设土的水平地基抗力随着深度呈线性增加,即:

$$K = mz \tag{2-3}$$

式中:$K$——土的水平地基抗力系数($kN/m^3$);

$m$——土的水平地基抗力系数随着深度增长的比例系数($kN/m^4$);

$z$——计算点的深度(cm)。

根据《码头结构设计规范》(JTS 167—2018)查得非岩石土的$m$值,见表2-4。

**非岩石土的 *m* 值** 表2-4

<table>
<tr><th rowspan="2">序号</th><th rowspan="2">地基土类别</th><th colspan="2">预制混凝土桩、钢桩</th><th colspan="2">灌注桩</th></tr>
<tr><th>$m$值($kN/m^4$)</th><th>相应单桩在地面处水平位移(mm)</th><th>$m$值($kN/m^4$)</th><th>相应单桩在地面处水平位移(mm)</th></tr>
<tr><td>1</td><td>淤泥,淤泥质土</td><td>2000~4500</td><td rowspan="4">10</td><td>2500~5000</td><td rowspan="5">6</td></tr>
<tr><td>2</td><td>流塑($L>1$)、软塑($0.75<L\leq 1$)状黏性土、$e>0.9$粉土,松散粉细砂、松散填土</td><td>4500~6000</td><td>3000~5000</td></tr>
<tr><td>3</td><td>可塑($0.25<L\leq 0.75$)状黏性土、$=0.7\sim0.9$粉土、稍密或中密填土、稍密细砂</td><td>6000~10000</td><td>5000~10000</td></tr>
<tr><td>4</td><td>硬塑($0<L\leq 0.25$)、坚硬(黏性土,$e<0.7$粉土、中密的中粗砂 10000~22000 密实老填土)</td><td>10000~22000</td><td>10000~30000</td></tr>
<tr><td>5</td><td>中密、密实的砂砾、碎石类土</td><td>—</td><td>—</td><td>30000~80000</td></tr>
</table>

注:①当水平位移大于表列数值时,$m$值应适当降低,水平位移小于表列数值时,$m$可适当提高;

②当泥面为斜面时,$m$值应适当降低;

③当水平力为长期荷载时,$m$值应适当降低。

3)波流作用计算

根据《港口与航道水文规范》(JTS 145—2015)第6.2.4条,有效波长可按式(2-4)计算:

$$L = \frac{g\overline{T}^2}{2\pi}\tanh\frac{2\pi d}{L} \tag{2-4}$$

式中:$L$——波长(m);

$g$——重力加速度($m/s^2$);

$\overline{T}$——平均周期(s);

$d$——水深($m/s^2$)。

设计高水位和低水位条件下,水深分别为33.02m和30.39m。根据表2-3所列的波流参数,对应求解上述方程,得到静水中波长为142.7m和139.7m。

根据《港口与航道水文规范》(JTS 145—2015)第8.3.1条,波浪计算考虑水流的影响。流水中的波长与静水中的波长之比按下式计算:

$$\frac{L}{L_s}=\frac{C}{C_s}=\frac{\tanh kd}{\left(1-\frac{U_c}{C}\right)\tanh k_s d} \tag{2-5}$$

$$k_s=\frac{2\pi}{L_s} \tag{2-6}$$

$$k=\frac{2\pi}{L} \tag{2-7}$$

$$C=U_c+\sqrt{\frac{gL}{2\pi}\tanh kd} \tag{2-8}$$

式中:$L$、$L_s$——流水和静水中的波长(m);

$C$、$C_s$——流水和静水中的波速(m/s);

$k$——流水中的波数;

$d$——水深;

$U_c$——水流的平均速度(m/s),顺流为正、逆流为负;

$k_s$——静水中的波数。

流水中波高与静水中波高之比按式(2-9)~式(2-11)计算。

$$\frac{H}{H_s}=\left(1-\frac{U_c}{C}\right)^{1/2}\left(\frac{L_s}{L}\right)^{1/2}\left(\frac{A_s}{A}\right)^{1/2}\left(1+\frac{U_c}{C}\frac{2-A}{A}\right)^{-1/2} \tag{2-9}$$

$$A=1+\frac{2kd}{\sinh 2kd} \tag{2-10}$$

$$A_s=1+\frac{2k_s d}{\sinh 2k_s d} \tag{2-11}$$

式中:$H$、$H_s$——流水和静水中的波长(m);

$A$、$A_s$——流水和静水中的波能传递率。

以水流平均流速 $U_c$ 移动的坐标系中的波浪周期可按式(2-12)计算:

$$T_r=\sqrt{\frac{2\pi L}{g\tanh kd}} \tag{2-12}$$

式中:$T_r$——以水流平均流速移动的坐标系中的波浪周期(s);

$U_c$——海流的平均速度(m/s)。

逆流情况下,变形后波陡超过极限波陡时,变形后的波高应按变形后的波长及极限波陡确定,极限波陡按式(2-13)计算。

$$\left(\frac{H}{L}\right)_{max}=0.142\tanh\left(\frac{2\pi d}{L}\right) \tag{2-13}$$

根据《港口与航道水文规范》(JTS 145—2015)第 10.4 节,波浪和水流对桩(柱)直径 $D$ 与波长 $L$ 之比 $D/L \leqslant 0.2$ 的垂直小直径圆柱的作用力可按下列规定确定,作用水底面以上高度 $z$ 处桩(柱)断面上的正向波流力按下列公式计算:

$$p(z,t) = K_D |u(z,t) + u_c| [u(z,t) + u_c] + K_M \frac{\partial u(z,t)}{\partial t} \tag{2-14}$$

$$K_D = \frac{\gamma}{2g} D C_D \tag{2-15}$$

$$K_M = \frac{\pi\gamma}{4g} D^2 C_M \tag{2-16}$$

$$u(z,t) = \frac{H\omega_r}{2} \frac{\cosh kz}{\sinh kd} \cos(\omega t) \tag{2-17}$$

$$\frac{\partial u(z,t)}{\partial t} = -\frac{H\omega_r^2}{2} \frac{\cosh kz}{\sinh kd} \sin(\omega t) \tag{2-18}$$

$$\omega_r = \omega - k u_c \tag{2-19}$$

式中:$p(z,t)$——作用于桩(柱)断面的正向波流力(kN/m)。

波数按下式求得

$$\left(\frac{2\pi}{T} - k u_c\right)^2 = gk \tanh kd \tag{2-20}$$

上述计算式中的系数 $C_D$ 和 $C_M$ 按 $KC$ 的值查规范图表。根据《浅海固定平台建造与检验规范》第二篇第 3.4.3.7 款,对于光滑的圆柱,$C_D$ 可以取 0.65,此处按 $C_D = 0.65$ 计算。当 $|u_c| < u_m$ 时

$$KC = \frac{u_m T}{D} [\sin\varphi + (\pi - \varphi)\cos\varphi] \tag{2-21}$$

$$\varphi = \arccos \frac{|u_c|}{u_m} \tag{2-22}$$

$$u_m = \frac{\pi H}{T} \coth kd \tag{2-23}$$

当 $|u_c| \geqslant u_m$ 时

$$KC = \frac{\pi |u_c| T}{D} \tag{2-24}$$

计算波流压力时,沿柱体水底到波面 $z = d + \eta$。计算点不少于 5 个,包括 $z = 0$、$d$、$d + \eta$ 三点,波面在静水面以上的高度

$$\eta = \eta_{max} \cos(\omega t) \tag{2-25}$$

式中的 $\eta_{max}$ 可以根据波高和水深按图 2-6 确定。

图 2-6 对应 $\omega t = 0$ 时的取值;当 $\omega t = 3\pi/2$ 时,$\eta = \eta_{max} - H/2$。

4)风荷载计算

风荷载的计算按照《港口工程荷载规范》(JTS 144—1—2010)规定,作用在港口结构上的风荷载标准值应按式(2-26)计算:

$$W_K = \mu_s \mu_z W_0 \tag{2-26}$$

式中：$W_K$——风荷载标准值（kPa）；

$\mu_s$——风荷载体型系数；

$\mu_z$——风压高度变化系数；

$W_0$——基本风压（kPa）。

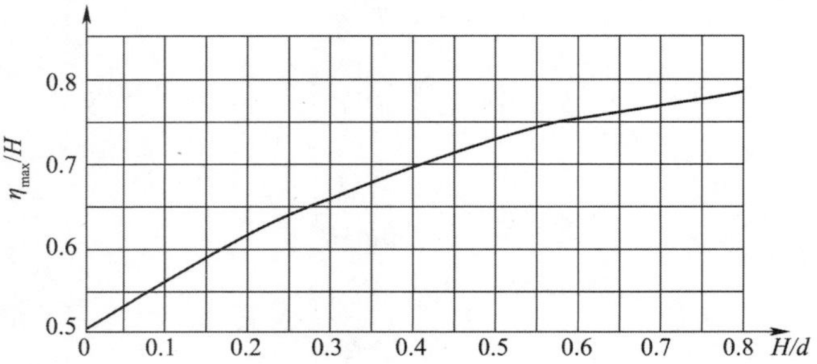


图 2-6　根据波高和水深查取波峰值

基本风压可按式（2-27）确定：

$$W_0 = \frac{1}{1600}V^2 \tag{2-27}$$

式中：$V$——港口附近的空旷地面，离地 10m 高，重现期 50 年 10min 平均最大风速（m/s）。

根据《港口工程荷载规范》（JTS 144—1—2010）第 11.0.9 条，查得平台结构的风压高度变化系数为 $\mu_z = 1.38$。考虑吊装和平台工作期间，承受风荷载的结构构件的平均高度为 10m。施工位置距离海岸约为 31km，查《建筑结构荷载规范》（GB 50009—2012）得远海海绵和海岛修正系数为 1.0。根据《建筑结构荷载规范》（GB 50009—2012），按塔架结构查得结构的体型系数为 1.2。

根据《建筑结构荷载规范》（GB 50009—2012）第 7.1.2 条，基本风压不得小于 0.3kPa。因此，当风速为 12m/s 时，取风压为 0.3kPa。

# 2.2　稳桩平台双船抬吊翻身工况分析

## 2.2.1　建立有限元模型

翻身时采用“华西 900”和“华西 5000”起重船的主吊钩分别与导管架的下吊点和上部吊点相连。吊装阶段的模型考虑如下：

（1）钢丝绳采用索单元模拟：稳桩平台上部吊点采用的钢丝绳为 $\phi$210mm × 26m 的五接头钢丝绳，下部吊点采用 $\phi$156mm × 38m 的无结构钢丝绳。钢丝绳根据其截面、材料特性和初始长度进行建模。

（2）吊装控制在低风速情况下完成，计算分析中主要考虑重力的作用。根据《浅海固定平台建造与检验规范（2004）》第 2 篇第 3.6.2.3 款，在开敞无掩护的海上吊装，对吊点和直接与吊点连接的结构构件设计,应取最小为 2.0 的荷载系数乘所得的静荷载。因此,在分析中,重力取 2.0 的系数。导管架上的发电机和液压设备在吊装完成后安装,因此不列入计算。

(3)为了准确模拟导管架上的吊点位置,在吊点位置建立节点,该节点采用刚臂与相近立柱节点连接,如图 2-7 所示。

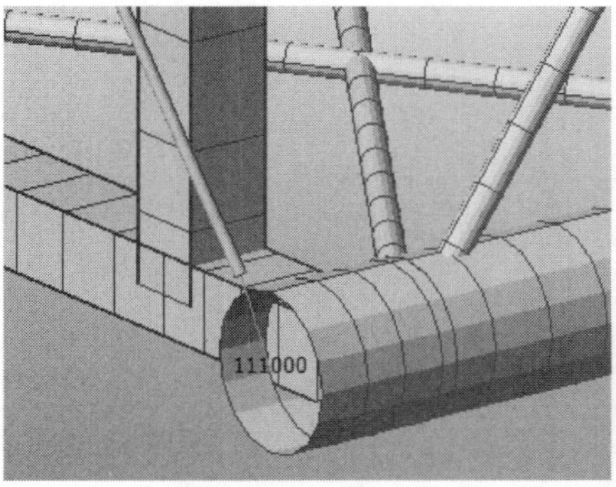


a) 稳桩平台顶部吊点

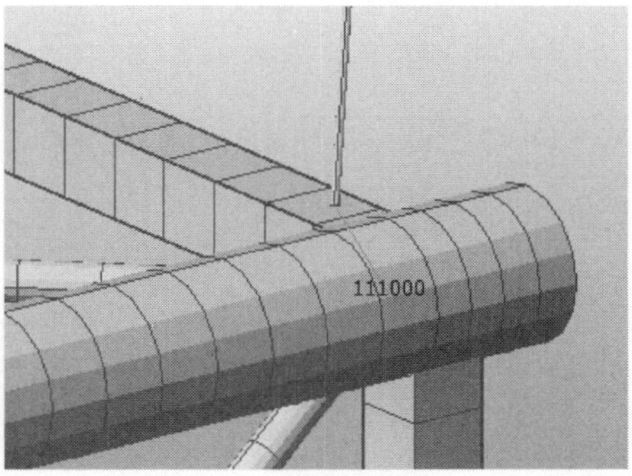


b) 稳桩平台底部吊点

图 2-7 稳桩平台吊点模拟图(单位:mm)

### 2.2.2 水平起吊状态受力分析

图 2-8 所示为平台在开始起吊时的状态。为了防止钢丝绳与导管架磨蹭,起吊时,通过调整吊钩使钢丝绳与导管架成 15°夹角,然后按照钢丝绳的初始长度建立吊钩位置。计算分析时,将吊钩位置固定。

图 2-8 稳桩平台水平起吊时受力分析模型图

起吊状态时吊钩的受力如图 2-9 所示。由于钢丝绳与导管架之间存在夹角,吊钩承受较大的水平力 1876kN。吊装时,需要根据吊钩实际能承受的横向力,调整起吊时钢丝绳与导管架的夹角。同时,计算时考虑导管架上部吊点和下部吊点钢丝绳均与导管架成 15°,水平力未能达到平衡；计算显示，达到平衡后(图2-10)，起吊时平台会在水平方向发生1.137m的位移(靠近底部)，竖向位移为0.365m。因此，起吊前需要对两个吊钩的位置进一步核算，减小水平方向位移。

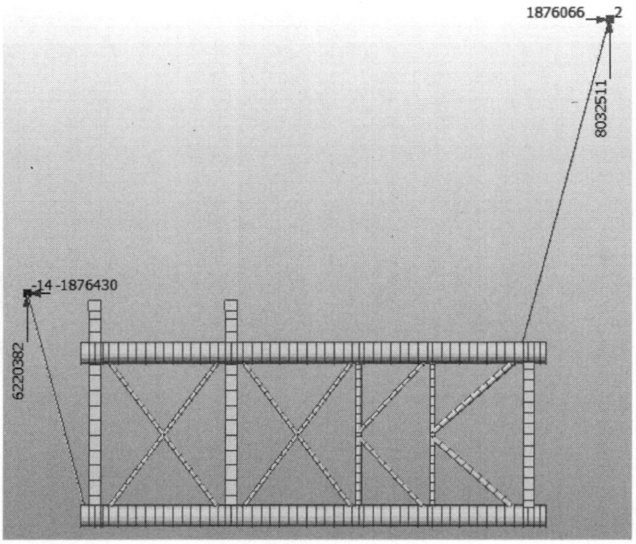


图2-9　起吊状态吊钩受力图(单位：N)

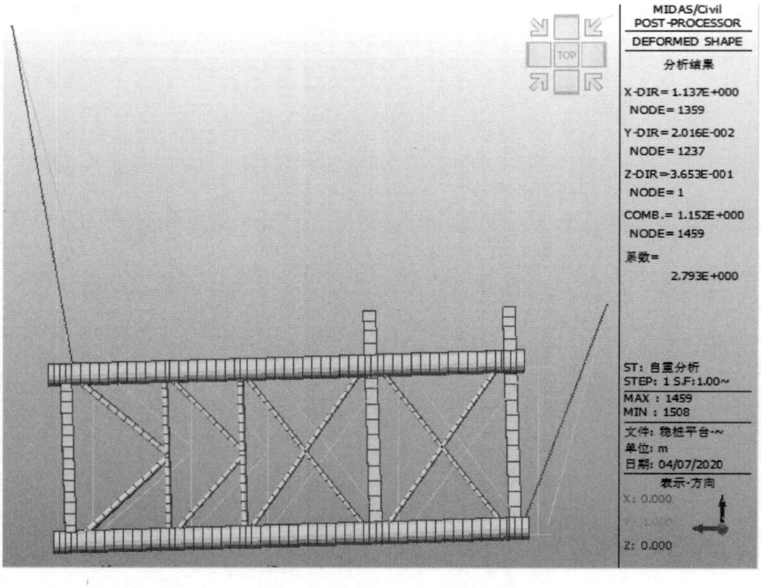


图2-10　起吊状态稳桩平台平衡后的位置图

起吊状态时，导管架的应力分布如图2-11所示。整体应力较小，最大应力出现在导管架上吊点附近的横梁上，最大应力为158.77MPa，小于Q345钢材的应力设计值。

考虑钢丝绳的自重，在其长度范围内的最大内力值如图2-12所示。平台上吊点钢丝绳最大内力值为3423kN，下部吊点最大内力为4224kN。

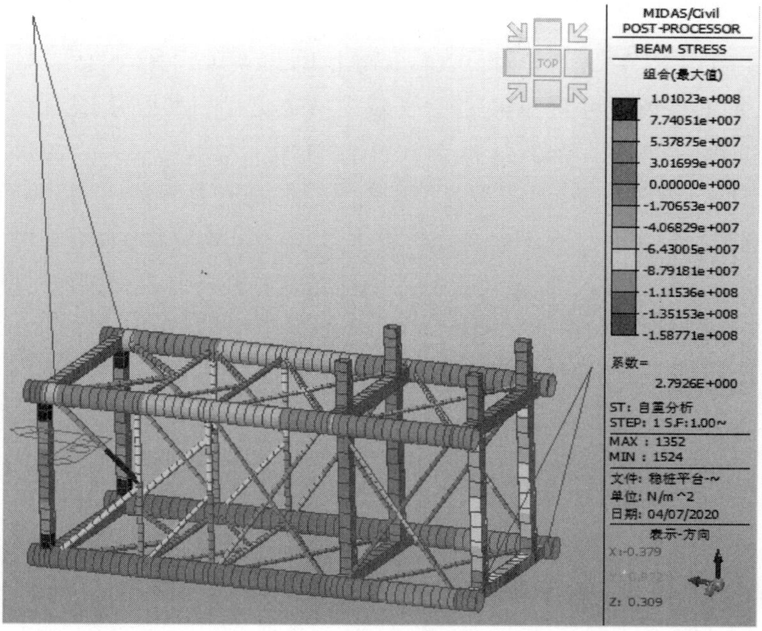


图 2-11　起吊状态稳桩平台的应力分布图

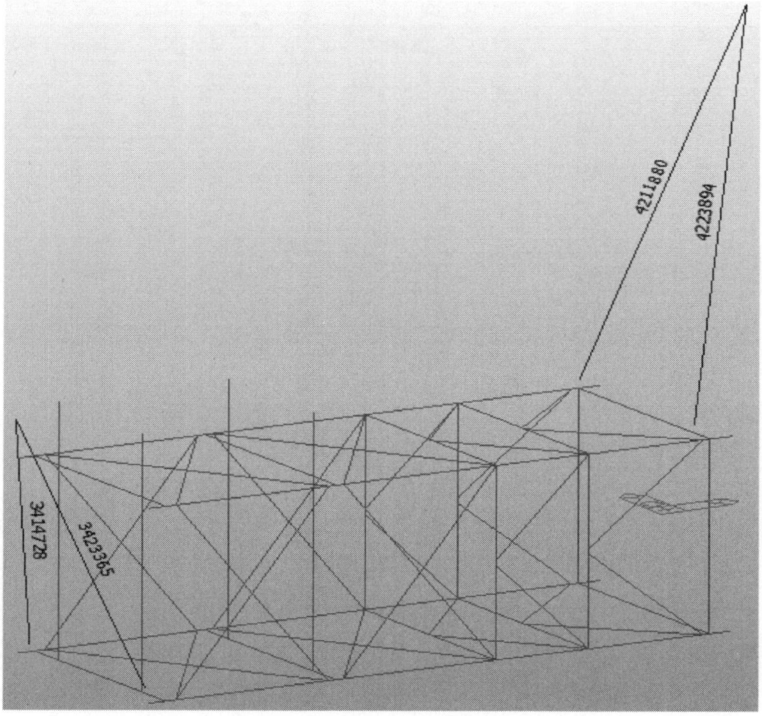


图 2-12　起吊状态钢丝绳内力最大值图(单位:N)

### 2.2.3 倾斜状态Ⅰ(12.0°)受力分析

"华西900"吊钩下降5m、"华西5000"吊钩上升5m后的平台状态如图2-13所示。此时,平台与水平面的夹角约为11.958°。为了减小吊钩受到的水平力,此时考虑吊钩位于吊点的正上方(此时平台倾斜,钢丝绳不会与导管架磨蹭)。

钢丝绳仍然在上端固定,计算得到两个吊钩承受的竖向力分别为7435kN和6817kN,如图2-13所示。此时,平衡状态下平台在竖向发生了0.09m的位移,如图2-14所示。平台的最大应力为164MPa,如图2-15所示。上吊点钢丝绳的最大内力为3592kN,下吊点钢丝绳内力最大值为3805kN,如图2-16所示。

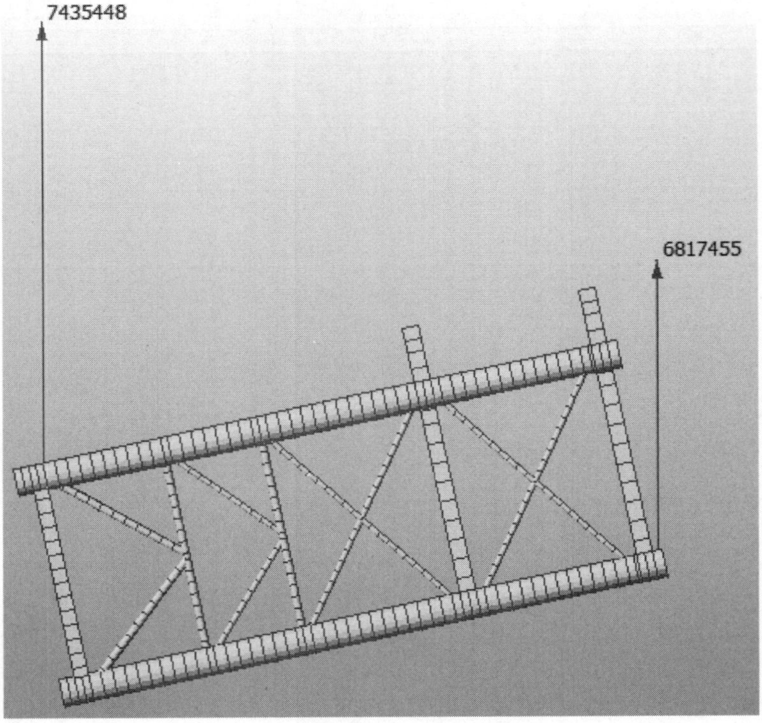


图2-13 吊装倾斜状态Ⅰ时吊钩受力图(单位:N)

### 2.2.4 倾斜状态Ⅱ(24.5°)受力分析

"华西900"吊钩下降10m、"华西5000"吊钩上升10m后的稳桩平台状态如图2-17所示,此时平台与水平面的夹角约为24.483°。建模考虑吊钩位于上下吊点正上方,减小吊钩受到的水平力。"华西900"和"华西5000"吊钩的受力分别为7510kN和6742kN。在此情况下达到平衡,平台在竖向的位移为0.09m,在水平方向的位移最大为0.026m,如图2-18所示。

稳桩平台在此状态的最大应力为154MPa,如图2-19所示。此状态上下吊点钢丝绳的最大内力值分别为3552kN和3844kN,如图2-20所示。

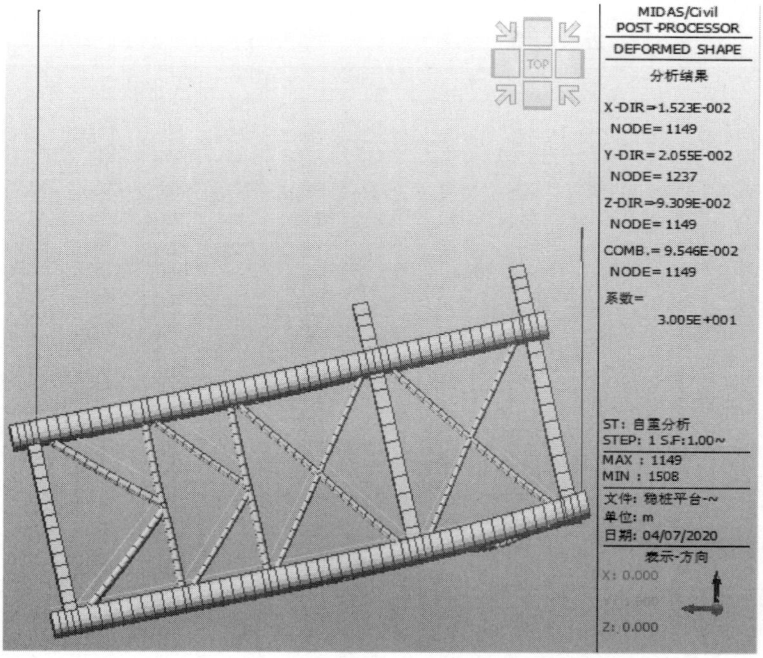


图 2-14　吊装倾斜状态 I 时平台竖向位移图

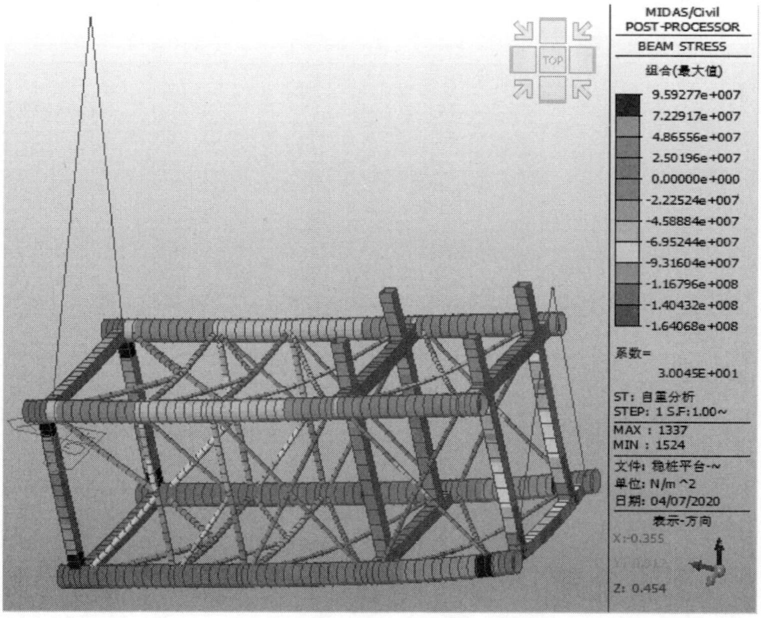


图 2-15　吊装倾斜状态 I 时平台应力分布图

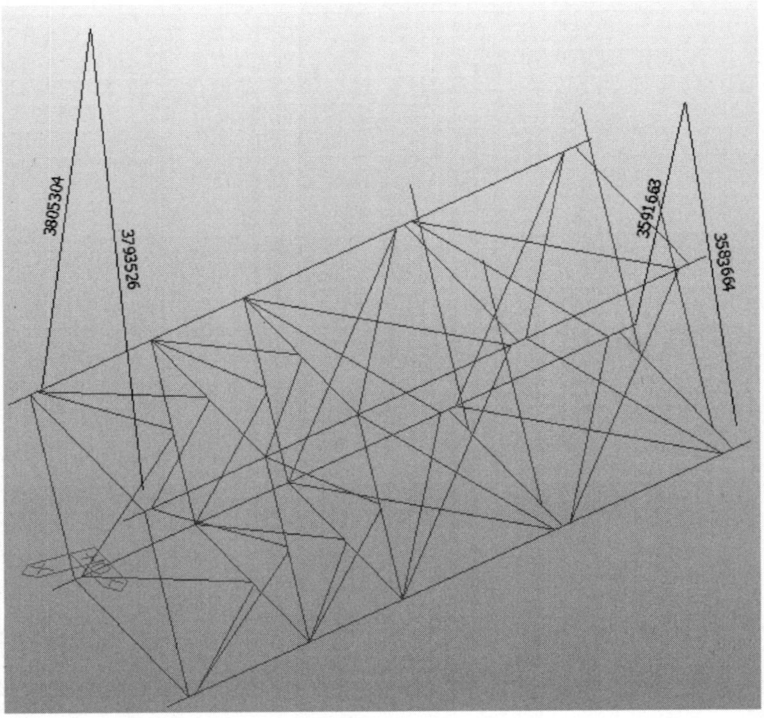


图 2-16　吊装倾斜状态Ⅰ时钢丝绳内力最大值图(单位:N)

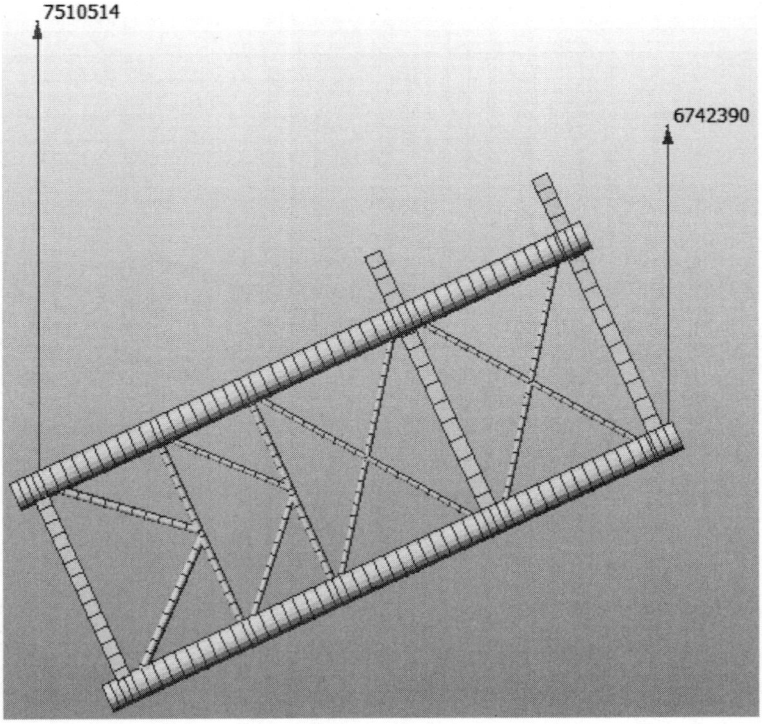


图 2-17　吊装倾斜状态Ⅱ时吊钩受力图(单位:N)

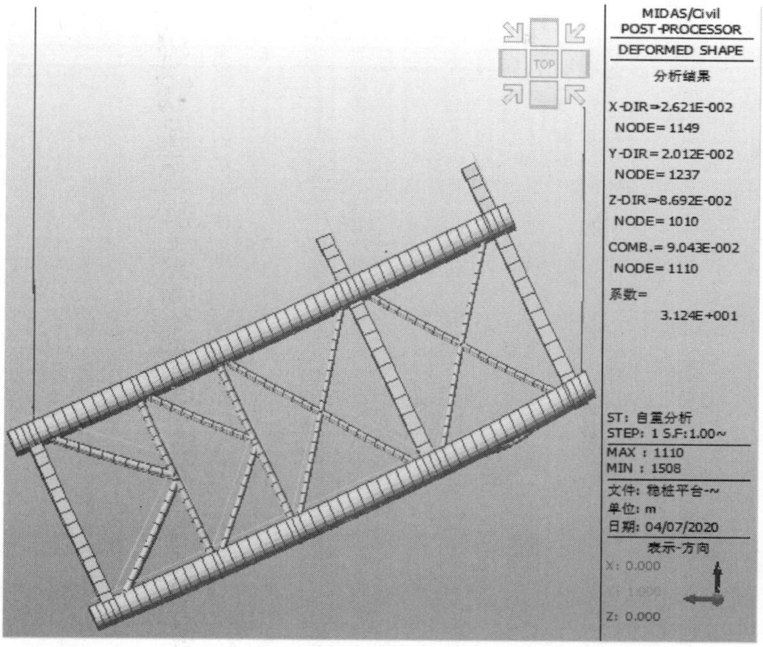


图 2-18　吊装倾斜状态Ⅱ达到平衡时的位移图

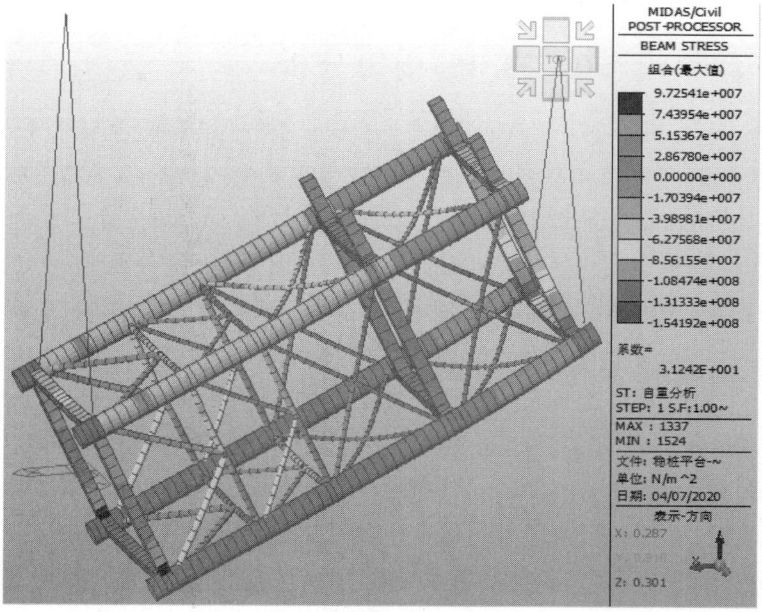


图 2-19　吊装倾斜状态Ⅱ平台应力分布图

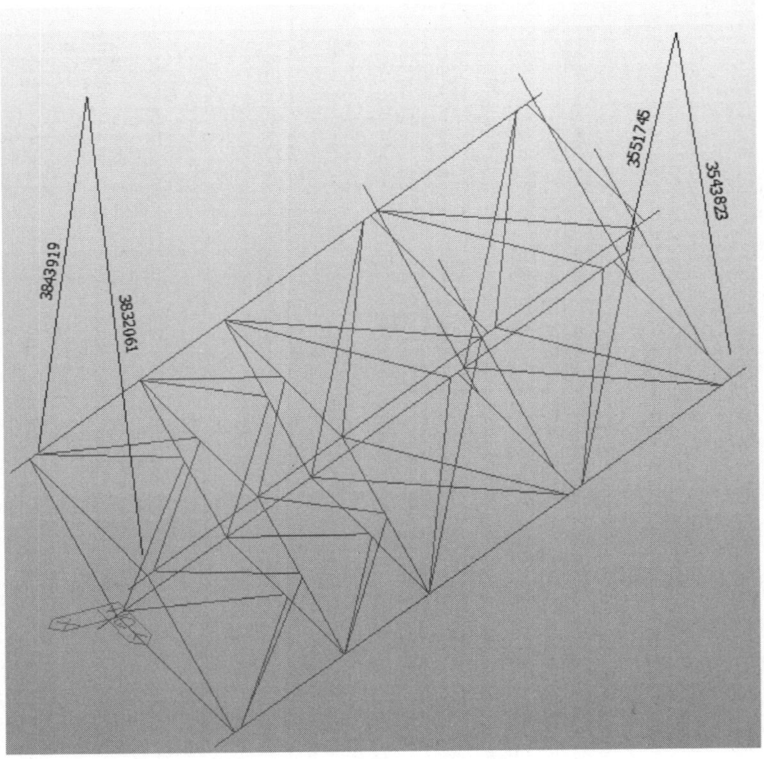


图 2-20　吊装倾斜状态Ⅱ时钢丝绳内力最大值图(单位:N)

## 2.2.5　倾斜状态Ⅲ(38.4°)受力分析

“华西 900”吊钩下降 15m、“华西 5000”吊钩上升 15m 后平台与水平面的夹角约为 38.435°。此状态下,“华西 900”和“华西 5000”主吊钩的受力分别为 7597kN 和 6656kN,如图 2-21 所示。吊钩位于吊点正上方时,导管架竖向下降 0.08m 达到平衡,如图 2-22 所示。此时,导管架的最大应力为 136MPa,如图 2-23 所示;下吊点和上吊点位置钢丝绳的内力最大值分别为 3888kN 和 3506kN,如图 2-24 所示。

## 2.2.6　倾斜状态Ⅳ(56.0°)受力分析

“华西 900”吊钩下降 20m、“华西 5000”吊钩上升 20m 后稳桩平台与水平面夹角约为 55.980°。“华西 900”和“华西 5000”吊钩承受的竖向力分别为 7729kN 和 6523kN,如图 2-25 所示。达到平衡时,导管架竖向最大位移为 0.07m,如图 2-26 所示。此时,平台的最大应力为 105MPa,如图 2-27 所示。平台底部和上部吊装钢丝绳内力最大值分别为 3956kN 和 3436kN,如图 2-28 所示。

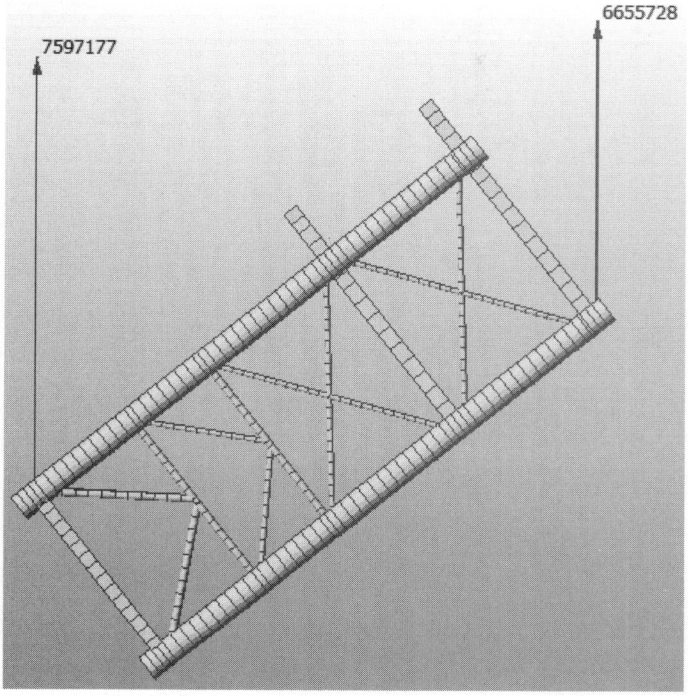


图 2-21　吊装倾斜状态Ⅲ时吊钩受力图(单位:N)

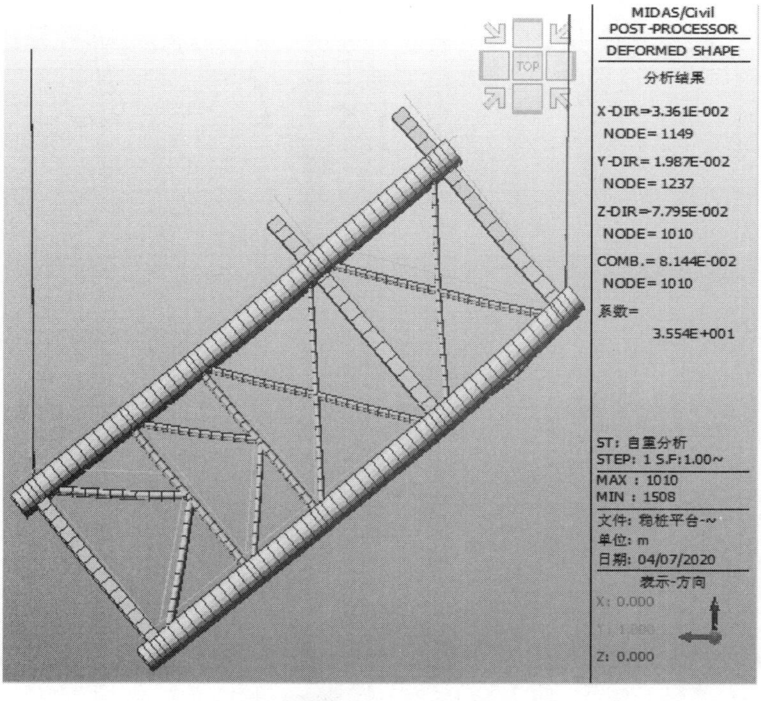


图 2-22　吊装倾斜状态Ⅲ时达到平衡的位移图

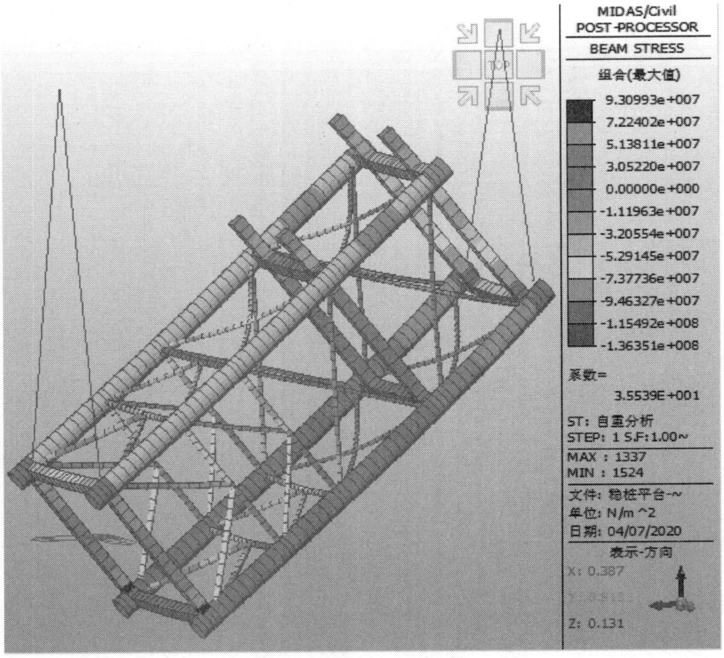


图 2-23　吊装倾斜状态Ⅲ时导管架应力分布图

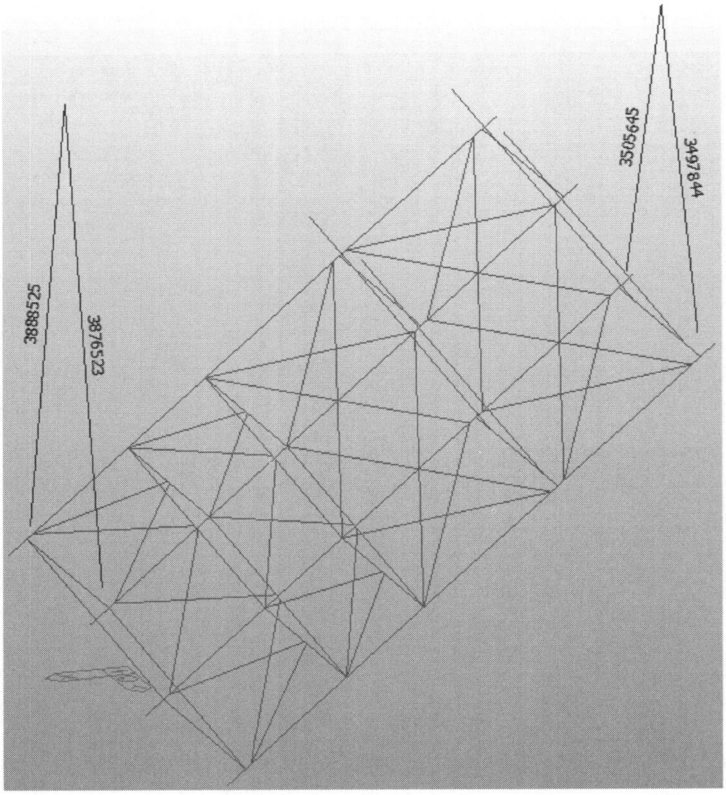


图 2-24　吊装倾斜状态Ⅲ时钢丝绳内力最大值图(单位:N)

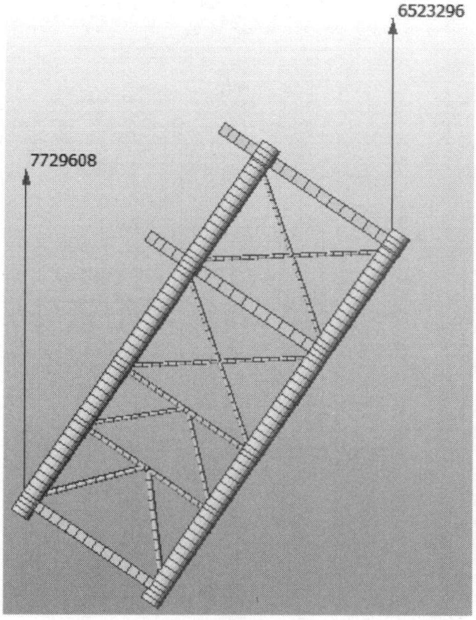


图 2-25 吊装倾斜状态Ⅳ时吊钩受力图(单位:N)

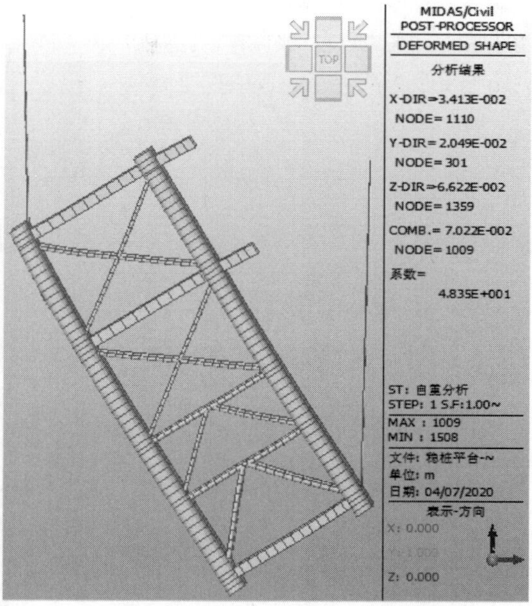


图 2-26 吊装倾斜状态Ⅳ时达到平衡的位移变化图

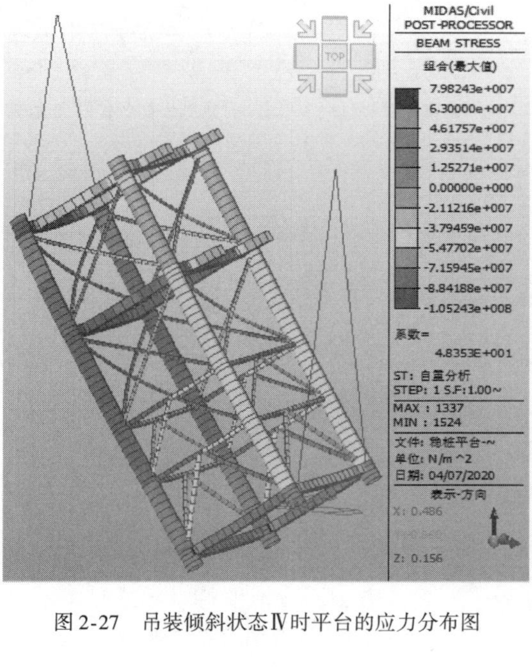


图 2-27 吊装倾斜状态Ⅳ时平台的应力分布图

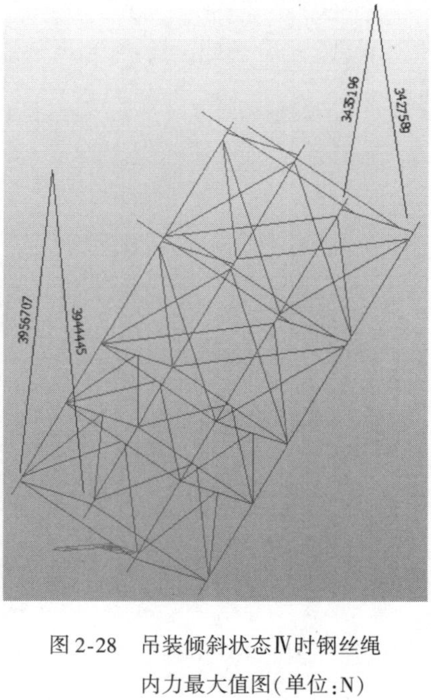


图 2-28 吊装倾斜状态Ⅳ时钢丝绳内力最大值图(单位:N)

## 2.2.7 倾斜状态Ⅴ(68.8°)受力分析

“华西 900”吊钩下降 25m、“华西 5000”吊钩上升 20m 后稳桩平台与水平面的夹角约为 68.819°,如图 2-29 所示。稳桩平台达到平衡的竖向最大位移为 0.07m,如图 2-30 所示。平台的最大应力为 79.5kN，如图 2-31 所示。平台底部吊点和上部吊点钢丝绳内力最大值分别为 4015kN 和 3391kN，如图 2-32 所示。

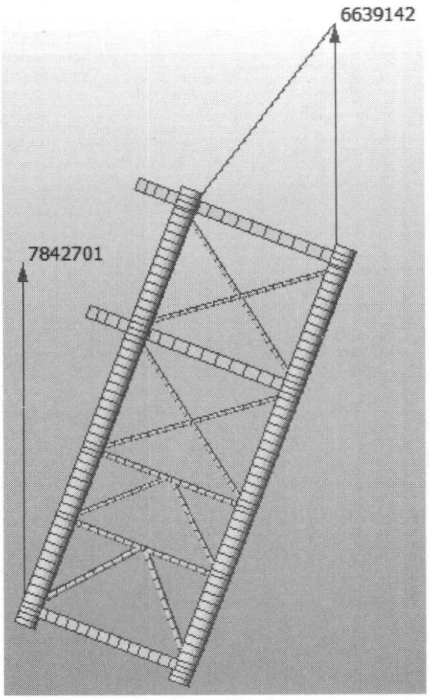


图 2-29　吊装倾斜状态Ⅴ时吊钩受力图（单位：N）

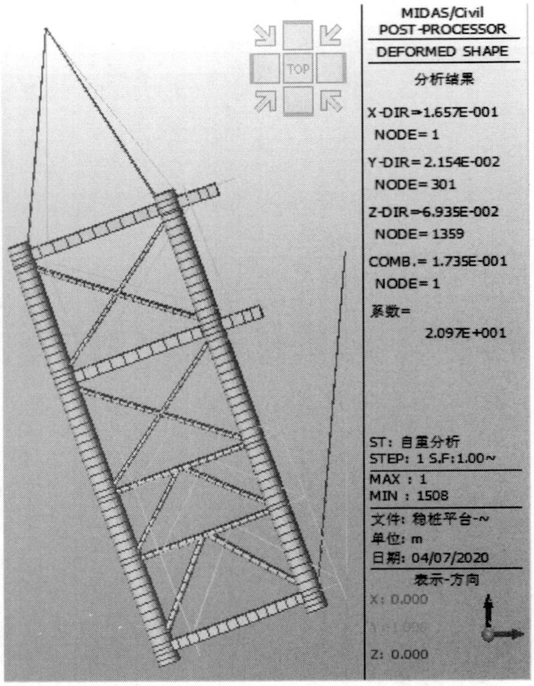


图 2-30　吊装倾斜状态Ⅴ时达到平衡的位移变化图

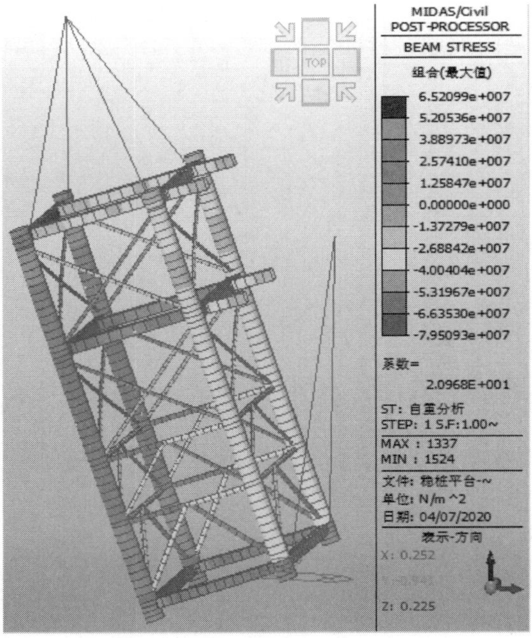


图 2-31　吊装倾斜状态Ⅴ时平台应力分布图

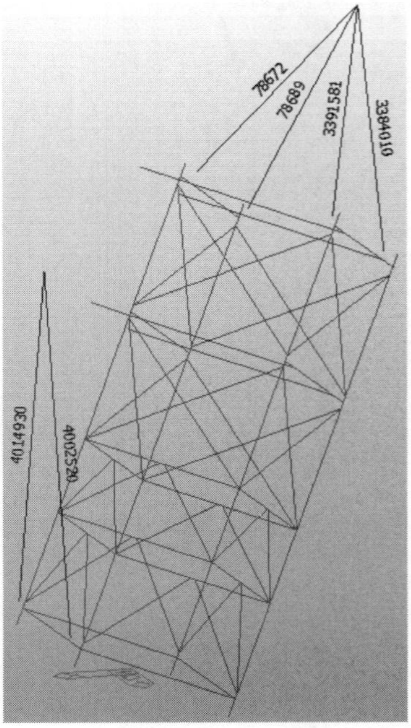


图 2-32　吊装倾斜状态Ⅴ时钢丝绳内力最大值图（单位：N）

## 2.2.8　竖直状态受力分析

稳桩平台完成翻身,“华西 900”吊钩拆除后的状态如图 2-33 所示。“华西 5000”吊钩的竖向力为 14324kN。由于导管架重心的偏心,导管架达到平衡时,竖向最大位移为 0.47m,如图 2-34 所示。此状态下,平台的最大应力为 89.3MPa,如图 2-35 所示;上吊点位置的钢丝绳内力最大值为 4384kN,如图 2-36 所示。

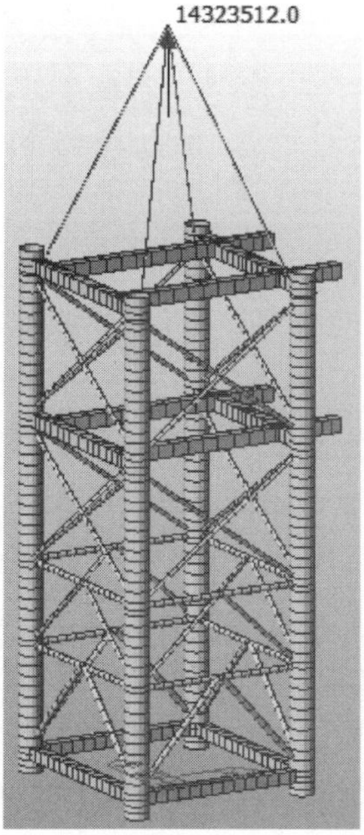


图 2-33　翻身完成时吊钩受力图(单位:N)

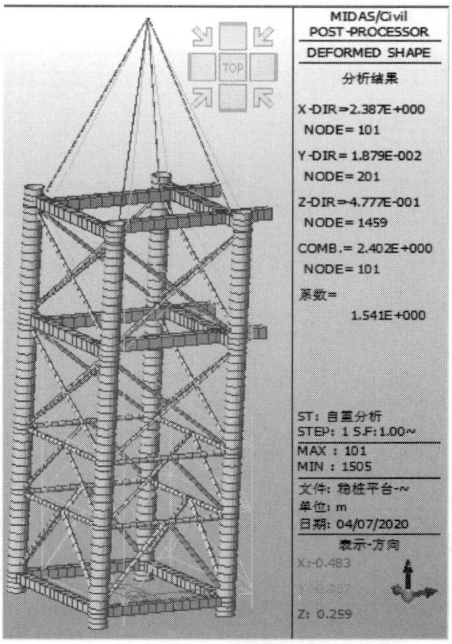


图 2-34　翻身完成时达到平衡的位移变化图

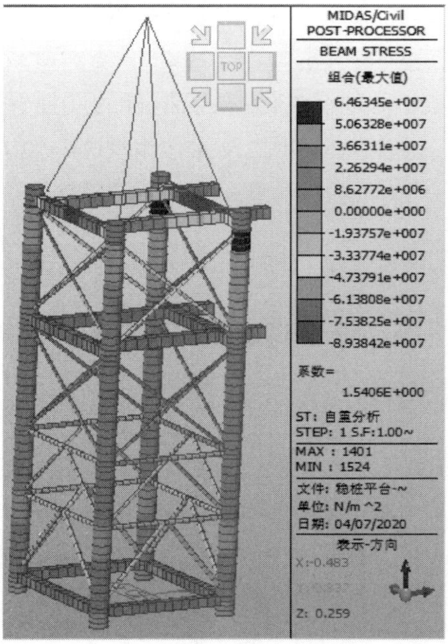


图 2-35　翻身完成时平台应力分布图

图 2-36　翻身完成时钢丝绳内力最大值图(单位:N)

# 2.3 首次安装作业工况

## 2.3.1 建立有限元模型

根据《浅海固定平台建造与检验规范(2004)》第2篇第4.2.2条规定,计算分析采用midas Civil软件建立空间梁系模型。

(1)图2-37所示的稳桩平台的立柱、横撑、斜撑和平台横梁采用梁单元建立;

(2)非主要结构受力构件包括防尘板、栏杆和扶梯、抱臂、加劲板和浮力桶建立为节点质量;

(3)立柱等开口板件的浮力按结构体力建模,斜撑、横撑、横梁和浮力桶的浮力按闭口杆件的排水计算,然后作为单元线荷载加载;

(4)浪流荷载按2.1.5小节的方法计算得到作用于相应杆件的线荷载,考虑浪流荷载对所有水下杆件的作用;

(5)风荷载根据2.1.5小节计算得到的风压和迎风面面积求得线荷载作为单元荷载,风荷载计算考虑所有水面以上杆件。

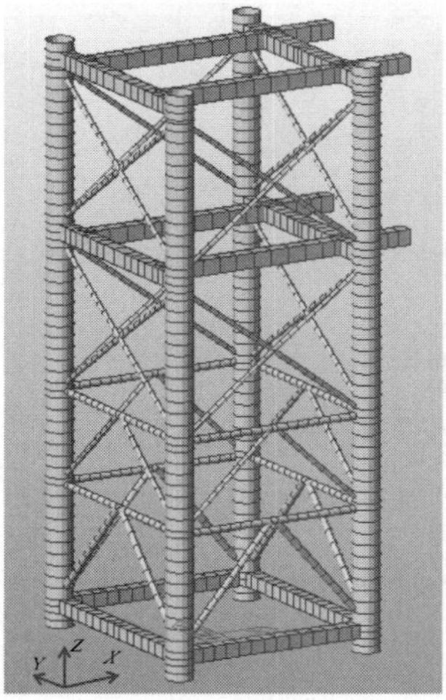

图2-37 导管架打桩平台(未打入定位桩)模型

未打入定位桩时建立得到的有限元模型如图2-37所示,模型的整体坐标系的原点位于平台底面中心。将模型四根立柱的下端进行约束,其中一个立柱下端三向约束、一个立柱$X$和$Z$向约束、一个立柱$Y$和$Z$向约束,另外一个仅约束$Z$向。施加结构的自重荷载和浮力,分析得到高水位和低水位条件下平台的支反力如图2-38所示。由于考虑了楼梯荷载,虽然平台沿$X$轴对称,但支反力不对称;由于抱臂的质量,结构的中心偏向抱臂一侧;由图2-38可见,高水位情况下,浮力更大,结构的总重量(考虑浮力)相对更小。

## 2.3.2 地基承载力和沉降计算

根据《港口工程地基规范》(JTS 147—1—2010)第5.1.2条,可以将口字形地基近似为矩形地基。防沉板的面积为:

$$28\times8\times2+7.27\times14=549.78(\mathrm{m}^2)$$

根据《港口工程地基规范》(JTS 147—1—2010)第5.1.2条,将该口字形基础简化为矩形基础($X$向尺寸$\times Y$向尺寸),即:28m×19.635m。

考虑结构在$X$方向的偏心较大,在简化时保持$X$方向的长度不变。高水位时,导管架平台的浮重为:

$$714370+737528+1010714+999362=3461982(\mathrm{N})$$

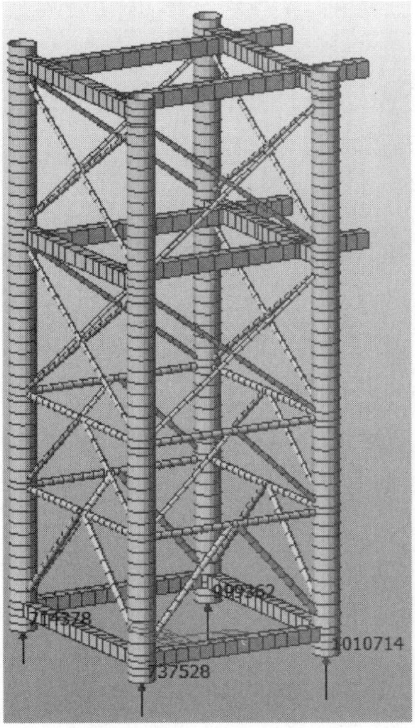


a) 高水位时平台支反力(单位：N)

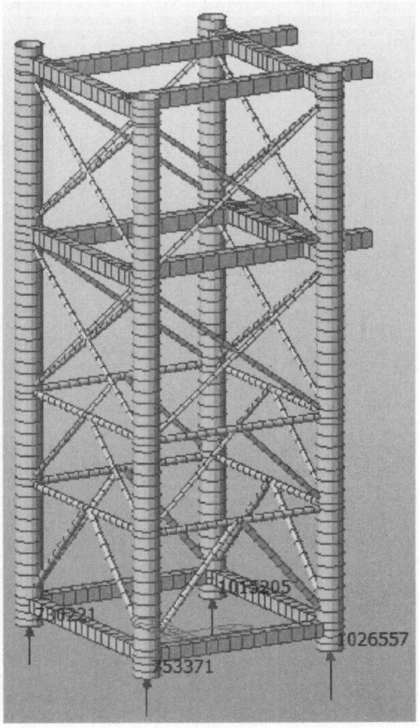


b) 低水位时平台支反力(单位：N)

图 2-38　平台的支反力图

$X$ 方向的偏心为：

$$[(999362+1010714)\times 9-(714378+737528)\times 9]/3461982=1.451\text{m}<28\text{m}/6=4.67(\text{m})$$

基础底面的平均压力值为：

$$p_{\text{k}}=3461982/549.78=6.3(\text{kPa})$$

小偏心时最大压力值为：

$$p_{\text{kmax}}=3461982/549.78+3461982\times 1.451/(28\times 28\times 19.635/6)=8.2(\text{kPa})$$

同样,低水位时的总浮重为：

$$730221+753371+1015205+1026557=3525354(\text{N})$$

$X$ 方向的偏心为：

$$(1015205+1026557-730221-753371)\times 9/3525354=1.425\text{m}<28\ \text{m}/6=4.67(\text{m})$$

基础底面的平均压力值为：

$$p_{\text{k}}=3525354/549.78=6.4(\text{kPa})$$

小偏心时最大压力值为：

$$p_{\text{kmax}}=3525354/549.78+3525354\times 1.425/(28\times 28\times 19.635/6)=8.4(\text{kPa})$$

根据广东省《建筑地基基础设计规范》(DBJ 15-31—2016)表 4.5.2-5,沿海地区淤泥和淤泥质土承载力特征值的经验值考虑最不利天然含水量后,为：

$$f_{\text{ak}}=40\text{kPa}$$

根据《建筑地基基础设计规范》(GB 50007—2011)第 5.2.4 条进行修正后得到地基承载力特征值为:

$$f_a = 40\text{kPa}$$

因此,高水位和低水位情况下,地基承载力均能满足《建筑地基基础设计规范》(GB 50007—2011)的要求:

$$p_k \leqslant f_a, p_{kmax} \leqslant 1.2f_a$$

### 2.3.3 抗倾覆验算

图 2-38 所示高水位时,考虑浮力的结构的总重力(考虑浮力)更小,结构更易在水平作用下发生倾覆。平台 $X$ 方向的宽度更小且偏心更严重,更易发生倾覆。高水位时,结构总浮重为:

$$714370 + 737528 + 1010714 + 999362 = 3461982(\text{N})$$

重力作用点距离抱臂侧立柱轴线的距离为:

$$(714370 + 737528) \times 18/3461982 = 7.55(\text{m})$$

平台绕 $Y$ 轴沿着立柱的外边缘旋转时,结构重量的恢复力矩为:

$$M_k = 3461982 \times (7.55 + 1.2) = 30292(\text{kN} \cdot \text{m})$$

考虑水面以上平均风荷载的作用(12.0m/s),风方向为 $X$ 方向,基本风压为:

$$W_0 = 12 \times 12/1600 = 0.09(\text{kPa})$$

根据《建筑结构荷载规范》(GB 50009—2012)第 7.1.2 条,基本风压不得小于 0.3kPa,根据第 2.1.5 小节得到风荷载标准值为:

$$1.38 \times 1.2 \times 0.3\text{kPa} = 496.8\text{Pa}$$

根据水面以上各杆件的面积,计算得到风对平台的作用力为 159817N,作用点距离平台底部 42.11m,风荷载的倾覆力矩为:

$$159817 \times 42.11 = 6731(\text{kN} \cdot \text{m})$$

平台安装过程中波高低于 1.0m,高水位条件下计算得到波浪对单个立柱波流力沿着距离海底的高度的变化,如图 2-39 所示。波流力对单个立柱的合力为 58119N,作用点距离平台底部 22.3m。考虑波流力对横撑、横梁和斜撑的作用,根据面积乘以 1.3 的系数,得到波流力对平台的倾覆力矩为:

$$58119 \times 1.3 \times 4 \times 22.3 = 6733(\text{kN} \cdot \text{m})$$

波流力和风荷载的总倾覆力矩为:

$$M_q = 6731 + 6733 = 13464(\text{kN} \cdot \text{m}) < \frac{M_k}{K_q} = 30292/1.6 = 18933(\text{kN} \cdot \text{m})$$

根据《海洋移动平台入级与建造规范(2016)》取安全系数 $K_q = 1.6$,平台在安装时能满足抗倾覆要求。

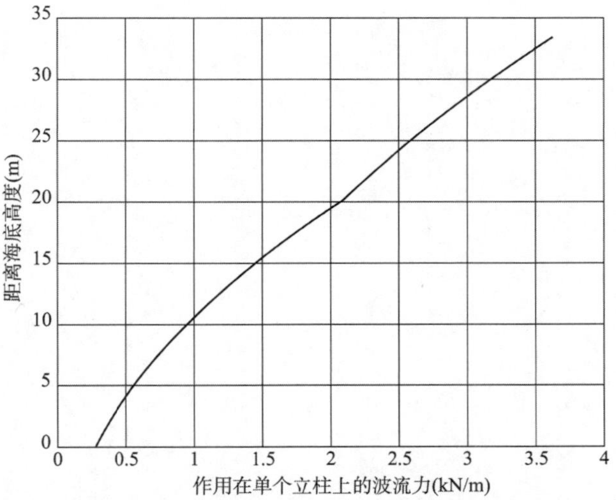


图 2-39 作用在平台立柱上的波流力(潮流 1.89m/s,波高 1m,周期 10.1s)

# 2.4 正常作业工况

## 2.4.1 有限元模型

图 2-40 所示为定位桩打入设计位置后的分析模型,考虑桩打入的深度为 23.8m。相比图 2-37 所示的模型,稳桩平台正常使用时模型考虑了:

(1)打入泥面以下的桩采用梁单元,桩顶与平台立柱底部连接,桩顶以上的重量(计入浮力)按节点荷载加载在桩顶;

(2)考虑了抱桩系统设备的 60t 重量,以梁单元分布荷载加在上平台上。

图 2-41 所示为模型的边界条件,泥面以下的钢管桩水平方向采用弹簧约束,弹簧的刚度采用 2.1.5 小节所述的 $m$ 法确定,桩底在竖向采用固定约束。

## 2.4.2 受力荷载计算

1)自重(计入浮力)

按稳定桩打入 23.8m 深计算,图 2-42 所示为自重下桩底的竖向支反力,在增加了抱桩系统的设备后,四个桩底支反力相差较小,整个平台重心几乎回到了四根立柱的中心。自重作用下梁单元的应力如图 2-43 所示,可见放置抱桩系统设备的位置出现了相对较大的应力,总体钢结构的应力较小。

2)风荷载

考虑风速 12m/s 在 $X$ 方向时,沿着 $X$ 轴负向,重力稍微向 $X$ 轴负方向偏心。对水面以上的构架加载梁单元荷载,各个构架的荷载密度根据风压和截面迎风面宽度进行计算。考虑风在 $Y$ 方向时,同样考虑沿着 $Y$ 轴负方向,重力略微向 $Y$ 轴负方向偏心。图 2-44 所示为风荷载在 $X$ 方向的施加。

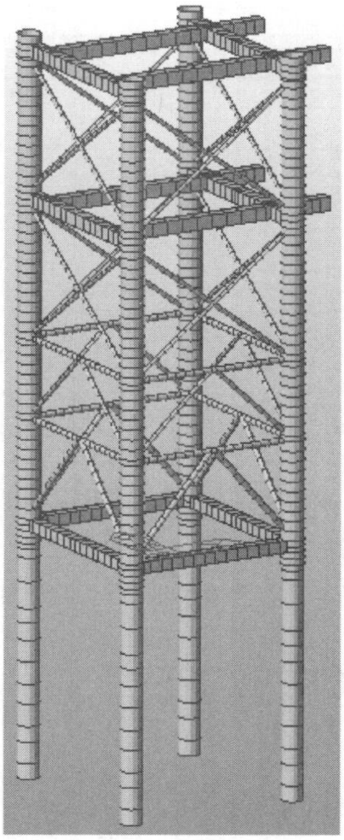

图 2-40　导管架正常工作阶段的模型图

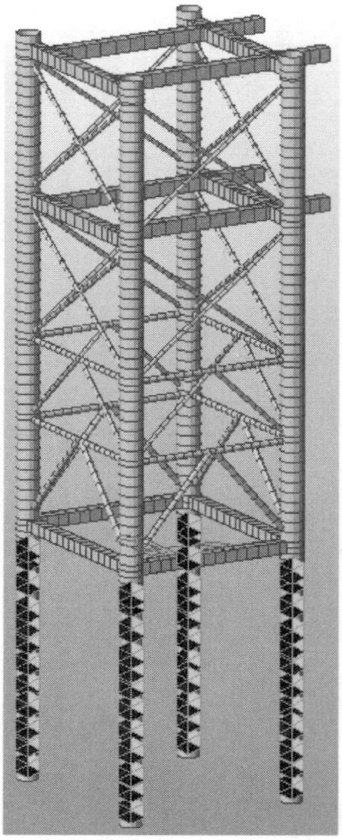

图 2-41　模型边界条件图

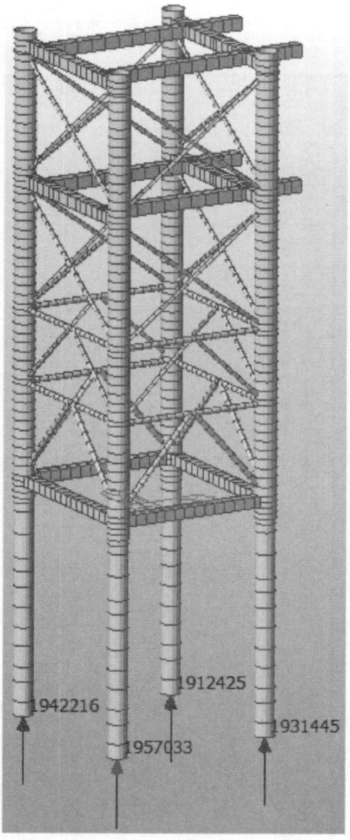


图 2-42　自重作用下的竖向桩底反力图(单位:N)

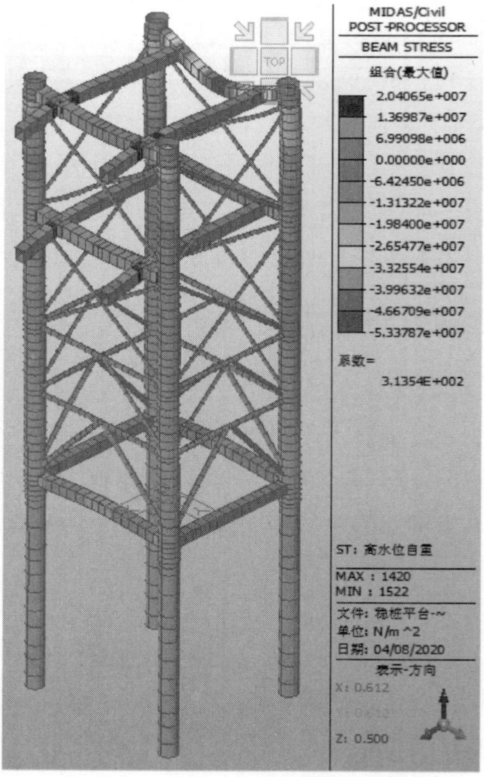


图 2-43　自重作用下梁单元的应力图

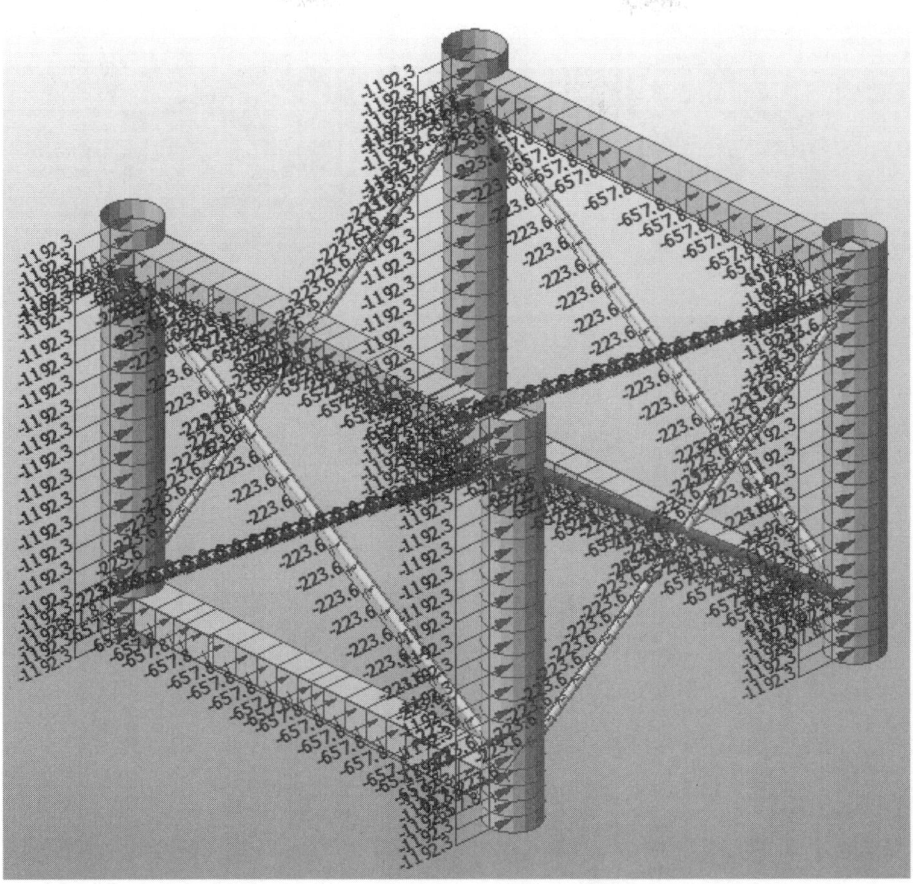


图 2-44　稳桩平台水面以上部分施加 *X* 方向风荷载图(单位:N)

经计算得图 2-45 ~ 图 2-48,可见,风作用下结构的支反力和应力均较小,主要是由于导管架大部分高度都在水下。风荷载作用下,导管架的最大应力出现在底层横撑和斜撑位置。

3)波流荷载

按表 2-3 所示的波流参数,考虑其沿着坐标 *X* 轴或者 *Y* 轴的负方向。将按 2.1.5 小节介绍的方法计算得到如图 2-49 所示的波流分布荷载分段加载到平台立柱、横撑和斜撑上去。

经计算得图 2-50 ~ 图 2-53,波流荷载在 *X* 方向时桩底反力更大,主要是由于立柱在 *X* 方向间距小于 *Y* 方向的间距。波流荷载沿着 *Y* 方向时,平台底层的斜撑出现了更大的应力。在该情况下,波流分布荷载在水表面大于风荷载的分布力,因此,高水位下作用在结构下的波流和风合力更大。

4)使用荷载

由之前的模型图可见,完整的抱臂并没有在整体模型中完全建立,在加载工作荷载时,将作用在两个抱臂上的力等效作用在平台与抱臂的连接点位置。在 *X* 方向考虑每个平台侧的两个油缸同时顶推单桩的情况;在 *Y* 方向考虑 *Y* 轴负方向侧每个平台两个油缸同时将单桩向 *Y* 正方向顶推的情况。两种情况下的平台加载图如图 2-54 所示。考虑每个油缸按实际最大出力为 1500kN,计算结果如图 2-55 ~ 图 2-58 所示。

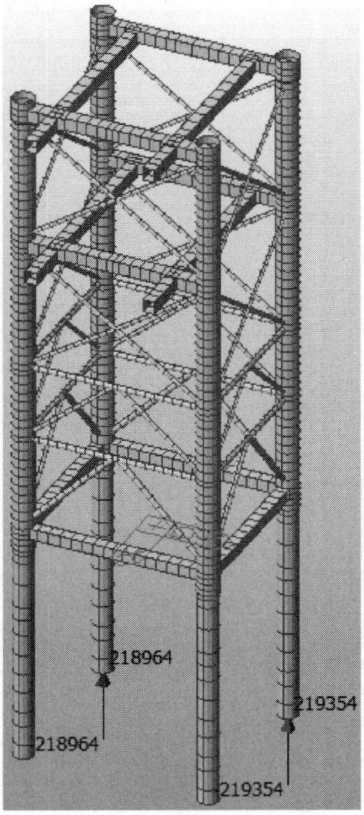


图 2-45　风荷载 $X$ 方向时的桩底反力图(单位:N)

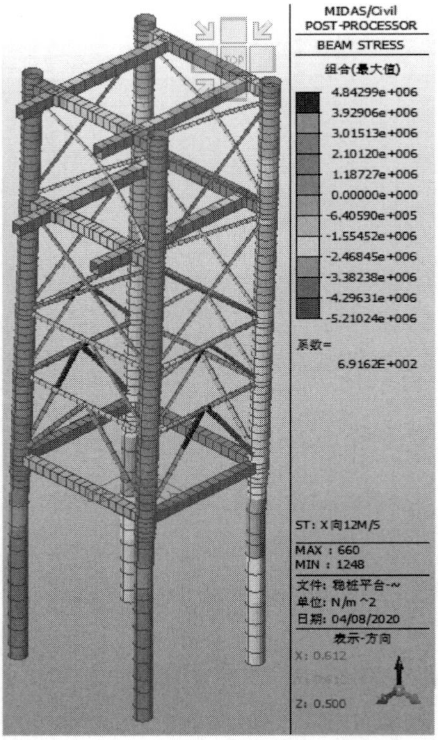


图 2-46　风荷载沿着 $X$ 方向时的梁应力图

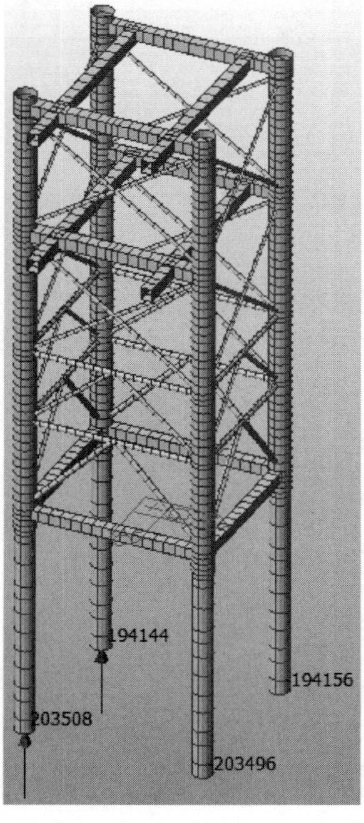


图 2-47　风荷载沿着 $Y$ 方向的桩底反力图(单位:N)

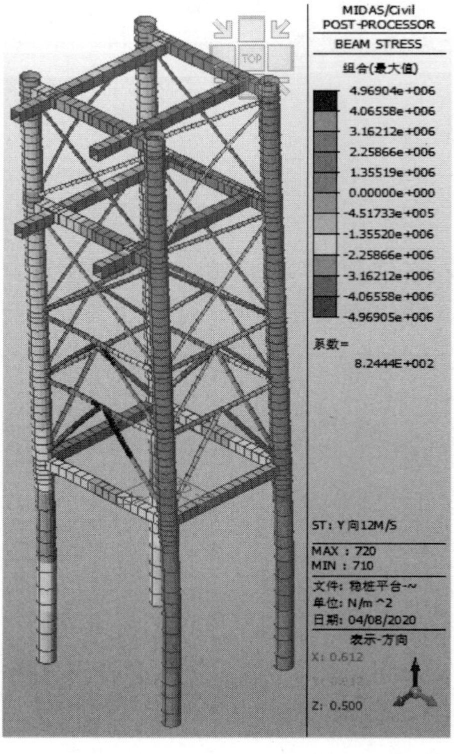


图 2-48　风荷载沿着 $Y$ 方向时的梁应力图

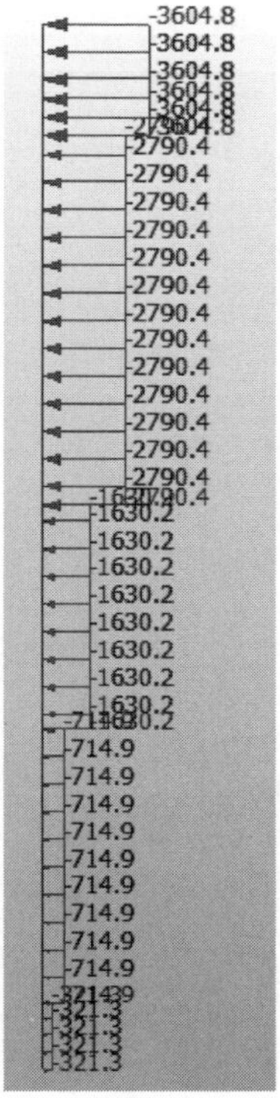


图 2-49 立柱上的波流荷载(沿 *X* 轴负方向)加载图(单位:N)

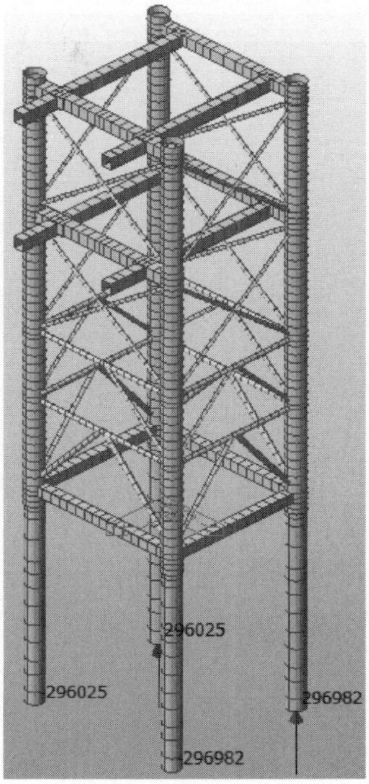


图 2-50 波流荷载 *X* 方向时的桩底反力图(单位:N)

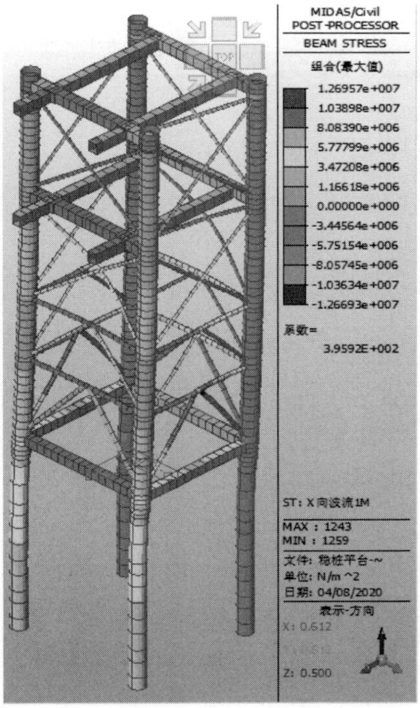


图 2-51 波流荷载沿着 *X* 方向时的梁应力图

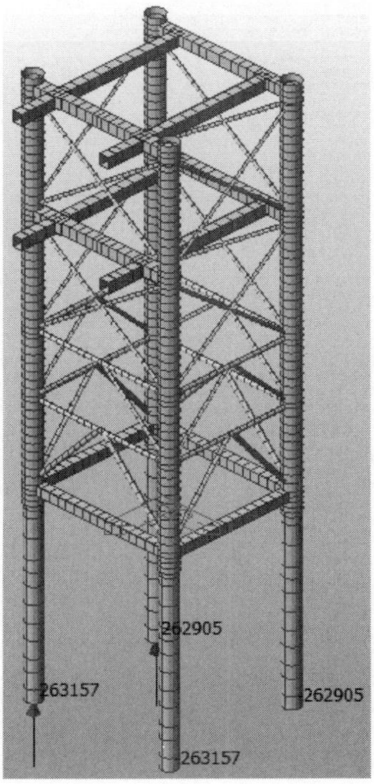


图 2-52 波流荷载沿着 *Y* 方向的桩底反力图(单位:N)

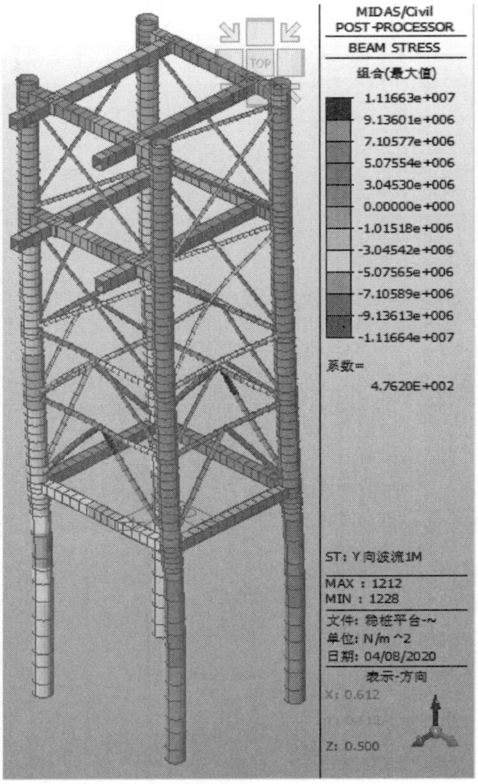


图 2-53　波流荷载沿着 Y 方向时的梁应力图

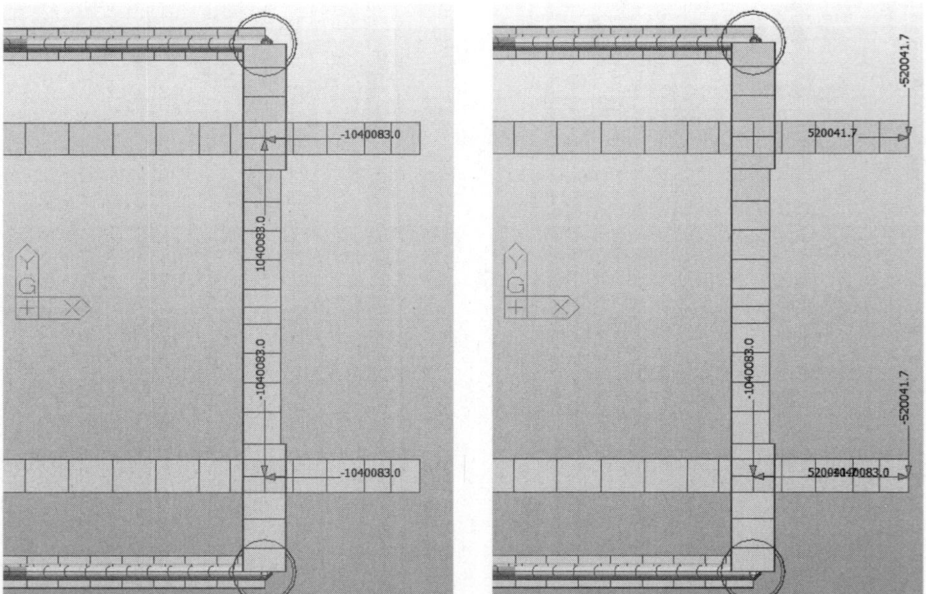


a) 沿X方向　　b) 沿Y方向

图 2-54　平台顶推单桩时的极限工作荷载(单位:N)

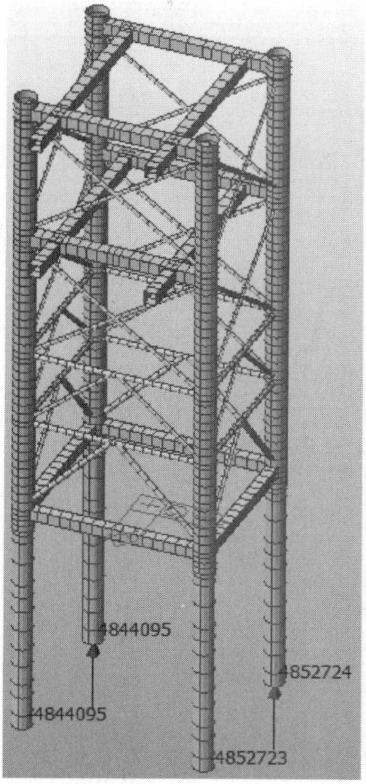


图 2-55　使用荷载 *X* 方向时的桩底反力图(单位:N)

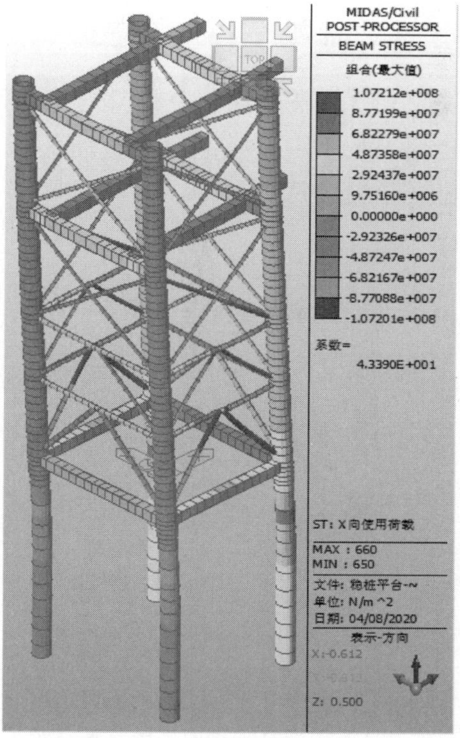


图 2-56　使用荷载沿着 *X* 方向时的梁应力图

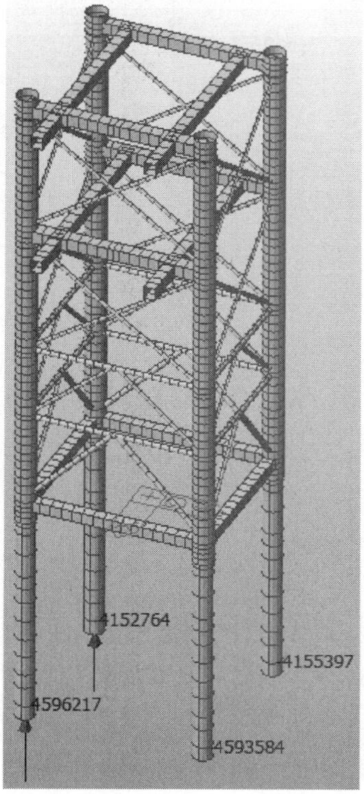


图 2-57　使用荷载沿着 *Y* 方向时的桩底反力图(单位:N)

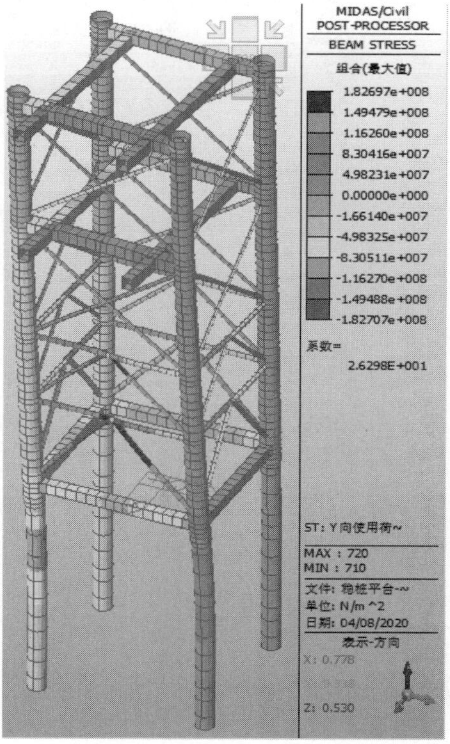


图 2-58　使用荷载沿着 *Y* 方向时的梁应力图

## 2.4.3 荷载组合和验算

综合2.4.2小节的计算分析，按照《浅海固定平台建造和检验规范(2004)》第2篇第6.4.4条，重力和三种活荷载的标准组合(组合系数均取1.0)下，活荷载分别在$X$和$Y$方向时，组合下桩底的受力如图2-59所示。

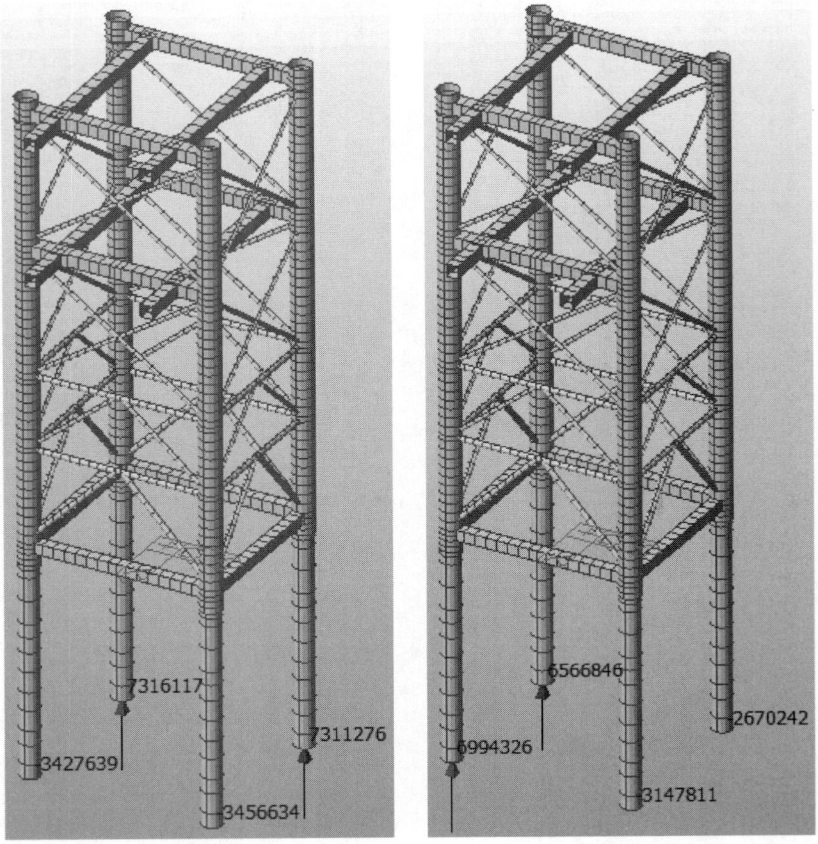


a) 活荷载沿$X$方向　　b) 活荷载沿$Y$方向

图2-59　重力和活荷载组合下的桩底受力(单位:N)

桩端最大正压力为7316kN，最大拉拔力为3457N。结合图2-5，桩打入23.8m时，其极限承载力为14832kN，极限抗拔力为8540kN。根据《浅海固定平台建造和检验规范(2004)》第2篇第6.4.4条，在正常使用条件下考虑2.0的安全系数得到容许承载力和抗拔力：

桩承载力：7316kN < 14832/2kN = 7416kN

桩抗拔力：3457kN < 8540/2kN = 4270kN

标准组合下，稳桩平台的应力如图2-60所示。平台构件的最大拉压应力为201MPa，出现在底层斜撑。根据《钢结构设计标准》(GB 50017—2017)表4.4.1，Q345钢材厚度在16mm以下时，抗拉压强度设计值为305MPa，平台的应力满足钢材设计强度要求。

标准组合下，稳桩平台当活荷载在$X$方向和$Y$方向时的最大位移分别为0.09m和0.15m，分别在$X$和$Y$方向，如图2-61所示。

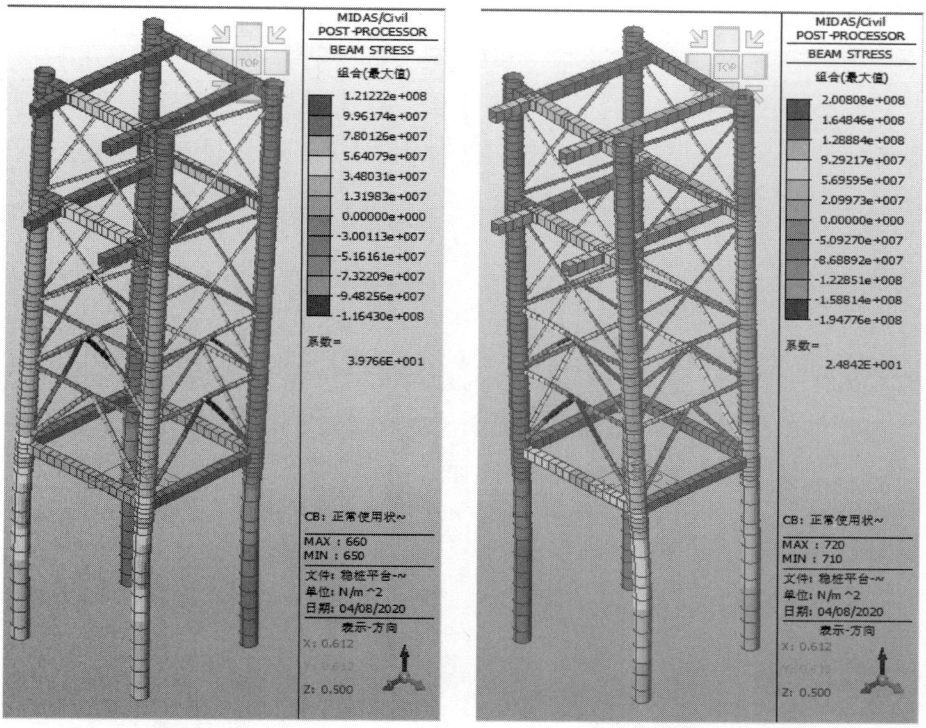


a) 活荷载沿*X*方向　　　　b) 活荷载沿*Y*方向

图2-60　重力和活荷载组合下导管架的应力

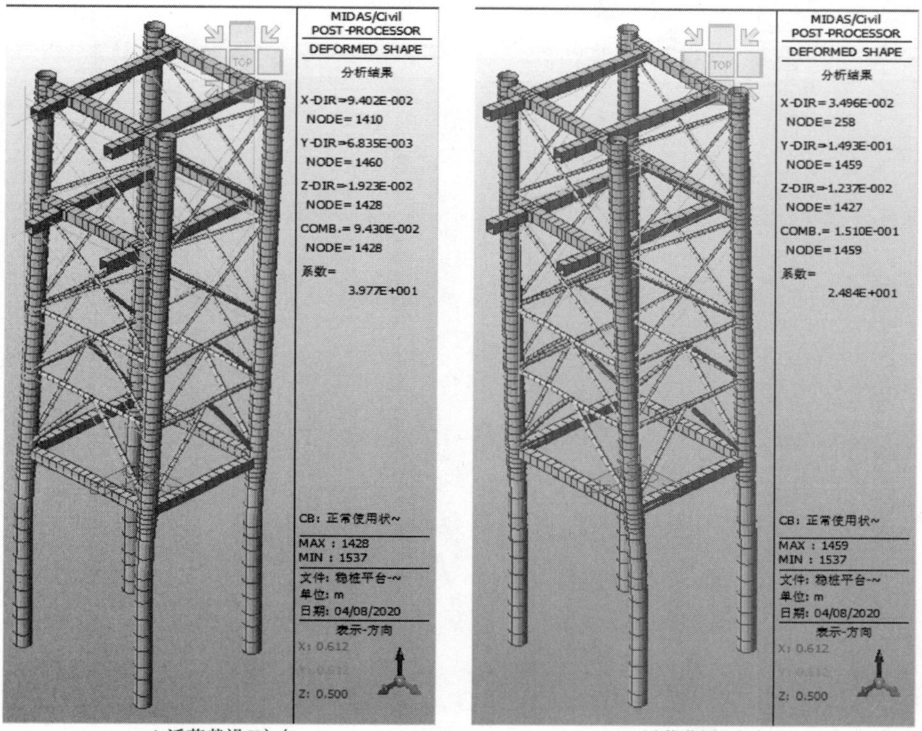


a) 活荷载沿*X*方向　　　　b) 活荷载沿*Y*方向

图2-61　重力和活荷载组合下导管架的位移

# 2.5 极限工况

极限工况下,考虑极限风荷载和波流荷载的作用,采用的模型和正常使用状态下的模型相同。

## 2.5.1 受力荷载计算

1)风荷载

考虑风速52.5m/s在$X$方向时,沿着$X$轴或者$Y$轴负方向。对水面以上的构架加载梁单元荷载,各个构架的荷载密度根据风压和截面迎风面宽度进行计算。风荷载在两个方向时,稳桩平台桩底反力和应力分布如图2-62～图2-65所示。

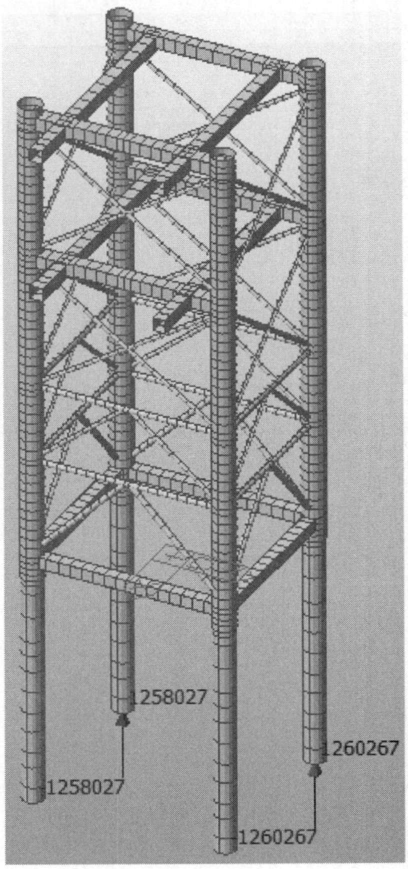


图2-62 极限风荷载$X$方向时的桩底反力图(单位:N)

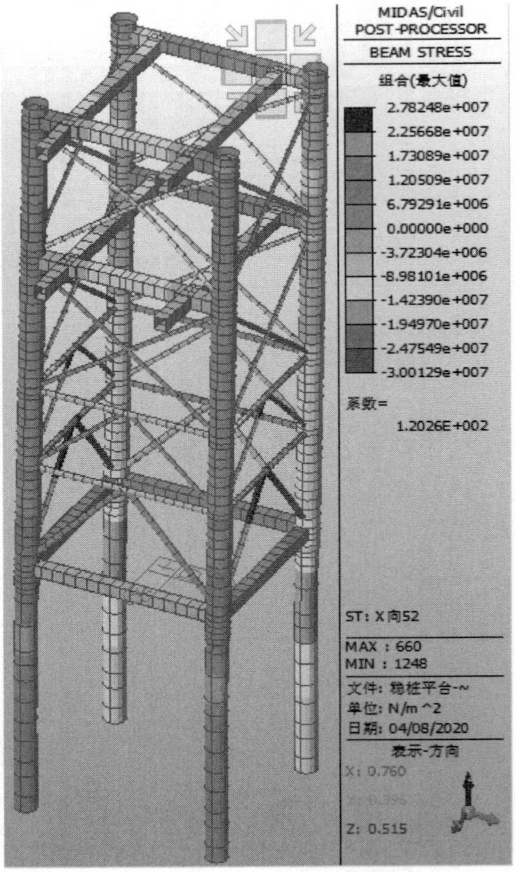


图2-63 极限风荷载沿着$X$方向时的梁应力图

2)波流荷载

按表2-3取极限状态下的波流参数进行计算,考虑最不利波流荷载均沿着坐标轴的负方向。考虑波流荷载沿着两个方向时,导管架桩底的反力和应力分布如图2-66～图2-69所示。

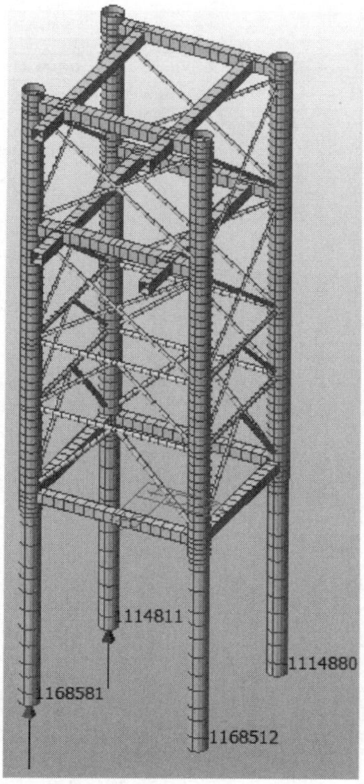


图 2-64　极限风荷载沿着 $Y$ 方向时的桩底反力图(单位:N)

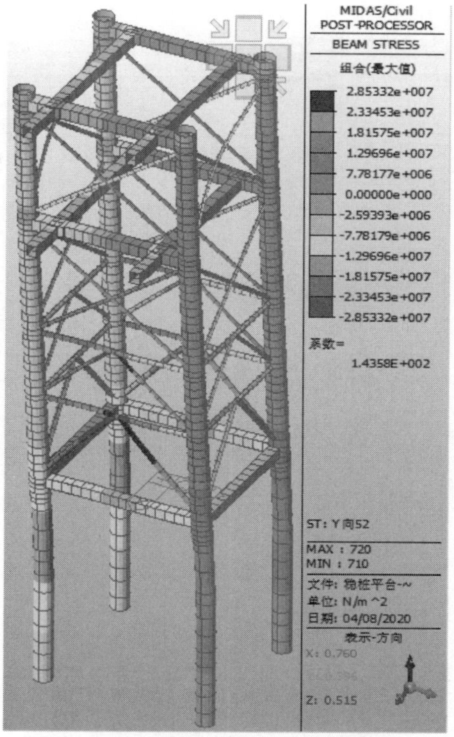


图 2-65　极限风荷载沿着 $Y$ 方向时的梁应力图

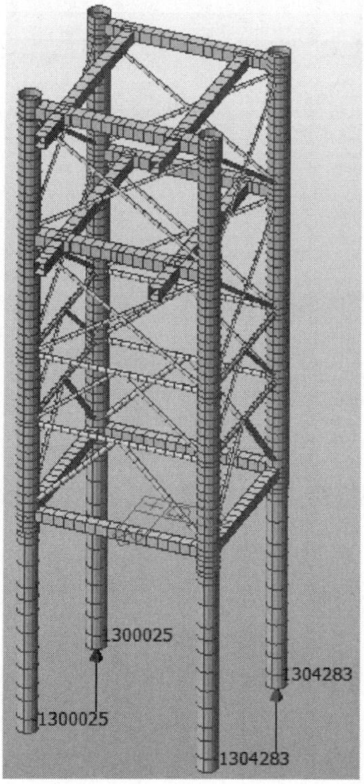


图 2-66　极限波流荷载 X 方向时的桩底反力图(单位:N)

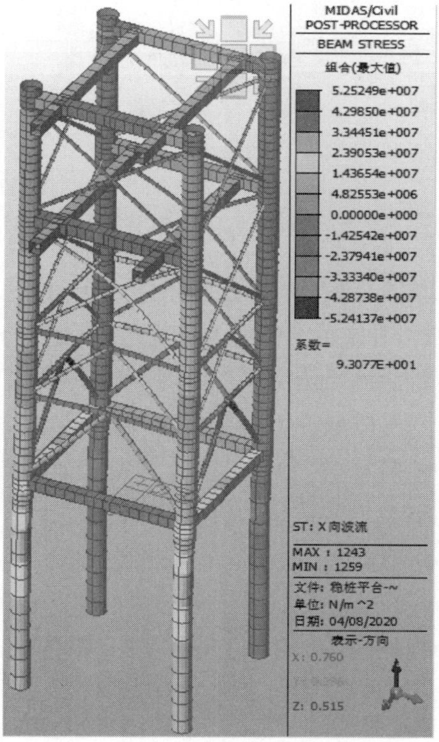


图 2-67　极限波流荷载沿着 X 方向时的梁应力图

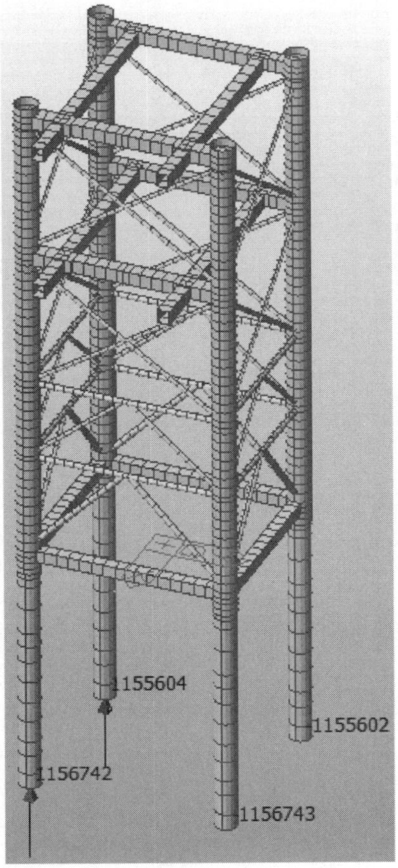


图 2-68 极限波流荷载沿着 Y 方向时的桩底反力图(单位:N)

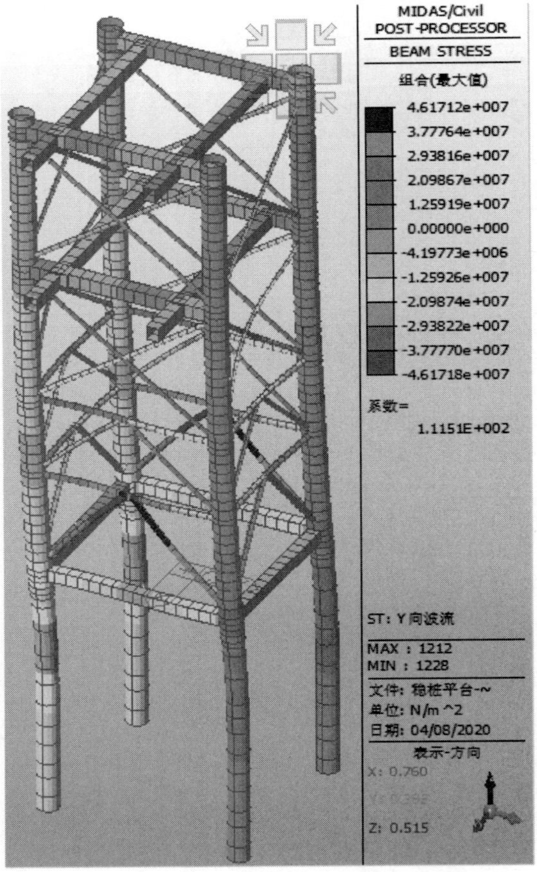


图 2-69 极限波流荷载沿着 Y 方向时的梁应力图

## 2.5.2 荷载组合

按第 2.5.1 小节计算分析,按照《浅海固定平台建造和检验规范(2004)》第 2 篇第 6.4.4 条,重力和三种活荷载的标准组合(组合系数均取 1.0)下,活荷载分别在 X 和 Y 方向时,组合下桩底的受力如图 2-70 所示。

在极限状态下,桩底最大反力为 4515kN,最大拉拔力为 652kN。根据《浅海固定平台建造和检验规范(2004)》第 2 篇第 6.4.4 条,在极端环境条件下采用 1.5 的安全系数。因此,桩的承载力和抗拔力容许值需要达到

桩承载力:4515 × 1.5 = 6772(kN)

桩抗拔力:652 × 1.5 = 978(kN)

根据图 2-5 可知,至少需要将桩打入 15m,才能保证极端环境下导管架的安全。

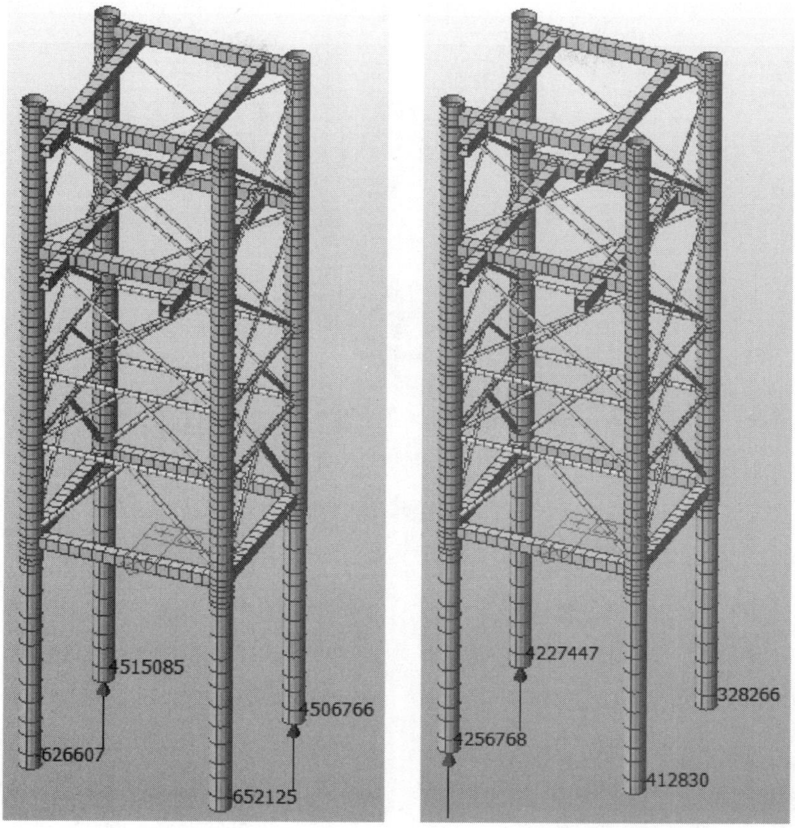


a) 活荷载沿$X$方向　　b) 活荷载沿$Y$方向

图 2-70 极限荷载组合下的桩底受力(单位:N)

## 2.6 抱臂极限工作状态分析

本节分析抱箍在最大油缸顶推力作用下的受力状态,对抱箍受力和变形进行复核验算。

### 2.6.1 有限元模型

采用 ANSYS16.0 有限元软件 Mechanical APDL 模块进行四分之一抱箍的几何建模,抱箍采用的钢板利用三维 8 节点体单元进行模拟,建成的模型如图 2-71 所示。抱箍与插销材料参数设置参考 Q345B 钢材,其中弹性模量为 200000MPa,泊松比 0.3,摩擦系数 0.1。

模型包括上下面板、附板、连接板、腹板、中隔板、加强板、限位板,模型局部图如图 2-72a) 与图 2-72b)所示。模型在两个圆孔内考虑实心圆筒状插销,并以 CONTACT PAIR 考虑插销与抱臂间的接触现象。如图 2-73 所示,在某工况下,插销与上下面板以及附板之间发生近端接触(Near Contact)与滑移摩擦(Sliding)。

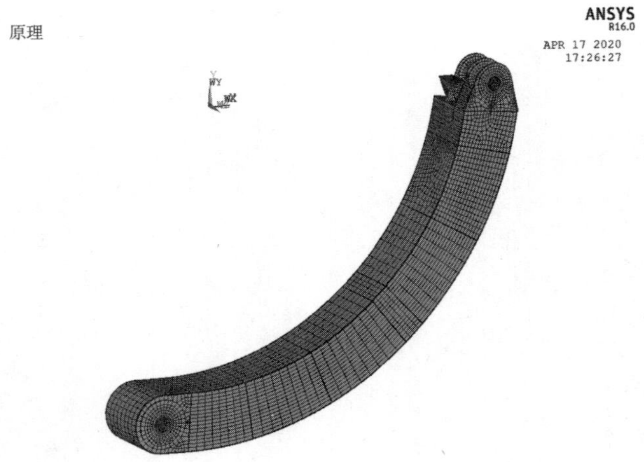


图 2-71　抱箍有限元模型图

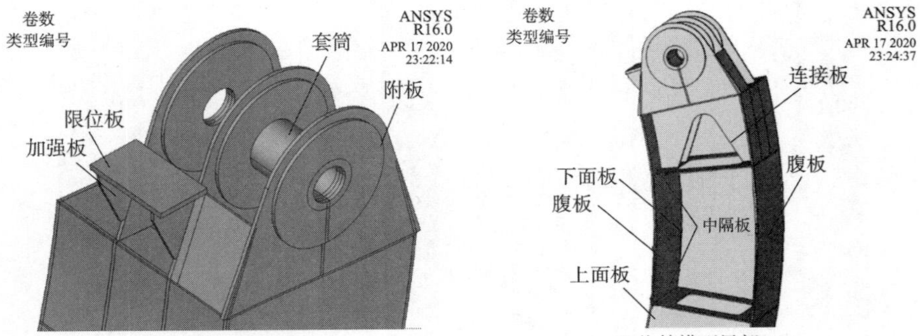


a) 抱箍模型局部(一)　　b) 抱箍模型局部(二)

图 2-72　抱箍有限元模型局部图

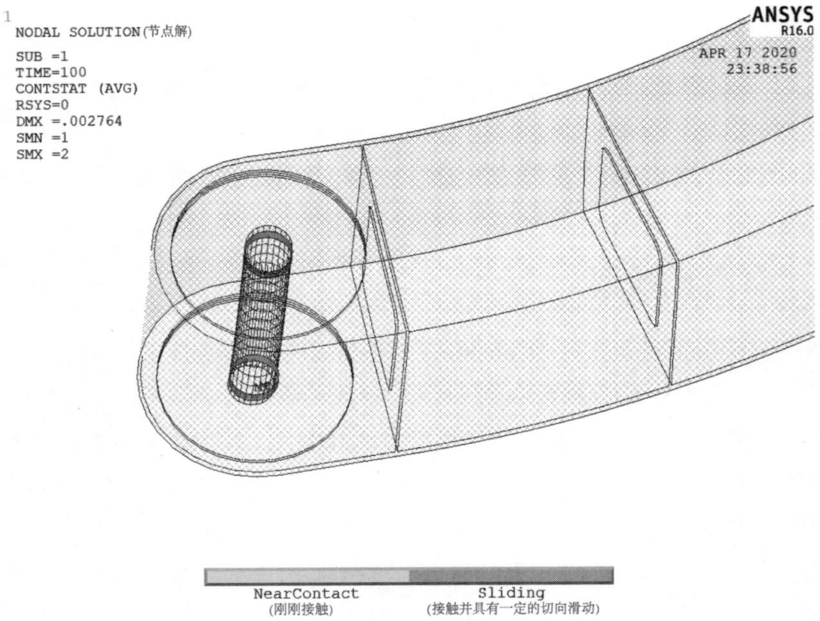


图 2-73　抱箍与插销接触面设置

模型边界约束条件如图 2-74 所示，约束两根插销两端横截面的 $X$、$Y$、$Z$ 方向位移与转动。同时，在油缸所在位置对应的上面板节点处施加推力，模拟油缸推力作用于抱箍的情形，如图中方框内箭头所示。

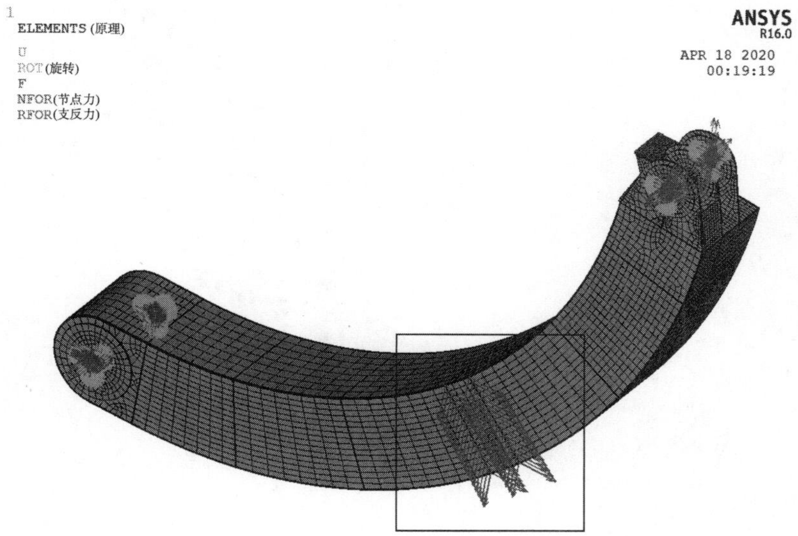


图 2-74　抱箍与插销边界条件设置

## 2.6.2　油缸最大推力状态

将油缸最大推力 2000kN 除以节点数量得到节点力，施加于目标区域。目标区域内节点数量为 102 个，故单点施加集中力为 $F = 2000000 \times \dfrac{\sqrt{2}}{2} \div 102e_x - 2000000 \times \dfrac{\sqrt{2}}{2} \div 102e_y = 13865Ne_x - 13865Ne_y$，然后进行静力分析。

计算得到模型变形情况如图 2-75 ~ 图 2-78 所示，其中图中虚线为初始模型。从图 2-75 可知，模型变形在 $X$-$Y$ 平面内以 $X$ 偏 $Y-45°$方向的移动为主，且模型两端受插销限制，位移较小。最大 $X$ 方向、$Y$ 方向的位移皆发生于模型中部。其中，最大 $X$ 方向位移为 2.447mm（向右）；最大 $Y$ 方向位移为 2.468mm（向下），如图 2-76 所示。模型变形在 $X$-$Y$ 平面外的位移如图 2-77 所示，以绕 $Z$ 轴的旋转变形为主，其中 $Z$ 方向最大偏移量发生在外腹板中段，数值为 1.834mm。

综合分析模型变形情况，如图 2-78 所示。图中展示总体模型位移模量即 $|u| = \sqrt{u_x^2 + u_y^2 + u_z^2}$。由图可知，抱箍两端受插销约束，变形较小。最大变形模量发生于抱箍上面板外侧，数值为 3.82mm。

最大推力作用下，抱箍第一主应力（最大拉应力）分布如图 2-79 所示。抱箍第一主应力大部分小于 100MPa（图中深黑色区域）。其中，外腹板中段受较大拉应力，约为 130MPa；此外，抱箍两端与插销接触处两侧局部发生拉应力集中现象，所受拉应力约为 100MPa。抱箍最大拉应力发生于连接板与内附板交界处，数值为 297MPa，如图 2-80 所示。

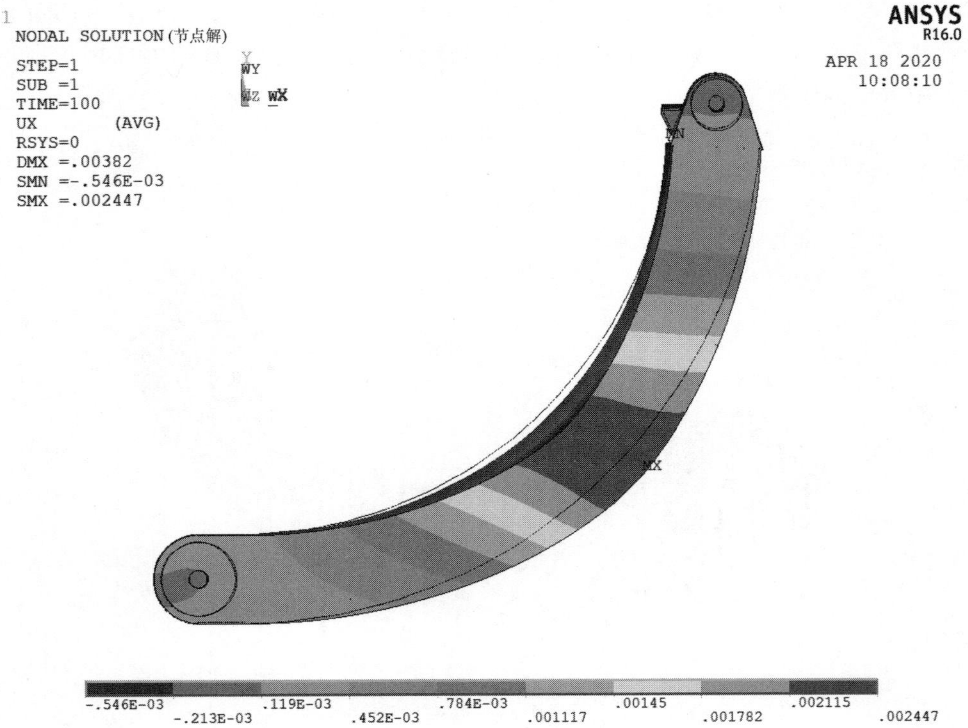


图 2-75　抱箍 $X$ 方向位移图(单位:m)

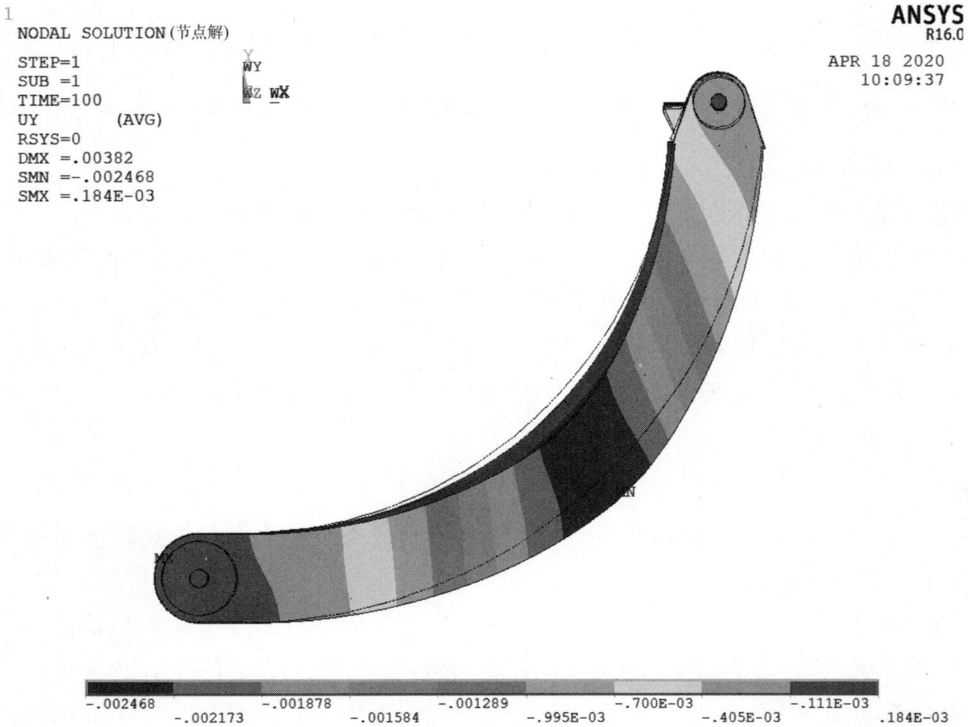


图 2-76　抱箍 $Y$ 方向位移图(单位:m)

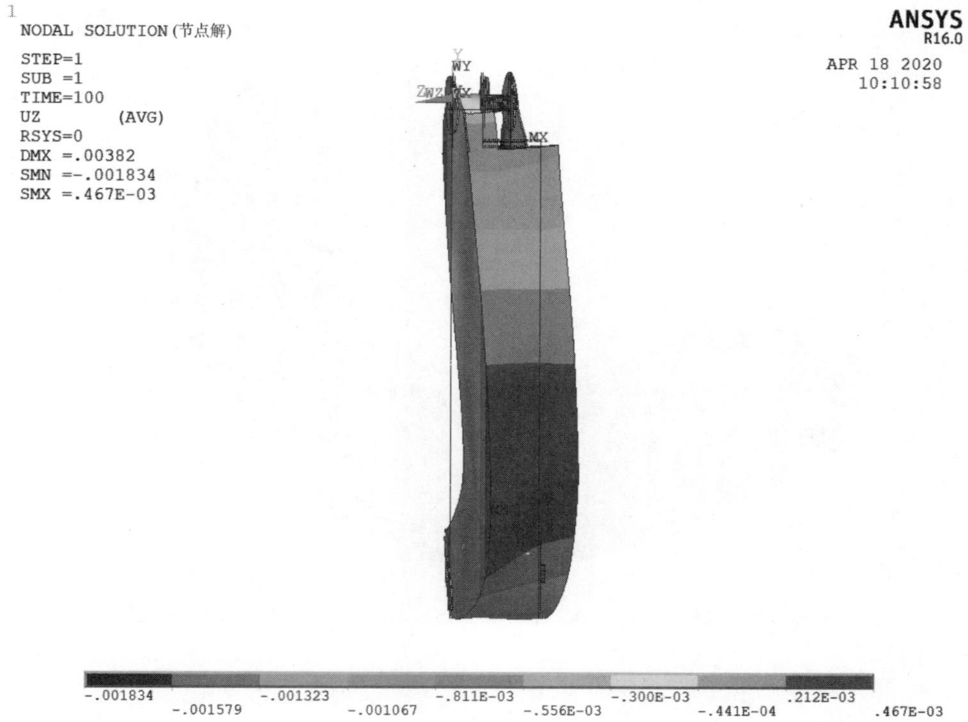


图2-77　抱箍Z方向位移图(单位:m)

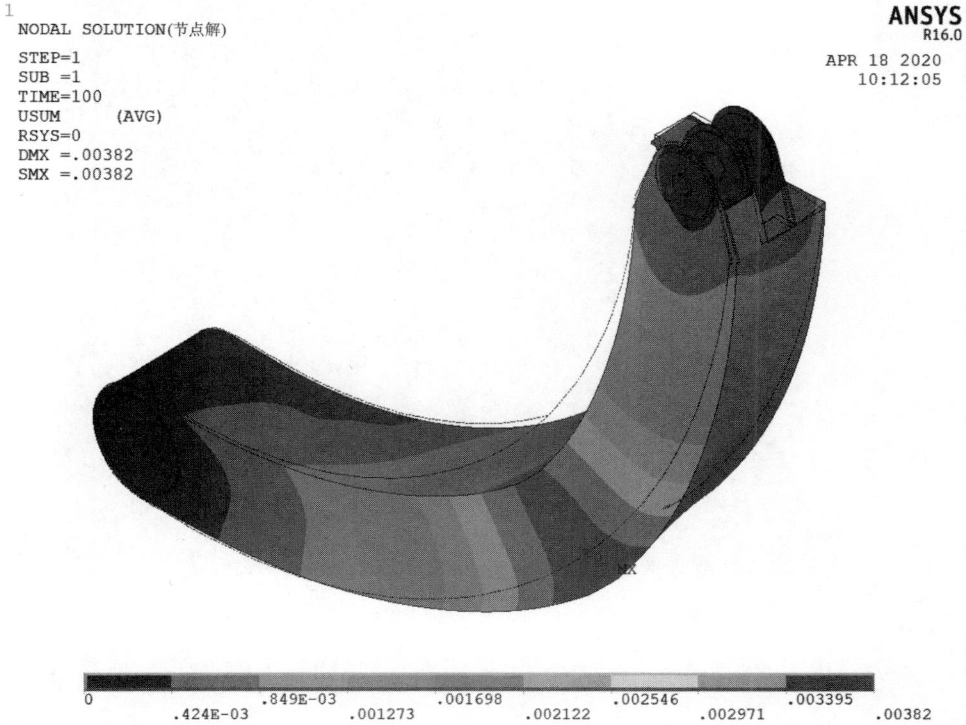


图2-78　抱箍总体位移模量|u|图(单位:m)

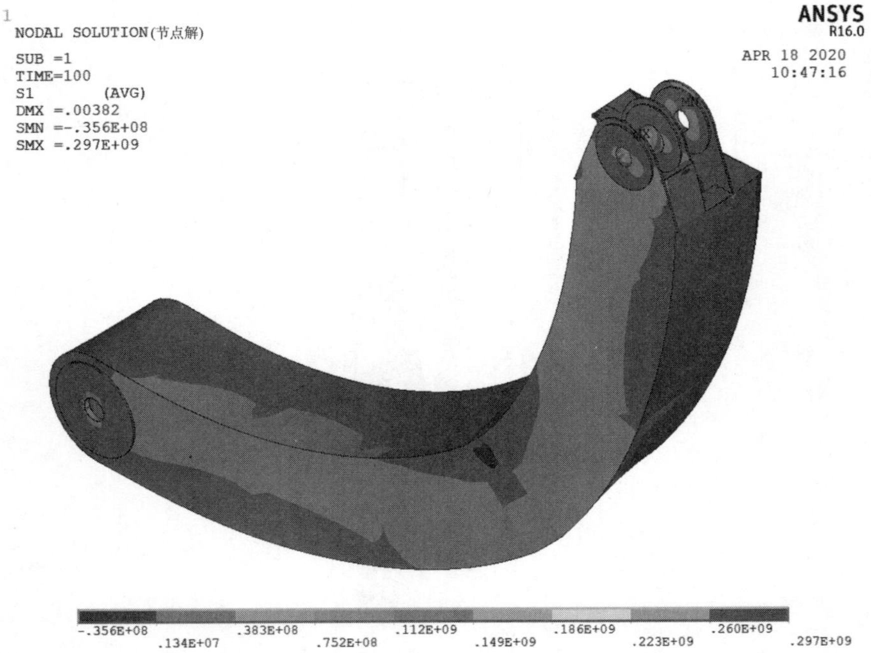


图 2-79　抱箍第一主应力(最大拉应力)分布图(单位:Pa)

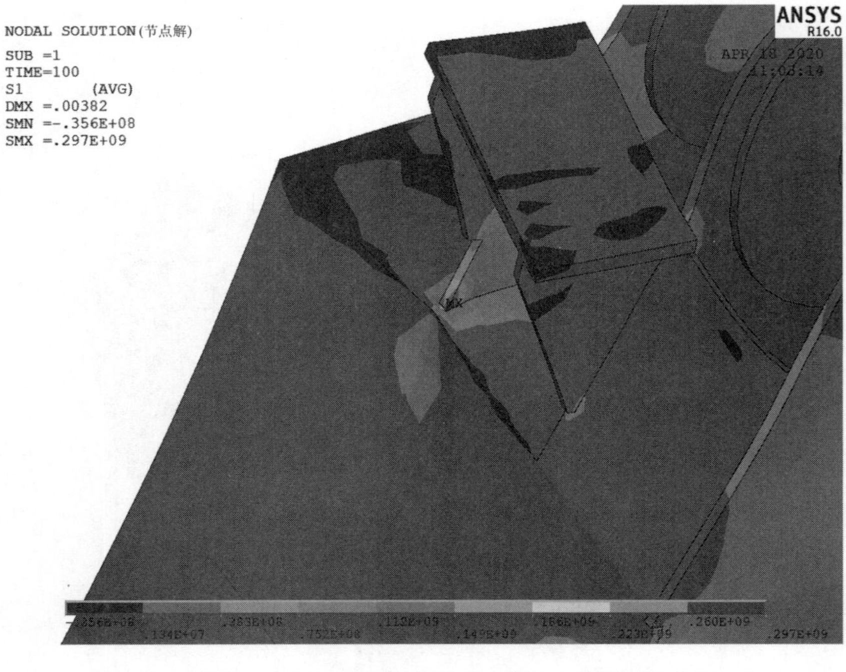


图 2-80　抱箍第一主应力(最大拉应力)最大值展示(局部)图(单位:Pa)

最大推力作用下,抱箍第三主应力(最大压应力)分布如图 2-81 所示。抱箍第三主应力大部分位于 -70.7 ~ -13MPa 之间(图中圆圈)。其中内腹板与上面板中部交接处,特别是中隔板所在区域,出现较大压应力,数值约为 -154MPa。此外,抱箍两端与插销直接处、套筒皆发生较大压应力，最大值出现于右侧，上面板外侧附板与插销接触面，数值为 −322MPa，如图 2-82 所示。

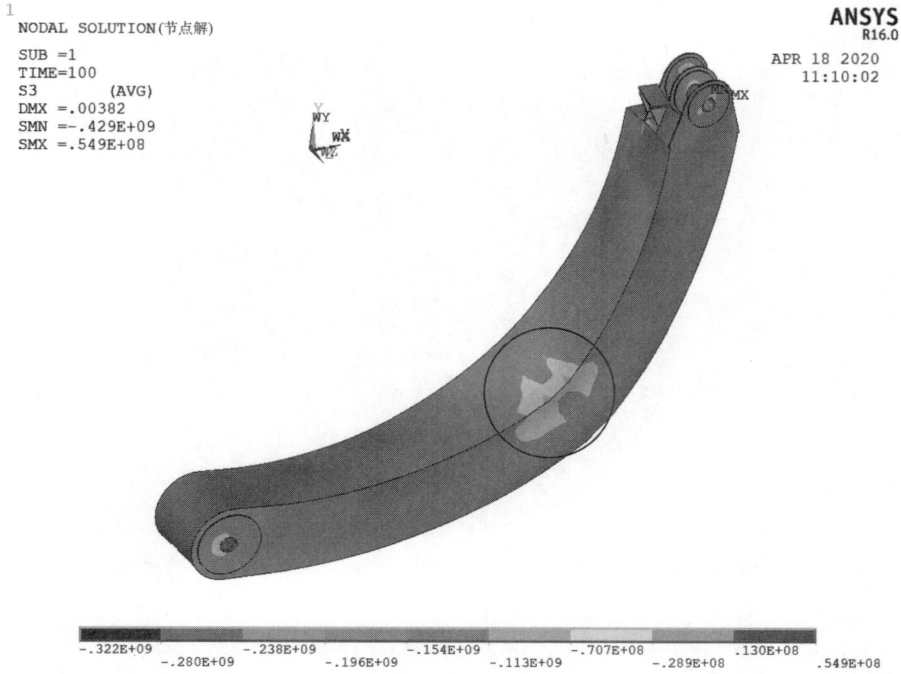


图 2-81 抱箍第三主应力(最大压应力)分布图(单位:Pa)

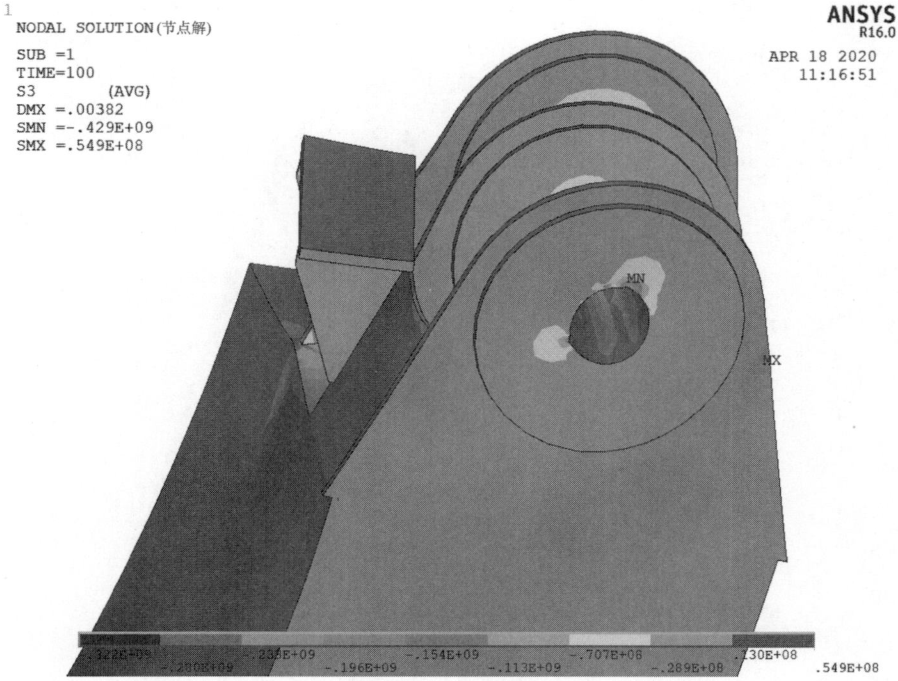


图 2-82 抱箍第三主应力(最大压应力)最大值展示(局部)(单位:Pa)

如图 2-83 所示，在最大推力作用下，抱箍右侧孔洞的右侧与插销发生接触而孔洞左侧与插销之间产生空隙；孔洞呈椭圆形；接触面产生应力集中现象，最大等效应力为 229MPa。

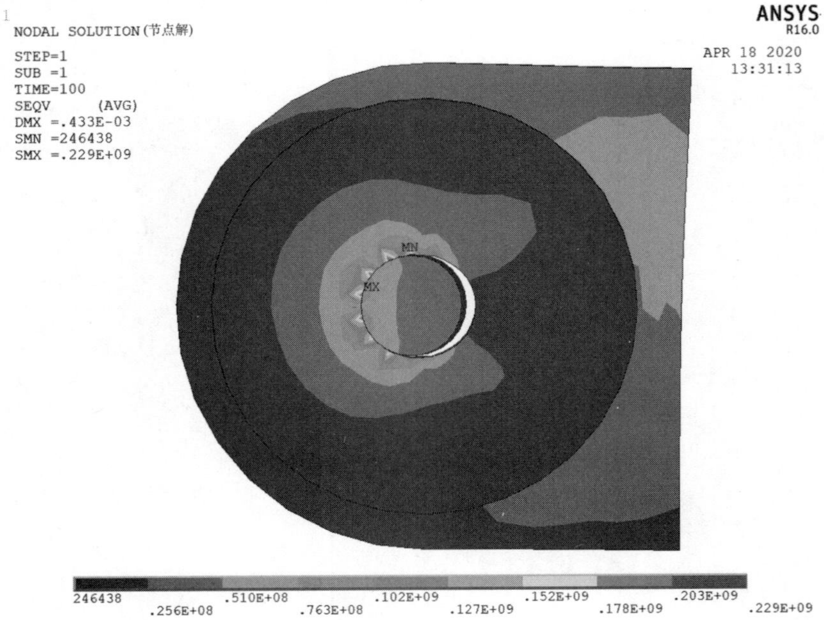


图 2-83 抱箍右侧孔洞与插销变形展示（单位：Pa）

抱箍左侧孔洞与插销变形如图 2-84 所示，孔洞上方与插销发生接触，下方产生空隙；孔洞呈椭圆形；上方接触面产生应力集中现象，最大等效应力为 337MPa。

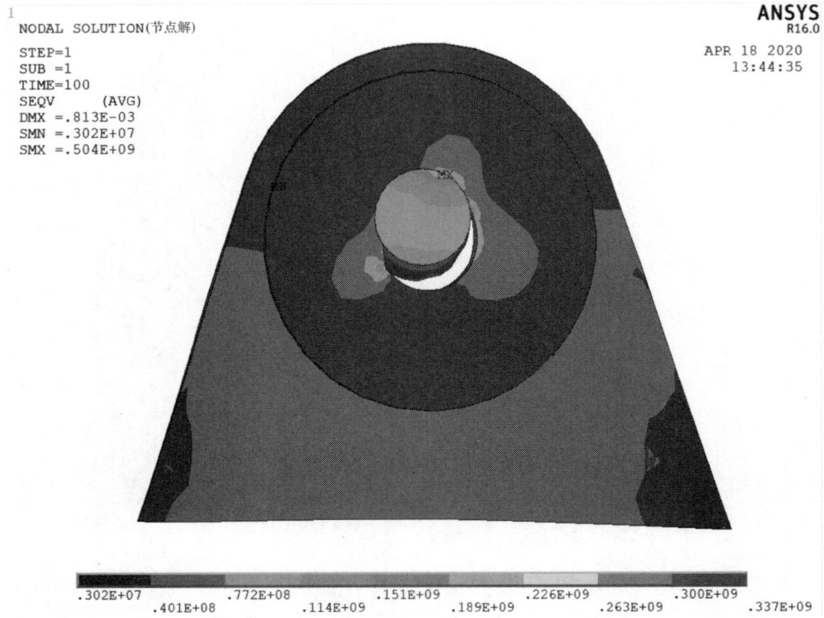


图 2-84 抱箍左侧孔洞与插销变形展示图（单位：Pa）

# 2.7 计算结论

(1)由2.2节至2.5节的计算可知：

①稳桩平台在翻身过程中，“华西900”主吊钩承受最大的力为7843kN，“华西5000”主吊钩最大受力为14323kN；稳桩平台下吊点钢丝绳的最大受力为4025kN，上吊点钢丝绳最大受力为4384kN；稳桩平台的(吊点未考虑精细模型)最大应力为164MPa，出现在翻身初阶段，为上层平台梁的拉应力。

根据《粗直径钢丝绳》(GB/T 20067—2006)，公称直径为156mm的钢丝绳(1960MPa)的最小破断力大于16000kN。翻身过程中钢丝绳的受力满足要求。

②稳桩平台首次安装阶段，在严格遵守施工作业条件(风速低于12m/s，波高1m以下)的情况下，同时潮流速不超过1.89m/s时，导管架自身满足抗倾覆稳定性要求。

③稳桩平台的稳定桩深度主要受工作荷载的控制，在同侧油缸同时达到75%的最大油缸出力时，至少需要将稳定桩打入23.8m深，同时油缸在使用时需要遵守作业条件(风速低于12m/s，波高1m以下，潮流速不超过1.89m/s)。在此情况下，平台钢构件的应力满足设计强度要求。

(2)由第2.6节抱箍有限元模型计算结果可知，在考虑油缸最大推力反作用于抱箍的情况下，抱箍的最大拉、压应力小于345MPa，低于Q345B钢材的屈服强度，满足受力要求。对于抱箍与插销接触面发生的应力集中现象，可考虑在接触面做局部加强处理，例如在套筒外部加筋等。

# 2.8 稳桩平台翻身安装施工工艺

## 2.8.1 稳桩平台建造及运输

1)总体建造方案及生产流程

根据单桩稳桩平台结构特点，将平台钢结构高度方向分为5个节段，分别为上/下层抱桩器平台、导管架架体桁架1/2、防尘板分段。每个节段分为单元结构件，其中上/下层抱桩器平台由2条纵梁、2条横梁、2条抱臂及防护栏组成；防尘板分段由2条纵梁、2条横梁及其附属平台片体组成，导管架架体桁架1/2为空间长方体架结构，由左右侧片体结构和上下面斜撑组成。钢结构制造采用“板—板单元—小组件—分段—总组—滚装上船”的生产方式，即内场车间制作板单元及板单元合件，外场组装场地将板单元及板单元合件分别组装成单元结构件纵梁、横梁、片体等，然后在总组场地进行总拼。

具体分段划分如图2-85所示。

2)不同分段加工制作

(1)零件制作下料。

钢板下料前需要排版。对于较长矩形板件，采用多嘴头门式切割机精切下料，对于形状复杂的钢板零件用数控切割机下料。下料前如钢材翘曲或直线度影响下料精度时,应进行矫平或校直。矫平在校平机或油压机上进行,型材校直在校直机或顶弯机上进行毛边板切割,从中间向两边画出有效尺寸区域,同时做好零件的材质跟踪工作。

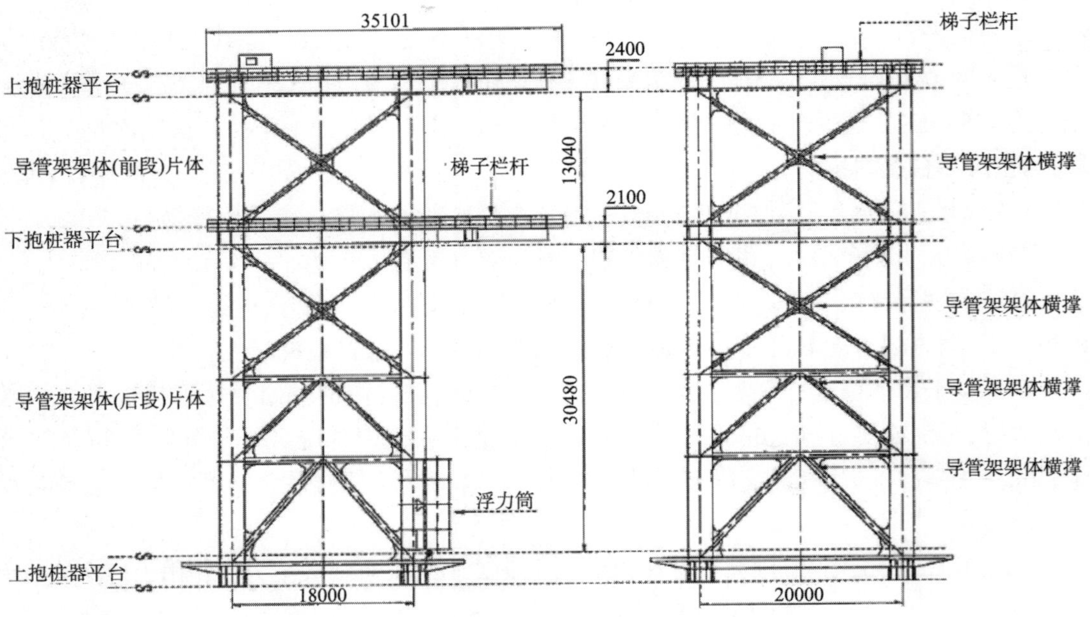


图 2-85　稳桩平台主体分段划分图(单位:mm)

(2)小组件制作工艺。

①小组件主要包括箱梁、钢管桁架片体、防沉板平台等。

箱梁由顶板、底板、横隔板及腹板组成。组装流程:根据钢箱梁的结构特点,充分考虑焊接方法和顺序对梁段组装焊接变形的影响,制定箱梁反造组装顺序,即面板朝下紧贴胎架钢梁总拼工序。

②钢管桁架片体由主弦杆、斜撑杆、连接板组成。组装流程:根据钢管桁架片体的结构特点,充分考虑焊接方法和顺序对梁段组装焊接变形的影响,制定钢管桁架片体卧造组装顺序,如图 2-86 所示。

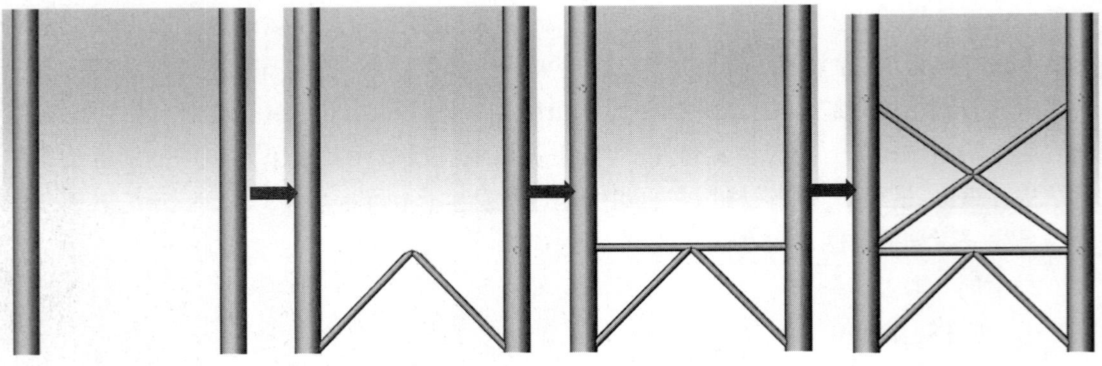

图 2-86　钢管桁架片体组装流程图

③防沉板平台小组件由顶板、底板、横隔板及腹板组成。组装流程：根据防沉板平台小组件的结构特点，充分考虑焊接方法和顺序对梁段组装焊接变形的影响，制定箱梁反造组装顺序，即面板朝下紧贴胎架钢梁总拼工序。

(3)分段制作。

①上/下层抱桩器平台分段制作工艺。

抱桩器平台分段由两件横向箱梁小组件和两件纵向箱梁小组件组成。组装流程：根据抱桩器平台分段的结构特点，充分考虑焊接方法和顺序对梁段组装焊接变形的影响，采用正装方案进行组装。即抱桩器平台分段小组件底板朝下紧贴胎架，组装流程如图2-87所示。

图2-87　抱桩器平台分段制作流程图

②防沉板平台小组制作工艺。

防沉板分段由两件横向防沉板平台小组件和两件纵向防沉板平台小组件组成。组装流程：根据防沉板分段的结构特点，充分考虑焊接方法和顺序对梁段组装焊接变形的影响，制定箱梁反组装顺序，即面板朝下紧贴胎架钢梁总拼工序。

3)总组合龙

合龙时单桩稳桩平台卧着组装，以30m×51.2m平面的两根柱的轴线为水平基准面。导管架架体前后两个总段在总装胎架上中组完成后，再从下向上依次合龙钢管桁架片体，下抱桩器平台，最后安装防沉板平台。总组顺序如图2-88所示。

## 2.8.2　稳桩平台翻身安装施工工艺

稳桩平台高51.2m，通过海上运输到施工现场；为降低运输中的安全风险，稳桩平台采取卧运方式运输。使用两艘全回转起重船抬吊的方式完成稳桩平台翻身施工，然后使用主起重船完成辅助桩的安装工作，具体工艺流程见图2-89。施工工艺以及相关注意事项如下。

1)施工前准备

(1)稳桩平台发运前准备。

稳桩平台翻身用的吊索具在钢结构加工厂提前挂在吊点上；平台上的液压油缸动力柜、发电机及油缸管线等附属设施，在施工现场安装。

(2)施工现场准备。

选择满足计算要求的天气窗口期施工；施工前根据现场的气象水文绘制船舶施工抛锚图。

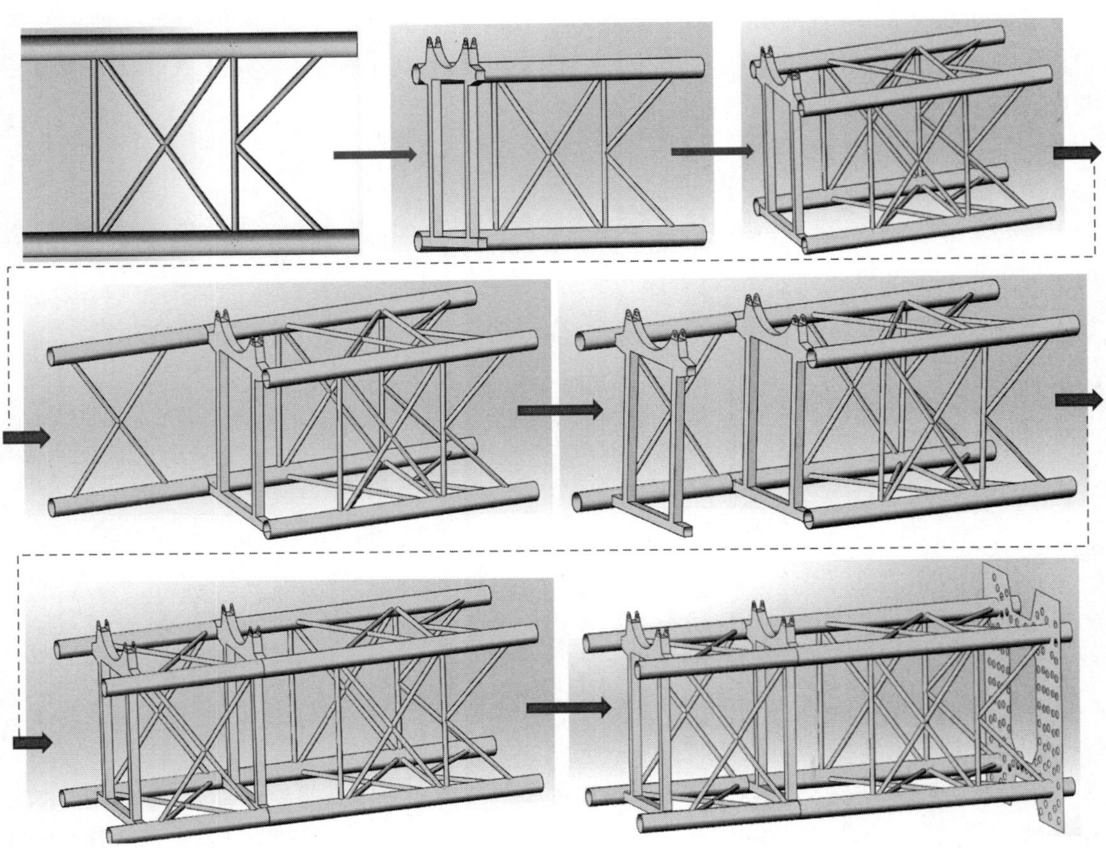

图 2-88　稳桩平台总组流程示意图

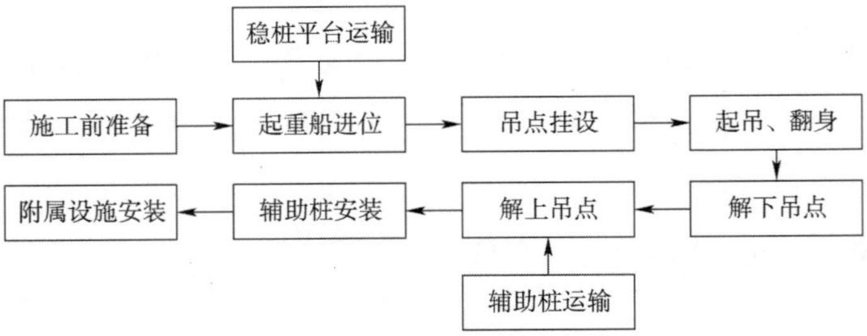


图 2-89　稳桩平台翻身安装流程图

2)起重船进位

(1)起重船抛锚就位。稳桩平台采取“华西 5000”(主作业船)与“华西 900”(辅助作业船)水平抬吊的形式进行翻身作业。“华西 5000”在机位先抛锚定位,“华西 900”在拖轮牵引下靠近“华西 5000”抛锚定位,船位如图 2-90 所示,并调整起重机臂架准备稳桩平台翻身作业。

(2)稳桩平台运输船进位。稳桩平台通过运输船运至施工现场,在距离靠泊位约 500m 时,运输船抛右后尾锚,缓慢航行至靠泊位,运输船带两条缆绳分别到两艘起重船上固定。

3)稳桩平台翻身

图 2-90　船舶位置图

(1)“华西 5000”主钩下放至上吊点位置,悬挂 4 根主吊钢丝绳。“华西 900”主钩下放至下吊点位置,悬挂底部钢丝绳。从主起重机的锚机上牵引两根缆风绳绑到稳桩平台上。

(2)解除运输船对稳桩平台的固定绑。同步提升“华西 5000”与“华西 900”起重机主钩,收紧钢丝绳将稳桩平台水平吊起 1m,静止 5min 观察各吊点的受力情况,待各方面情况稳定后运输船解缆离泊,起重船开始计算移动高度,并进行稳桩平台的翻身作业,如图 2-91 所示。

(3)进行稳桩平台的翻身作业。翻转过程中严密监控稳桩平台姿态变化,直至主钩 4 根钢丝绳全部受力,副钩钢丝绳松软不受力,稳桩平台呈竖直状态,如图 2-92 所示。

a) 挂钩示意图

b) 水平起升示意图

图 2-91　稳桩平台挂钩、起升图

图 2-92　稳桩平台翻身过程示意图

(4)翻身完成后解下吊点钢丝绳,“华西 900”收主钩及钢丝绳。解除与“华西 5000”的锚缆,在锚艇及拖轮的帮助下起锚离开施工区域。

(5)“华西5000”继续提升主钩,使稳桩平台底部提升至水面以上。回转起重机臂架,将稳桩平台移动至起重船的左舷,缓慢将稳桩平台下放到泥面上,并靠自沉达到稳定状态。测量人员到稳桩平台上选取合适位置,安装基于全球定位系统(GPS)的卫星罗经、无线网桥等设备,动态实时显示稳桩平台的位置以及设计位置,使机位中心偏差控制在50cm以内并下放平台至泥面以上直至稳定状态。然后将主钩上的上吊点钢丝绳解除(钢丝绳放在稳桩平台上),如图2-93所示。

图2-93　稳桩平台下放过程示意图

4)辅助桩安装作业

(1)辅助桩运输船航行至主作业船的右舷,通过缆绳将两船舶固定。

(2)将起吊辅助桩所需的吊索具挂在起重机的副钩上,回转起重机臂架至辅助桩的吊点位置。下放副钩,将钩上的钢丝绳用卸扣绑到辅助桩上。起升副钩,完成桩身翻转作业,如图2-94所示。

图2-94　辅助桩起吊示意图

(3)旋转起重机臂架至左舷(控制转动速度,防止辅助桩出现大幅度扰动),调整臂架摆幅,将辅助桩移至稳桩平台的插桩孔上方。下放钢丝绳,把辅助桩插进稳桩平台的插孔内,辅助桩自沉至稳定状态后解除吊点,完成插桩作业。

(4)按照上述施工方法,完成4根辅助桩的插桩自沉作业(采取对角插桩的顺序),然后运输船解缆绳离开施工区域,如图2-95所示。

（5）吊起起重机甲板面上的振动锤，采用对角振沉的方式沉桩。首先依次振沉辅助桩到一定位置，控制稳桩平台的水平度。再依次振沉辅助桩到指定位置，完成辅助桩的振沉作业。

图2-95　辅助桩吊装、沉桩示意图

（6）稳桩平台固定后进行液压油缸动力柜、发电机、液压油缸等辅助设施的安装及调试工作。

（7）首个机位的单桩施工完成后，辅助桩不再拔出稳桩平台，而是拔出一定高度后与稳桩平台通过卡销形成一个整体，在风电场内转场施工。

# 第3章 大直径单桩施工工艺

## 3.1 工程简介

(1)本工程共有单桩基础43根,单桩基础桩径为7.5~8.8m,桩顶高程+18.00m,桩长96.68~104.7m,桩重1429.38~1670t,结构形式如图3-1所示。

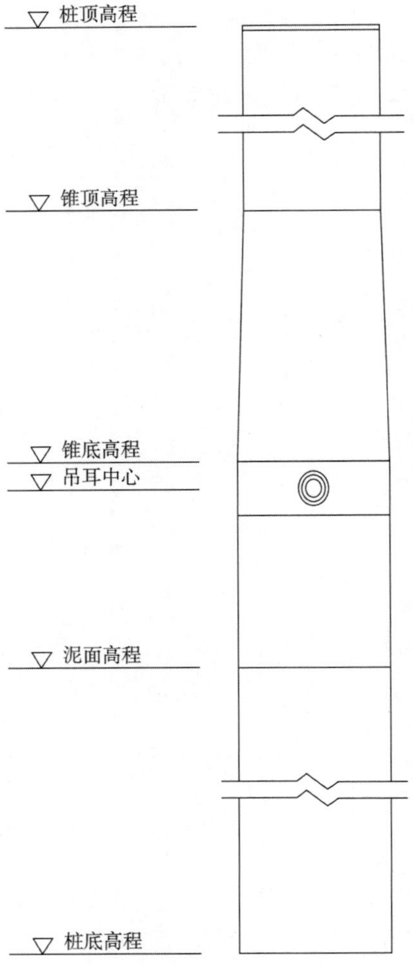


图3-1　单桩基础示意图

(2)施工技术参数:

①绝对位置允许偏差 < 500mm。

②高程允许偏差 < +50mm,不允许出现负偏差。

③沉桩完成后基础顶法兰面水平度(桩轴线倾斜度)偏差≤0.3%。

# 3.2 大直径单桩建造技术

## 3.2.1 单桩钢结构建造技术

单桩钢结构建造主要涉及单桩基础及其附属构件。为满足现场的施工进度要求,选择了4家单桩钢结构加工厂家分别进行加工。钢管桩的制作拟采用分段、分组的方式进行制作。以34号机位单桩建造为例,钢管桩总长104.7m,根据板材订货情况分成36个筒体,共36道横向环缝,其分段如图3-2所示,分为3个总段、6个分段、共36节筒体。

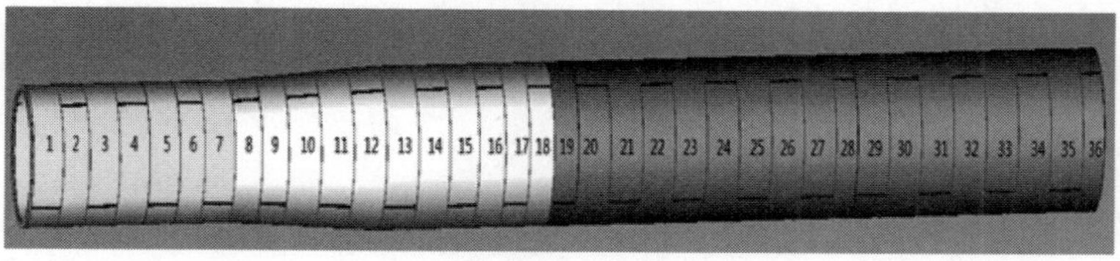


图3-2 钢管桩分段、分组示意图

单桩分段、分组见表3-1。

**分段、分组示意表** 表3-1

<table>
<tr><th>桩号</th><th>总段</th><th>分段号</th><th>筒节号</th><th>小组分段</th><th colspan="4">质量(t)</th></tr>
<tr><td rowspan="12">34号</td><td rowspan="4">①段</td><td rowspan="2">A</td><td rowspan="2">1~8+法兰</td><td>第1分段</td><td>154</td><td rowspan="2">295</td><td rowspan="6">864</td><td rowspan="12">1625</td></tr>
<tr><td>第2分段</td><td>141</td></tr>
<tr><td rowspan="2">B</td><td rowspan="2">9~14</td><td>第3分段</td><td>134</td><td rowspan="2">285</td></tr>
<tr><td>第4分段</td><td>151</td></tr>
<tr><td rowspan="4">②段</td><td rowspan="2">C</td><td rowspan="2">15~20</td><td>第5分段</td><td>140</td><td rowspan="2">284</td></tr>
<tr><td>第6分段</td><td>144</td></tr>
<tr><td rowspan="2">D</td><td rowspan="2">21~24</td><td>第7分段</td><td>115</td><td rowspan="2">227</td><td rowspan="6">761</td></tr>
<tr><td>第8分段</td><td>112</td></tr>
<tr><td rowspan="4">③段</td><td rowspan="2">E</td><td rowspan="2">25~30</td><td>第9分段</td><td>144</td><td rowspan="2">269</td></tr>
<tr><td>第10分段</td><td>125</td></tr>
<tr><td rowspan="2">F</td><td rowspan="2">31~36</td><td>第11分段</td><td>140</td><td rowspan="2">265</td></tr>
<tr><td>第12分段</td><td>125</td></tr>
</table>

钢管桩钢板板材到货,经检验合格后开始下料和开坡口,采用冷加工工艺进行钢板的卷

圆、回圆，法兰预制完成后与基础顶节筒体对接。36 个筒体组对焊接成 6 个分段，分别为 A、B、C、D、E 和 F 段。接着把 A、B 分段组成一个①段，C、D 分段组成一个②段，E、F 分段组成一个③段，①段焊接牺牲阳极、喷砂及喷漆（对接区域暂不做油漆处理），②段焊接牺牲阳极及吊耳、喷砂及喷漆（对接区域不做油漆处理），最后将①、②、③段转移到室外进行总装，总装完成后补漆及画刻度线，完成后等待滚装上船。环缝焊接时采用埋弧自动焊，由若干台自动焊机对若干条环缝同时进行施焊。施工工艺流程如图 3-3 所示。

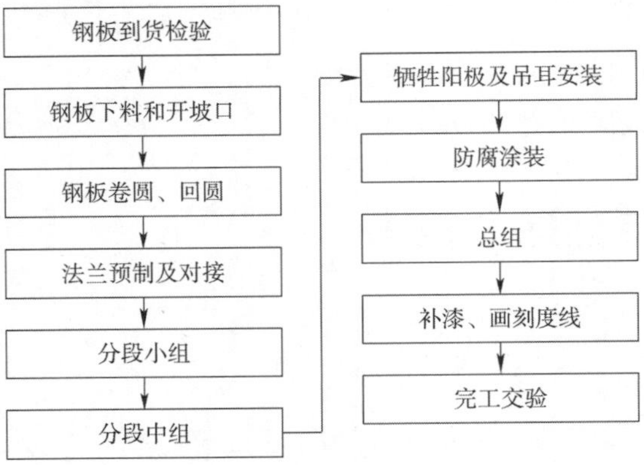


图 3-3　单桩制作工艺流程图

1）钢板到货检验

材料到厂验收由专职质量检验员负责，驻场人员及监理进行现场旁站，验收应注意：

（1）认真复核材质证书与钢板实物标识是否相符，材质是否正确。

（2）复核与所报批的钢厂及制作厂出具的分板尺寸规格是否相符。

（3）先检查材料与施工图所需的材料板厚是否一致，验收无误方可下料，并做好材料编号及材质的标记。

（4）对所有钢板表面质量进行外观检查，检查有无夹杂、凹坑、较深划痕等不可接受的表面缺陷，按技术规范书要求的频率对钢板进行无损探伤抽检，合格后记录。

（5）确认材料的数量并做好记录。

如抽检发现不合格钢板，则该批次钢板抽检数量翻倍，待验收合格后方可投入使用，如图 3-4 所示。

a) 尺寸测量　　b) 无损检测(NDT)　　c) 厚度测量

图 3-4　原材料检验

2）钢板下料和开坡口

切割钢板、型钢和钢管的切割与坡口加工采用气割或机械加工的方法。气割采用自动和半自动气割，精度满足规范书及相关规范要求。

切割边缘直线度的误差应小于0.5%。

钢板下料使用自动数控切割机进行，尺寸检查无误后，数控下料钢板，如图3-5所示。切割前仔细核对切割图和切割指令程序，数控切割机先空走一圈，并找出角上4个点，避免切割错误，浪费板材。切割的每块钢板要核对钢板炉批号，做好记录；切割好的每块零件都要有相应的标记，不要重复切割。

图3-5　钢板下料示意图

坡口表面不得有裂纹、分层、夹杂等缺陷，特殊构件的自由边不允许存在缺口，气割后，应用砂轮打磨光滑平整。切割好的板材及余料要合理分批堆放。堆放时要注意堆压和运输过程中产生的变形，避免以此带来的工时浪费和板材浪费。

钢板的切割应满足下列要求：

(1)当被切割的构件后续工序采用自动焊接时，直线度的误差应不超±0.5mm/10m。

(2)当被切割的构件后续工序采用手工焊接时，直线度的误差应不超±1.5mm/10m。

(3)切割构件的外形尺寸的误差应不超过±3.0mm。

(4)钢板和型钢坡口角度的误差应不超过±4°。

(5)钢管坡口角度的误差应不超过±5°。

3)钢板卷圆、回圆

钢板的卷制采用冷加工工艺，施工方应编制工艺文件，报监理单位审批。

工艺文件内容包括但不限于：成型条件、塑性变形值保障措施、加工设备的压头半径等。

钢板卷制前，应清除坡口处有碍焊接的毛刺、氧化物，同时一定要根据设计部门提供的图纸认真核对并熟悉每一块板材的加工参数，加工后控制每一块板的加工尺寸在允许范围内。准备好各种内外圆弧靠板，并根据卷制筒体的直径大小、壁厚选择合适的模板。根据钢板的厚度、宽度、卷管直径、材质，通过计算机运算给出相应的卷圆数据，然后卷制。卷制过程中，用长铁皮样板多次检查筒体的圆度。经过数圈的卷制、上辊的逐步加压，钢板成圆合口，合口时需用电焊每500mm点一个50~100mm的点焊段；为控制变形，利用对称点焊，纵缝保证在2~3mm间隙，径向错边$t/10$且小于或等于3.0mm。钢板的卷圆及回圆如图3-6所示。

图 3-6　钢管卷圆、回圆示意图

4)法兰预制及对接

将法兰和与其连接的筒体采用立式方法组对。其中,分为下部安装和上部安装,并应控制好胎架的平整度。制作水平胎架,将法兰放置在胎架上,筒体与法兰装配点焊固定:将法兰固定在法兰工装上。将制作完成的筒节翻转 90°,并将其与法兰进行装配,装配合格后打底焊。

钢管桩桩顶法兰焊接完成后,其允许偏差见表 3-2。

**焊后桩顶法兰与单节筒外形尺寸允许偏差表**　　表 3-2

| 偏差名称 | 允许偏差 | 说明 |
|---|---|---|
| 法兰椭圆度 | 0 ~ 4.0mm | 相互垂直的直径之差 |
| 法兰平整度 | 0 ~ 1.5mm | 最低点与最高点之差 |
| 法兰内倾度 | 0 ~ 2.0mm | |
| 法兰与单管节径向错边 | 不超过 4.0mm | |
| 钢管桩与法兰平面垂直度 | 小于 0.05% | |

法兰安装工装如图 3-7 所示。

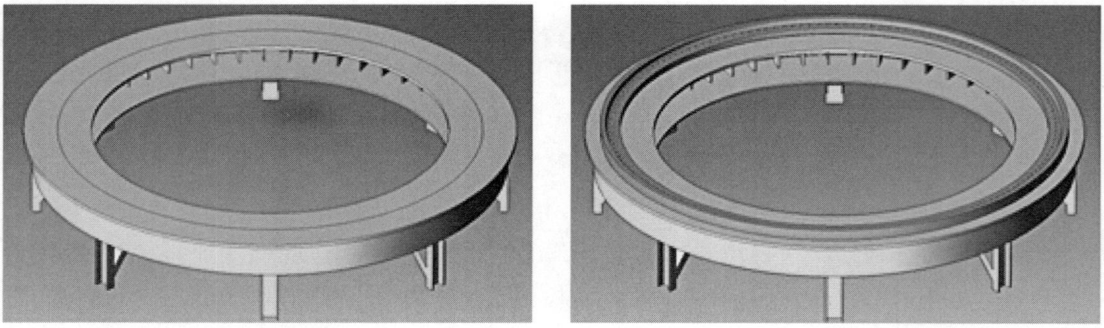

a) 法兰图　　b) 法兰工装安装图

图 3-7　法兰安装工装示意图

完成后翻身，法兰与钢管对接如图 3-8 所示。

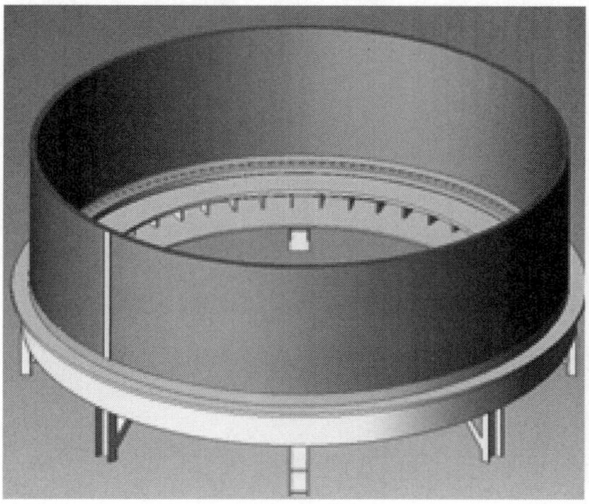

a) 法兰对接图

b) 钢管翻身图

图 3-8 钢管翻身与法兰对接示意图

5）分段小组

筒体的组对，应在每段筒节焊接、矫正回圆，并检查合格后才可进行。按照对接图/分段图在滚轮架上进行卧式组对，组对前应调平滚轮架，组对的管节大小应与组对车间的滚轮架相匹配，防止超重。对锥段/变径段管节，需要将滚轮架与轨道进行固定。12 个分段筒体（表 3-1，含法兰段）在联合车间制作组对工位完成装配并进行焊接，如图 3-9 所示。

图 3-9 筒体小组对接及焊接图

6）小段中组

在完成 3 节圆筒小组后，在车间采用 3 + 3、4 + 3、4 + 4 等方式进行中组装配；将小组管段吊运至装配焊接工位焊接，如图 3-10 所示。

图 3-10　中组对接图

7）牺牲阳极及吊耳安装

中组完成后①段安装牺牲阳极、②段安装牺牲阳极及吊耳，如图 3-11 所示。

图 3-11　牺牲阳极及吊耳安装示意图

8）防腐涂装

钢材表面在涂装前须进行喷砂除锈处理，喷砂过程必须在砂房内进行。

牺牲阳极及吊耳安装完成后，用运输平板车分别将①、②、③运至砂房喷砂，如图 3-12 所示。

喷砂完成后，将①、②、③段运至油漆房喷漆，如图 3-13 所示。

9）总组

①、②、③段喷漆完成后，用平板车运至室外总组工位进行大合拢。先进行②、③段总组，完成后再与①段总组，如图 3-14 所示。

10）补漆、画刻度线

总组完成后，对单桩整体画刻度线及补漆，如图 3-15 所示。

图 3-12　单桩①段进砂房喷砂图

图 3-13　单桩①段进喷漆房喷漆图

图 3-14　中组节段总组图

图 3-15　单桩整体补漆图

## 3.2.2　附属构件制作工艺

1)套笼及外平台制作工艺流程

(1)下料:驻厂人员应组织单桩建造厂的技术人员对套笼及外平台图纸进行会审及复核,确认无误后应及时下料,钢板、型钢和钢管的切割与坡口加工采用气割或机械加工的方法。气割采用自动和半自动气割，精度满足规范书及相关规范要求。切割边缘直线度的误差应小于0.5%。

(2)套笼圈梁制作：圈梁压弯制作工艺比较简单，但需控制压弯环量，制作过程中应一直检测，完成后再进行精确测量，如图3-16所示。

(3)套笼胎架总组：圈梁制作完成后，开始套笼胎架的总组，如图3-17所示。

图3-16 套笼圈梁压弯环量测量示意图

图3-17 套笼胎架总组示意图

(4)外平台钢管护栏焊接：将已经下好料的钢管以及钢板进行定位焊接，如图3-18所示。

(5)套笼总组：套笼在胎架总组处焊接完成后，起吊至套笼总组处，进行外平台(制作完成后)与套笼的焊接，如图3-19所示。

图3-18 外平台钢管护栏焊接示意图

图3-19 套笼总组示意图

(6)套笼焊接靠船件与爬梯：外平台与套笼焊接完成后，进行焊缝探伤(若不合格，应及时补焊至探伤合格)，合格后方可进行靠船件与爬梯的焊接安装，如图3-20所示。

(7)套笼喷漆：喷漆之前应确认所有的焊接工作已完成，且焊缝探伤均已合格，防止喷完漆后再焊接。套笼喷漆如图3-21所示。

(8)外平台钢格栅与零星构件安装：待套笼油漆风干后，安装外平台钢格栅与零星构件。套笼制作完成如图3-22所示。

图 3-20 套笼焊接靠船件与爬梯图

图 3-21 套笼喷漆示意图

2)内平台制作工艺

(1)下料:驻厂人员应组织单桩建造厂的技术人员对套笼图纸进行会审及复核,确认无误后应及时下料,钢板、型钢和钢管的切割与坡口加工采用气割或机械加工的方法。气割采用自动和半自动气割,精度满足规范书及相关规范要求。切割边缘直线度的误差应小于0.5%。

(2)内平台焊接:将下好料的内平台主体圆板与钢板焊接,如图 3-23 所示。焊接焊缝要求应满足施工设计图纸中的要求。

图 3-22 套笼制作完成图

图 3-23 内平台主体与钢板焊接图

(3)内平台调火校平:内平台焊接完成后,所有的焊缝探伤应合格,然后进行内平台的调火校平,如图 3-24 所示。

注:如果内平台在调火校平的过程中对焊缝有所损伤,则应对损伤焊缝进行探伤,如不合格需补焊至合格。校平过程中应尽量避免在焊缝附近调火。

(4)内平台喷砂:内平台调火校平完成后,使用平板车将其运至砂房进行喷砂,如图 3-25 所示。

(5)内平台喷油漆:待内平台喷砂完成后,运至油漆间喷油漆,内平台制作完成,如图 3-26 所示。

图 3-24　内平台调火校平图

图 3-25　内平台运至砂房示意图

图 3-26　内平台制作完成图

## 3.3　配套施工设施

1)平衡吊梁

平衡吊梁主要用途为:一是常规工装吊梁作业方式,上下配置吊耳和主钩、桩体连接。二是支撑梁作业方式,防止钢丝绳与桩体干涉。支撑梁吊耳间距离为 10m,考虑钢丝绳直径为 258mm,支撑梁横穿钢丝绳孔径大小为 470mm。支撑梁结构形式如图 3-27 所示。

2)溜尾扁嘴钩

扁嘴钩作用是单桩起吊时作为桩底位置的临时吊点。溜尾扁嘴钩如图 3-28 所示。

3)稳桩平台

(1)稳桩平台设计为上下两层,整体高度 51.2m。每层抱桩器上布置 4 个顶推油缸,推力 2000kN,行程 1500mm。

(2)抱桩器设计为环抱式,两侧摆臂可打开,净空尺寸最大 11.84m。

(3)上下层抱桩器距离为 15m。抱桩器抱桩径范围:$\phi 7 \sim \phi 10$m。

(4)稳桩平台总重(含 4 根辅助桩)约为:1200t(其中辅助桩重约 400t)。

稳桩平台结构示意如图 3-29 所示。

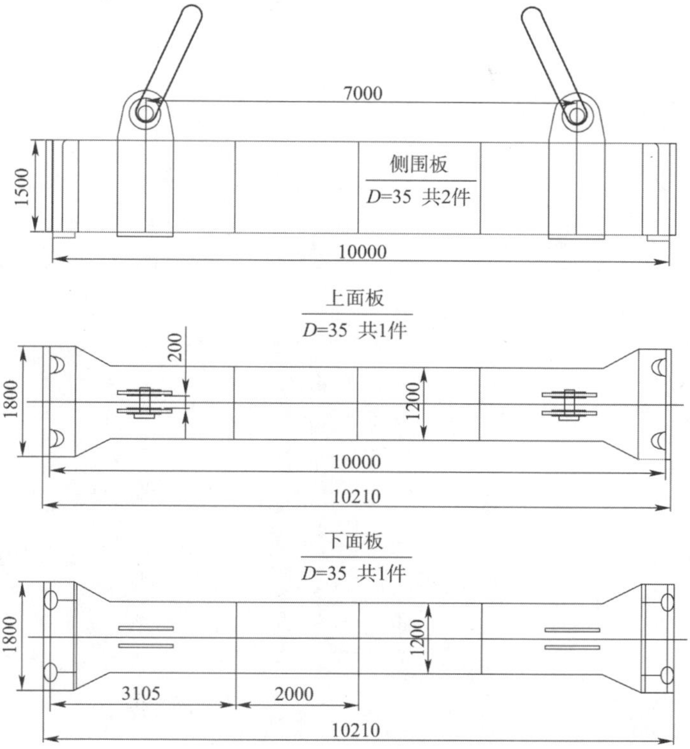


图 3-27　支撑梁结构形式图(单位:mm)

图 3-28　扁嘴钩、卸扣示意图

图 3-29　稳桩平台结构图

4)打桩锤及振动锤

本项目大直径打桩桩径大,需要使用 MENCK MHU-3500 液压锤(图 3-30a)进行沉桩作业,液压锤参数见表 3-3。稳桩平台辅助桩安装需要使用 ICE250NF 振动锤,见图 3-30b)。

**MENCK MHU-3500 液压锤参数表** 表 3-3

| 名称 | 参数 | 名称 | 参数 |
|---|---|---|---|
| 锤长 | 22.43m | 最大打击能量 | 3500kJ |
| 打击频率 | 24 击/min | 最小打击能量 | 350kJ |
| 锤芯质量 | 176t | 锤体质量 | 329t |
| 液压工作压力 | 23MPa | 液压最大压力 | 25MPa |
| 套筒直径 | 7500mm | 适用直径范围 | 5000 ~ 7500mm |

a) 液压打桩锤 b) 振动锤

图 3-30 液压打桩锤及振动锤图

5) $\phi$7500mm 工艺法兰

保护单桩顶部法兰结构，避免打桩时打桩锤直接接触单桩造成桩体受损，工艺法兰如图 3-31 所示。

图 3-31 工艺法兰图

## 3.4 关键施工技术分析

1) 主作业船："华西 5000"起重船

起重船主要用于稳桩平台安装、单桩翻身与安装、打桩等作业。"华西 5000"起重船相关参数见表 3-4 和图 3-32。

**“华西5000”起重船参数表**　　表3-4

| | | | |
|---|---|---|---|
| 船长(m) | 178.00 | 主/副钩起重量(t) | 5000/900 |
| 船宽(m) | 48.00 | 主/副钩起吊高度(m) | 95/118 |
| 型深(m) | 17.00 | 设计吃水(m) | 7.50~11.50 |
| 总吨(t) | 49501 | 净吨(t) | 14580 |
| 满载排水量(t) | 88606 | 空载排水量(t) | 31596 |
| 主发电机组 | 3×3380kW | 辅发电机组 | 2×880kW |

a) 起重船施工图

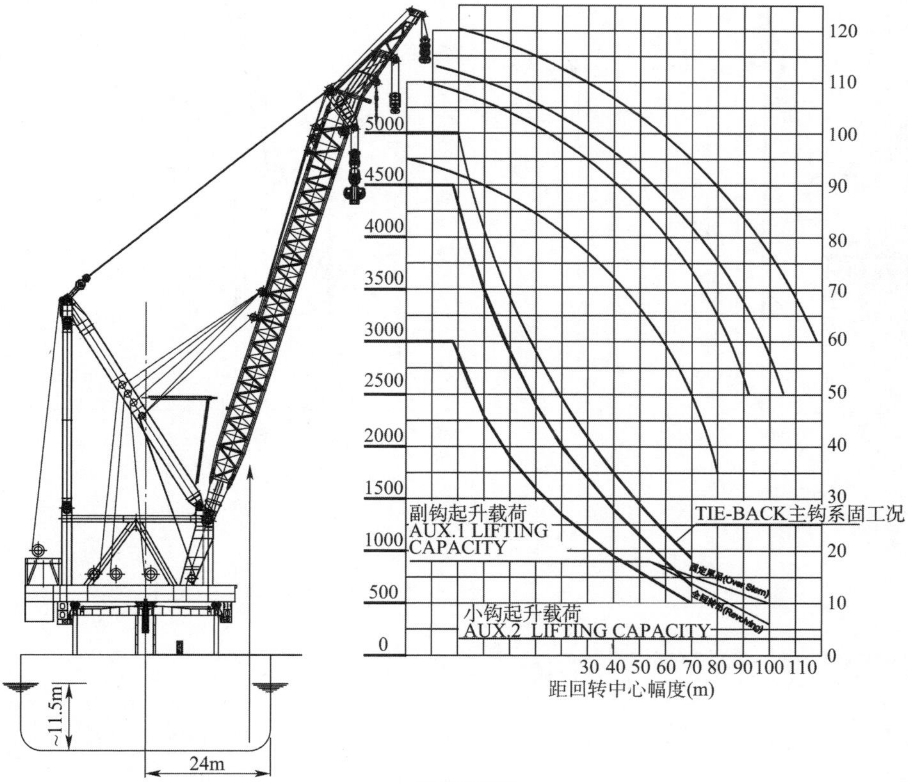


b) 起重曲线

图3-32　“华西5000”起重船及起重曲线图

2)主要设备适用性分析

(1)吊高分析。

本项目单桩长度最长104.7m,为了保证钢管桩翻身后起重船可以将单桩送入稳桩平台,同时满足压锤的要求,因此必须对"华西5000"吊高进行复核,吊高校核如下:

①单桩入龙口吊高校核。

作图模拟吊装工况,钢管桩入水约25m,"华西5000"在满足吊重情况下的允许吊高为95m,校核如图3-33所示。计算公式如下:

$$H_1 = L_1 + L_2 - L_3 \tag{3-1}$$

$$H_3 = H_1 - H_2 \tag{3-2}$$

经计算可得,单桩吊入龙口时所需起重机水面以上吊高 $H_3$ 小于起重机最大起升高度 $H_4$,因此"华西5000"可以满足本项目单桩吊入龙口使用要求。

②打桩锤吊高校核。

建立打桩锤吊高分析模型如图3-34所示。计算公式如下:

$$H_6 = L_1 + L_4 + L_5 - H_5 \tag{3-3}$$

$$H_7 = H_6 - H_2 \tag{3-4}$$

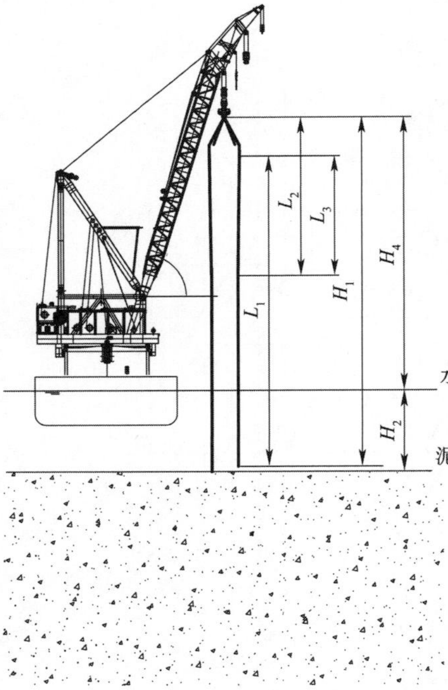


图3-33 "华西5000"吊桩吊高分析图

$L_1$-桩长104.7m;$L_2$-吊索具长度58m;$L_3$-吊点距桩顶距离39.5m;$H_1$-所需吊高;$H_2$-水深27m;$H_3$-水面所需吊高;$H_4$-最大高度95m

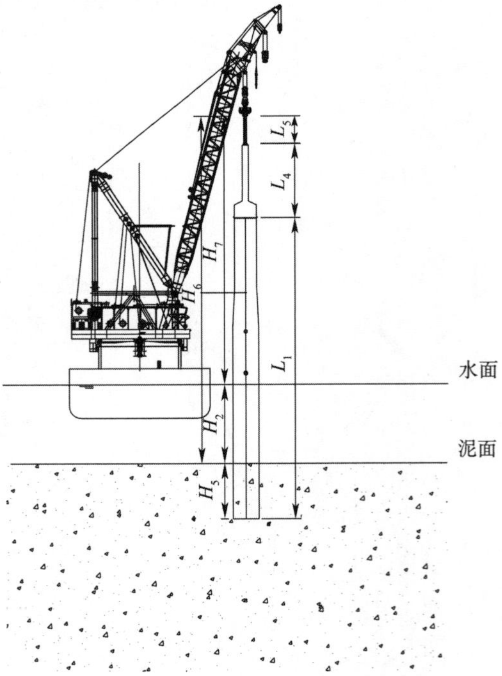


图3-34 "华西5000"吊锤吊高计算图

$L_1$-桩长;$L_4$-液压锤高度;$L_5$-钢丝绳长度;$H_2$-水深;$H_5$-入泥深度;$H_6$-泥面以上吊高;$H_7$-水面以上吊高

经计算可得:起重船吊高 $H_4$ 大于打桩时所需水面吊高 $H_7$,因此"华西5000"可以满足本项目打桩使用。

(2)主吊船吊重分析。

单桩最大桩重约为1670t,吊梁质量约10t,钢丝绳质量约10t,对起重船吊重能力分析。起吊时考虑1.3倍动荷载系数,单吊点吊重按21544kN考虑,"华西5000"起重船全回转状态时的最大吊重是29418kN,满足吊重要求。

$$F = mg \times K_{动载} = 1690 \times 1.3 \times 9.806 = 21544(kN)$$

(3)现场可施工作业海况见表3-5。

**现场船舶作业条件表** 表3-5

| 序号 | 工序 | 风速(m/s) | 有义波高 $H_s$(m) |
|---|---|---|---|
| 1 | 浮吊移船定位 | ≤14 | ≤1.5 |
| 2 | 运输船定位 | ≤12 | ≤1 |
| 3 | 安装、拆除稳桩平台 | ≤12 | ≤1 |
| 4 | 单桩起吊与沉桩 | ≤12 | ≤1 |
| 5 | 附属件吊装 | ≤12 | ≤1 |

注:以上为工件吊装高度上10min平均风速要求,5s阵风要求不超过表3-5中数值的150%。

## 3.5 大直径单桩施工工艺

单桩基础施工采用全回转起重船"华西5000"及液压锤"MENCK MHU-3500"进行施工,通过稳桩平台保证沉桩施工精度,具体施工工艺流程如图3-35所示。

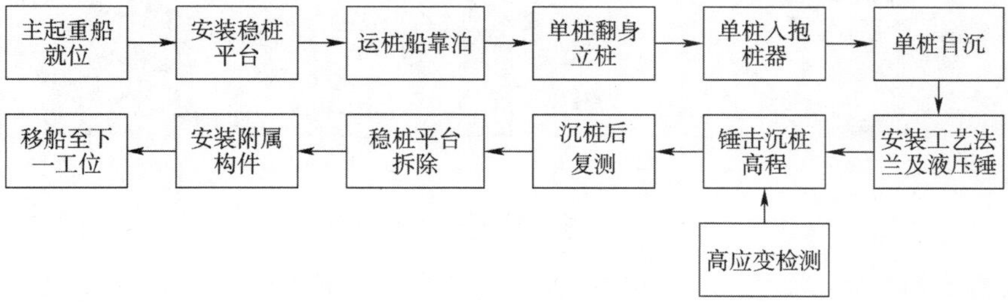


图3-35 施工流程图

1)起重船就位

(1)提前根据现场水流、风浪涌方向绘制锚位图。起重船由拖轮拖带至风电场机位后,根据提前计算的锚点坐标依次抛锚初步定位,施工现场通过可视化软件定位系统确定5个主要工作锚具体位置,船舶就位的最终位置应根据现场水流、风浪涌方向进行微调,并记录最终锚位图。

(2)根据船用定位设备调整锚缆长度,将船舶移动至机位附近。

2)安装稳桩平台(整体吊装)

(1)稳桩平台第一次安装按照第2.8节的方式操作,此后稳桩平台安装采用整体吊装方式进行操作。

(2)主起重船起吊稳桩平台到达待施工机位,就位后回转臂架至机位中心附近。测量人员到稳桩平台上使用实时动态(RTK)精确定位机位中心。通过调整臂架及绞锚移船缓慢调整平台位置,使稳桩平台中心与机位中心偏差控制在50cm以内。然后下放平台至泥面,平台调整过程中多次测量机位中心坐标及稳桩平台平整度,直至沉放完成后最终中心偏差控制在50cm以内,稳桩平台平整度在1%以内再解除主副钩钢丝绳(钢丝绳留在稳桩平台上)。

(3)辅助桩采用ICE250NF振动锤沉桩。根据测量结果,若稳桩平台水平度偏差较大,则辅助桩按照平台从高到低的顺序进行振沉;若水平度偏差满足要求,则采取先振沉外侧两根桩再振沉内侧两根桩(靠船一侧)的顺序振沉。

起重船副钩起吊振动锤,锁具钩起吊液压油管,旋转臂架至辅助桩桩顶,使用振动锤夹具夹紧辅助桩。稍微上提辅助桩,将定位插销从插销孔内拔出,缓慢下放副钩,待辅助桩完成自沉启动振动锤,将辅助桩打至设计深度。依次将4根辅助桩振沉完成后把振动锤放回甲板的胎架上,如图3-36所示。

a) 稳桩平台固定图　　b) 振动锤胎架图

图3-36　稳桩平台辅助桩沉桩图

(4)稳桩平台固定。稳桩平台辅助桩全部沉桩到位并调平后,把4块楔形块插入桩与平台的间隙内,使桩与平台临时固定。使用连接板将平台与辅助桩之间焊接,使之与辅助桩形成独立、稳定的定位稳桩平台,焊接完成后需对焊缝质量进行检查。

3)运输船进位

主起重船绞锚离开稳桩平台一定距离后,运输船靠泊主起重船右舷,使用履带式起重机将两个防撞球吊至起重船左舷,保护船舷不被运输船冲碰。运输船通过4条缆绳与主起重船绑定,如图3-37所示。作业人员到运输船上验收单桩,并将内平台及套笼等随船物资倒驳到主起重船上。

4)单桩翻身立桩

首先,需提前根据不同的桩长选择合适长度的主、溜尾钢丝绳,确保单桩在起吊过程中保持10°~15°的水平夹角。单桩翻身立桩采用单钩起桩工艺,使用索具钩将吊梁钢丝绳挂到主钩的左右钩齿上,将连接扁嘴钩的溜尾钢丝绳挂到主钩前钩齿上,连接溜尾钢丝绳的牵引绳挂在副钩上。最后,索具钩吊起溜尾钢丝绳中部的卸扣,同时利用履带式起重机抬起扁嘴钩的尾部钢丝绳,将扁嘴钩抬起,如图 3-38 所示。

a) 运输船靠泊(一)　　b) 运输船靠泊(二)

图 3-37　运输船靠泊图

图 3-38　吊索具挂钩图

(1)吊点挂设。

提前将需要用的吊索具在起重船甲板上组装好,将平衡梁的上部吊带、辅助钢丝绳、连接扁嘴钩的溜尾钢丝绳等挂到主钩上,牵引绳挂到副钩上。首先挂下吊点,在索具钩的配合下,使用履带式起重机吊起扁嘴钩,将其套在桩底,同时主钩旋转下放钢丝绳至单桩主吊耳处,挂上吊耳。吊点挂设如图 3-39 所示。

(2)单桩起吊。

待钢丝绳索具挂好后缓慢起升主副钩,同时派专人负责观察溜尾钢丝绳,防止在起吊过程中钢丝绳跳槽脱钩。当溜尾钢丝绳达到绷紧状态(但未受力时),单桩主吊耳部位钢丝绳已经受力;旋转起重机大臂寻找单桩重心位置,使吊钩中线与单桩重心在同一竖直线上,继续提升单桩至溜尾钢丝绳完全受力，单桩开始呈计算角度起升，如图 3-40 所示。单桩起升至合适高度后，运输船解除缆绳驶离主作业船。

a) 溜尾吊具挂设图　　b) 主吊耳挂设图

图 3-39　单桩上的吊点挂设图

图 3-40　单桩起吊图

(3)立桩。

①主副钩同步缓慢下降，使单桩入水。在单桩底部缓慢落入泥面后，进行溜尾钢丝绳脱钩作业。当主钩的吨位降低约溜尾重量时开始提升副钩，牵引绳在副钩的提升下将溜尾钢丝绳从主钩的钩槽里拖拽出来，完成下吊点脱钩。

②确定溜尾钢丝绳脱钩完成后，脱钩并将扁嘴钩移开，防止立桩时被压到；主钩上升，开始竖立单桩同时起重船朝桩尾方向绞锚移船，直至桩底完全脱离泥面。图 3-41 为单桩竖立完成后的施工图。

a) 溜尾吊点脱钩图　　b) 单桩竖立完成图

图 3-41　单桩竖立完成后的施工图

(4)单桩入抱桩器。

起重船绞锚靠近稳桩平台,单桩接近稳桩平台时,旋转主起重船臂架并且使用绞吸船配合,将单桩送入抱桩器内,然后将稳桩平台龙口合龙。施工图见图3-42。根据桩身入龙口的方位调整塔筒门方向,塔筒门方向调整完成后,将单桩下放到泥面以稳定单桩。

a) 单桩绞锚到平台　　b) 合拢抱桩器插销轴图

图3-42　单桩入龙口示意图

5)单桩自沉

缓慢下放主钩,在单桩自沉过程中每下沉2~3m后停止,测量人员测量单桩垂直度,当垂直度偏差超出控制范围时,通过调节各个顶推油缸的推力大小及行程修正单桩垂直度。修正之后应再次测量单桩垂直度,直至在控制范围以内后再继续沉桩,如图3-43所示。单桩自沉完成后静止一段时间,观察单桩是否自沉到稳定状态,然后下放主钩使钢丝绳从吊耳处脱离,完成单桩自沉。

图3-43　单桩垂直度测量控制图

6)安装工艺法兰及其操作平台

起重机起吊操作平台及工艺法兰到桩顶,用螺栓将工艺法兰与单桩顶法兰连接起来。测量人员复测桩顶法兰水平度,必要时使用液压油缸调整桩顶法兰水平度,然后将操作平台吊回起重船上完成工艺法兰安装。

7)锤击沉桩

(1)安装液压锤。

使用履带式起重机将施工人员送到液压锤锤顶,通过锁具钩配合将液压锤钢丝绳挂至主钩上,然后施工人员从锤顶下来。使用锁具钩将液压锤油管马鞍吊起,并从起重机平台上引出一根缆风绳绑在马鞍上,派专人看守液压锤信号线。

起重船起吊液压锤到单桩桩顶,采用分级加载的方式将锤套到单桩桩顶,此过程需全过程跟踪观测,如有异常立即停止套锤,压锤结束后测量人员再次观测桩身数据,过程中要及时调整垂直度。

(2)锤击沉桩。

①启动液压锤进行锤击沉桩。初始阶段使用小能量轻击,根据沉桩情况逐步调整锤击能量。过程中检查垂直度是否符合要求,如果垂直度超过允许的误差范围,通过千斤顶对桩垂直度进行调整,直至单桩打至设计高程。图3-44为沉桩过程图。

图3-44 锤击沉桩过程图

②沉桩过程中要结合工程地质资料和打入性分析判断溜桩层,在将要到溜桩层时停锤,复测桩身垂直度,必要时做相应调整;然后启动液压锤小能量锤击,尽量降低溜桩发生的可能或减少溜桩深度。若发生了溜桩立即停锤,在溜桩结束、锤体晃动停止后,重新将液压锤套进桩顶,复测单桩垂直度,然后继续启动液压锤锤击沉桩。单桩沉桩到设计高程后,起吊液压锤到甲板面上存放。

(3)高应变检测。

在桩顶高程还有1.5m到达设计高程时,需停锤安装高应变检测设备,检测过程中要控制单桩的贯入度在10mm以内;结束后出具的检测报告应明确检测阶段全过程的能量、桩顶锤击力的过程曲线以及桩顶处最大应力。

在单桩即将沉桩至高程前,根据高应变检测要求,用电钻在距离桩顶一定距离处对位打6个孔位(每侧3个,如图3-45所示),用于现场安装检测设备使用。单桩打至距设计高程还有1.5m时停锤,安装高应变检测传感器,并将传感器电缆线固定在单桩上。传感器安装完成后,继续沉桩并进行高应变打桩监测,沉桩至设计高程后拆除传感器。高应变监测过程中,如出现打桩应力较大,及时通知指挥人员及操锤室减小打击能力,防止打桩应力超过规范及设计桩身应力允许值。拆除传感器后,用尼龙螺栓对传感器安装孔进行封堵。

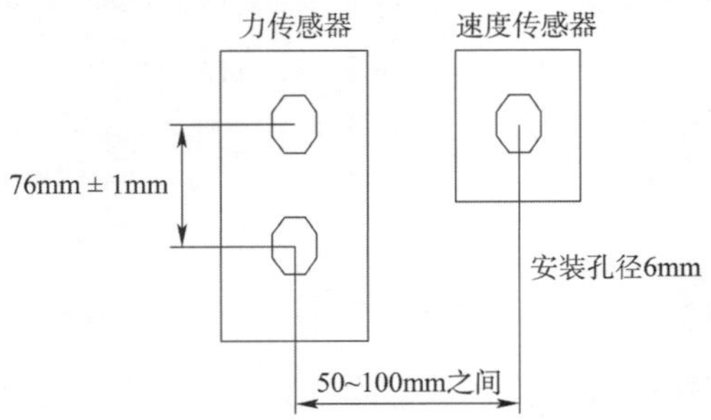

图3-45 传感器安装位置示意图

8）稳桩平台拆除

（1）单桩沉桩结束后，复测桩顶法兰平整度，确认满足相关要求后，先后拆除工艺法兰和稳桩平台。

（2）回转臂架至甲板起吊振动锤，将振动锤夹具夹到辅助桩桩顶。启动振动锤振松辅助桩，将桩上提，使插销孔露出，将插销插入插销孔。每根桩插3块插销，使辅助桩与稳桩平台固定，用同样方法固定其余3根辅助桩。辅助桩固定完成后，将振动锤吊回起重船甲板。

（3）回转臂架至稳桩平台上部，挂设稳桩平台钢丝绳至主副钩头，并同步缓慢提升主副钩，将稳桩平台提出泥面，然后旋转臂架将平台放置在机位附近约20m处并将主副钩钢丝绳脱钩。待附属构件安装完成后再起吊稳桩平台移到下一个机位，如图3-46所示。

图3-46　稳桩平台移位图

9）附属构件安装

采用整体吊装的方式依次安装内平台和集成式套笼。按照方位要求正确安装及固定，如图3-47所示。

a）内平台安装完成图

b）集成式套笼安装过程图

图3-47　内平台和集成式套笼安装图

# 第4章 导向架平台设计

## 4.1 导向架平台设计说明

(1)导管架强度校核采用有限元计算方法,采用 Ansys 16.0 软件计算。根据中国船级社《移动平台入级与建造规范(2016)》,对构件进行屈服强度校核,参与结构分析的构件应按以下规定确定其许用应力值:

$$[\sigma]=\sigma_S/S \tag{4-1}$$

式中:$S$——安全系数,按表 4-1 选取;

$\sigma_S$——材料屈服强度($N/mm^2$)。

安全系数表 表 4-1

| 应力 | 工况 | |
|---|---|---|
| | 静载工况 | 组合工况 |
| 相当应力 | 1.43 | 1.11 |
| 轴向和弯曲应力 | 1.67 | 1.25 |

(2)此平台是为四桩导管架施工作业而设计的工程桩施工专用导向架平台。主要技术参数如下:

工作环境温度:-9 ~ +45℃;

风电基础桩直径适用范围:3.5m;

风电基础桩距适用范围:28m×28m;

导向架作业水深:≤33m;

导向架自带辅助桩 4 根,$\phi$2m,长度 65m;

风、(涌)浪、流速:≤2kN;工作风速:≤20m/s;非工作自存最大风速:51.5m/s。

## 4.2 计算工况及加载说明

### 4.2.1 计算工况及荷载加载情况

本设备为轴对称结构,呈 90°对称布置,如图 4-1 所示。作业时依次使用 1 号、2 号、3 号和 4 号桩位，因此仅需计算 1 号桩位位置的作业工况，具体计算工况及荷载见表 4-2。

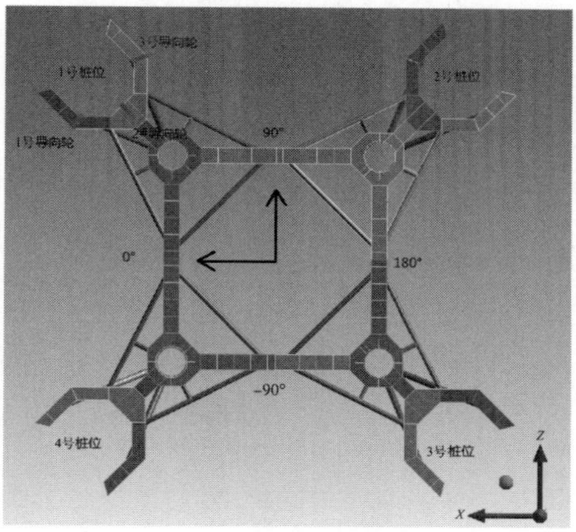


图 4-1　导向架模型加载位置图

**计算工况及荷载表**

表 4-2

| 工况 | 工况描述 | 工况附加荷载 | 备注 |
| --- | --- | --- | --- |
| 1 | 甲板搁置 0° | 结构自重 + 风荷载 0°方向 300kN | 运输状态 |
| 2 | 甲板搁置 45° | 结构自重 + 风荷载 45°方向 300kN | |
| 3 | 导向架下层水下搁置 0° | 结构自重 + 环境组合荷载 0°方向 600kN | 荷载按最大组合工况计算 |
| 4 | 导向架下层水下搁置 45° | 结构自重 + 环境组合荷载 45°方向 600kN | 荷载按最大组合工况计算 |
| 5 | 上层平台作业 1 | 结构自重 + 走道局部荷载取 50kN + 导向轮 3 水平方向 200kN、垂直方向 50kN + 环境组合荷载 180°方向 600kN | 荷载按最大组合工况计算 |
| 6 | 上层平台作业 2 | 结构自重 + 走道局部荷载取 50kN + 导向轮 2 水平方向 200kN、垂直方向 50kN + 导向轮 3 水平方向 200kN、垂直方向 50kN + 环境组合荷载 －135°方向 600kN | 荷载按最大组合工况计算 |
| 7 | 打桩作业 1（悬挂状态） | 结构自重 + 1 号套筒上表面 －135°方向水平 400kN、垂直 80kN + 1 号套筒下表面 45°方向水平 400kN、垂直 80kN + 环境组合荷载 －135°方向 600kN | 荷载按最大组合工况计算 |
| | 打桩作业 1（防沉板入泥状态） | 同上 + 支撑力 6000kN | |
| 8 | 打桩作业 2（悬挂状态） | 结构自重 + 1 号套筒上表面 －90°方向水平 400kN、垂直 80kN + 1 号套筒下表面 90°方向水平 400kN、垂直 80kN + 环境组合荷载 －90°方向 600kN | 荷载按最大组合工况计算 |
| | 打桩作业 2（防沉板入泥状态） | 同上 + 支撑力 6000kN | |

续上表

| 工况 | 工况描述 | 工况附加荷载 | 备注 |
|---|---|---|---|
| 9 | 打桩作业3(悬挂状态) | 结构自重+1号套筒上表面-45°方向水平400kN、垂直80kN+1号套筒下表面135°方向水平400kN、垂直80kN+环境组合荷载-45°方向600kN | 荷载按最大组合工况计算 |
| | 打桩作业3(防沉板入泥状态) | 同上+支撑力6000kN | |
| 10 | 打桩作业4(悬挂状态) | 结构自重+1号套筒上表面0°方向水平400kN、垂直80kN+1号套筒下表面180°方向水平400kN、垂直80kN+环境组合荷载0°方向600kN | 荷载按最大组合工况计算 |
| | 打桩作业4(防沉板入泥状态) | 同上+支撑力6000kN | |
| 11 | 打桩作业5(悬挂状态) | 结构自重+1号套筒上表面45°方向水平400kN、垂直80kN+1号套筒下表面-135°方向水平400kN、垂直80kN+环境组合荷载45°方向600kN | 荷载按最大组合工况计算 |
| | 打桩作业5(防沉板入泥状态) | 同上+支撑力6000kN | |
| 12 | 打桩架起吊 | 结构自重+下层防沉板-*Y*方向5000kN | |
| 13 | 12级风暴自存 | 结构自重+风荷载方向200kN+水流荷载方向2050kN | |
| 14 | 15级风暴自存 | 结构自重+风荷载方向400kN+水流荷载方向3200kN | |

导向架自重约为640t,4根辅助桩每根70t,合计约920t。小桩径套管自重约为42t,4个位置共计约168t。

工况1、2为静载工况,许用应力248MPa,根据风速20m/s计算风荷载约为300kN。工况3~12为组合工况,许用应力320MPa。

(1)根据水流速度2kN及同向风速20m/s计算,环境荷载合力约为600kN。

(2)根据起重船起吊基础桩时存在的角度暂定5°,上层平台受力约为水平侧向力200kN,垂直力50kN。

(3)根据基础桩垂直度偏差值5‰,动摩擦因数0.15,动荷载系数3.5,按极限取值,设基础桩自重入泥深度为0,计算中部导管架上口侧壁产生的侧向力400kN。

(4)中部导管架下口侧壁产生的侧向力400kN,垂直摩擦力取80kN。

(5)工况5~11为施工工况,入泥状态下结构防沉板底部另加支撑力,取值8000kN。

工况13为12级风暴极限工况,许用应力355MPa,根据风速36.9m/s计算风荷载约为200kN,根据水流速度4kN计算绕流阻力约为2050kN。

工况14为15级风暴极限工况，许用应力355MPa，根据风速51.5m/s计算风荷载约为400kN，根据水流速度5kN计算绕流阻力约为3200kN。

表4-2中，以$X$轴方向为0°，$Z$轴方向为90°施加荷载。

### 4.2.2　计算模型与网格划分

将导向架主体结构及4根辅助桩，定义为5个分体，如图4-2所示。

a) 计算模型

b) 网格划分图

图4-2　导向架模型图

### 4.2.3　辅助桩及导向架入泥深度、稳定性计算

1）辅助桩侧摩阻力$f$计算

辅助桩静态侧摩阻力计算参照我国石油天然气行业标准《海上固定平台规划、设计和建造的推荐作法—荷载抗力系数设计法（增补1）》（SY/T 100099—2002）计算。

对于黏性土：

$$f = \alpha s_u \tag{4-2}$$

对于非黏性土：

$$f = kp_0 \tan\delta \tag{4-3}$$

式中：$k$——横向地基压力系数。

导向架入泥时，由于土体的连续扰动，桩侧摩阻力不断减小。因此需采用重塑土的强度计算或根据非扰动土强度计算后折减。一般是将黏性土层静态侧摩阻力折减到1/8～1/2作为动态桩侧摩阻力，砂土的动态侧摩阻力取静态侧摩阻力的0.67～0.9倍。本次计算取小值折减。

单桩施工初期的自沉（溜桩）深度即单桩在自重作用下的初始贯入深度。获得土动阻力组合考虑如下：表面摩阻力，在黏土中为静表面摩阻力的30%，在砂土中为静表面摩阻力的100%；桩端阻力，在黏土和砂土中均为静桩端阻力的100%，但只作用在桩端壁厚形成的环形面积上。单桩在沉桩过程中如果在管内形成长度为10倍桩径的土塞，则对于土塞对导管内壁的摩擦力，按外壁表面摩阻力的50%取值。

2）辅助桩端部支撑力 $q_u$ 计算

溜桩引起的辅助桩端部支撑力变化不大，因此按静态方法计算。Stevens 和 Randolph 的研究表明，对于大直径（$\phi \geq 2.0$m）开口辅助桩，在连续打桩状态下不可能形成土塞，在发生溜桩状态下，更不可能形成土塞。因此，大直径辅助桩打桩时桩端部的支撑力仅为桩端圆环截面提供的地基承载力。

对于黏性土（API 规范）：

$$q_u = 9s_u \tag{4-4}$$

对于非黏性土，大量研究表明，采用别列柴策夫公式计算较为合适，如下：

$$q_u = q_d N_q + \gamma' B_p N_\gamma \tag{4-5}$$

式中：$q_d$——桩端平面处土的超载，$q_d = \gamma_0' D$，$\gamma_0'$为桩端以上土的浮重度；

$N_q$、$N_\gamma$——承载力系数，可按图4-3中根据基底下土的内摩擦角查得；

$\gamma'$——桩端以下土的浮重度；

$B_p$——基础宽度，本公式中为辅助桩的壁厚及加强环的板厚。

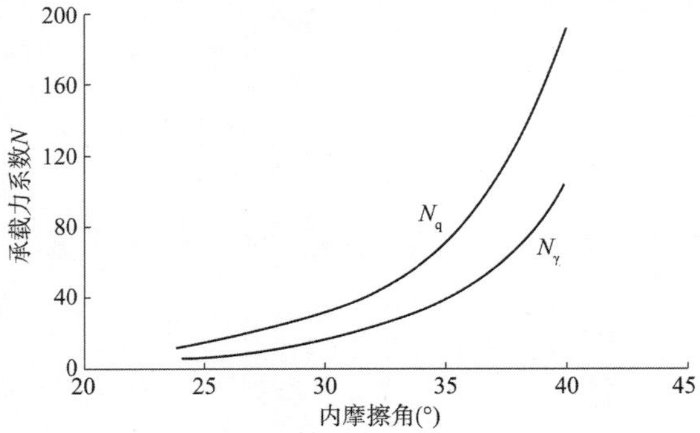


图4-3　别列柴策夫方法地基承载力系数图

对非黏性土中单位桩端承载力极限值和侧摩阻力极限值，API 规范推荐了上限值，计算时可据此进行校核。

3）导向架防沉板入泥深度初步评估

表4-3给出了仅有防沉板及其上面套筒入泥5.5m时的土层阻力。可见，不考虑辅助桩的作用，导向架自重约为1100t，入泥深度为1～2m。

导向架贯入时的总土阻力　　表4-3

| 桩贯入深度（m） | 有效重度（kN/m³） | 摩擦角（°） | 黏聚力（kPa） | 有效上覆压力（kPa） | 外摩擦角（°） | 侧摩阻力（kN） | 端阻力（kN） |
|---|---|---|---|---|---|---|---|
| 5.5 | 8.5 | 0 | 10 | 46.75 | 0 | 229.6316 | 29983.5 |

表4-4中，考虑防沉板入泥2m，贯入深度从2～8.5m仅有4根直径2m的辅助桩贯入，防沉板在第一层土中，可见“防沉板＋辅助桩”的贯入方案，土层的承载质量3239t，远远大于其自重1100t。

平台贯入不同深度时的总土阻力　表4-4

| 贯入深度（m） | 有效重度（$kN/m^3$） | 摩擦角（°） | 黏聚力（kPa） | 有效上覆压力（kPa） | 外摩擦角（°） | 桩侧摩阻力（kN） | 桩端阻力（kN） | 防沉板侧摩阻力（kN） | 防沉板端阻力（kN） | 侧摩阻力合计（kN） | 端阻力合计（kN） |
|---|---|---|---|---|---|---|---|---|---|---|---|
| 5.5 | 8.5 | 0 | 10 | 46.75 | 0 | 273.3186 | 1109.757 | 229.6316 | 29983.5 | 502.9502 | 31093.26 |
| 5.5 | 9.5 | 30 | 0 | 52.25 | 25 | 273.3186 | 1763.351 | 229.6316 | 29983.5 | 502.9502 | 31746.85 |
| 8.5 | 9.5 | 30 | 0 | 105.175 | 25 | 2946.578 | 1763.351 | 229.6316 | 29983.5 | 3176.21 | 31746.85 |

4）导向架防台稳定性评估

正常作业时，导管架桩的纠偏力700kN。风浪流荷载取最恶劣海况，假设为12级风暴自存工况，总的水平荷载为2050kN＋260kN＋700kN＝3010kN。

风暴自存工况，不进行打桩作业，其最大水平荷载为15级风暴自存工况，3200kN＋400kN＝3600kN。

因此，可以判断在该平台入泥稳定后，防沉板入泥深度2m，辅助桩入泥至5.5m，黏土中考虑平台入泥的动态过程（表4-4中的侧摩阻力）仅为静止状态时的1/8，稳定后其侧摩阻力约为4100kN（502.9502kN×8＝4100kN）。

当4根直径2m的辅助桩，入泥深度为8.5m时，其侧摩阻力为4070kN。

上述侧摩阻力中未计入防沉板的侧摩阻力，因此辅助桩入泥深度8.5m时，安全余度很大，满足正常作业和风暴自存的要求。

# 4.3　不同荷载工况计算

## 4.3.1　不同荷载工况计算

（1）工况1：约束辅助桩套管底部平面位置G、H、I、J处，$U_Y$固定，计算结果如图4-4所示。

（2）工况2：约束辅助桩套管底部平面位置G、H、I、J处，$U_Y$固定，计算结果如图4-5所示。

（3）工况3：约束防沉板底部平面，$U_X$、$U_Y$、$U_Z$固定，计算结果如图4-6所示。

（4）工况4：约束防沉板底部平面，$U_X$、$U_Y$、$U_Z$固定，计算结果如图4-7所示。

（5）工况5：约束辅助桩底部（距防沉板15m处）$U_X$、$U_Y$、$U_Z$固定，计算结果如图4-8所示。

（6）工况6：约束辅助桩底部（距防沉板15m处）$U_X$、$U_Y$、$U_Z$固定，计算结果如图4-9所示。

a) 约束及荷载图

b) 应力云图

c) 位移图

图 4-4 工况 1 计算结果图

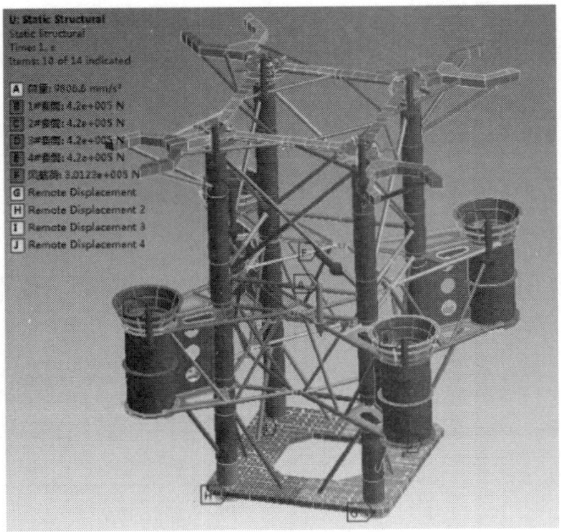


a) 约束及荷载图

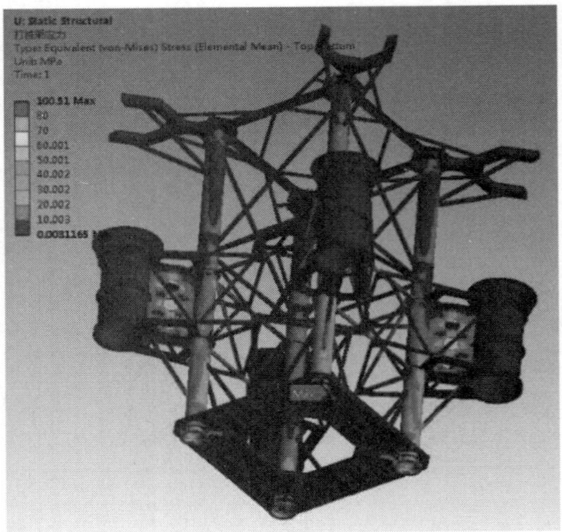


b) 应力云图

图 4-5

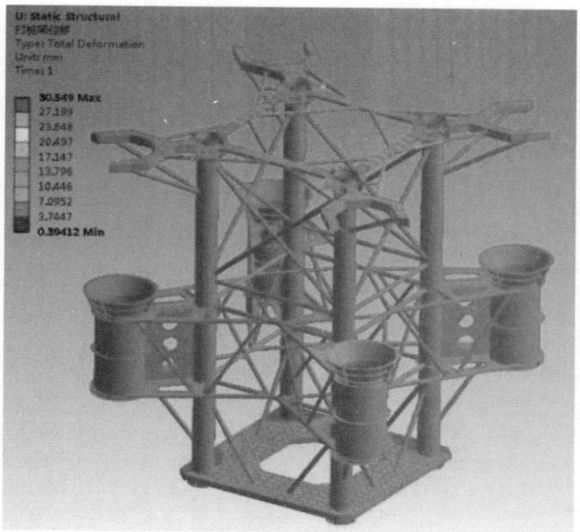


c) 位移图

图 4-5　工况 2 计算结果图

a) 约束及荷载图

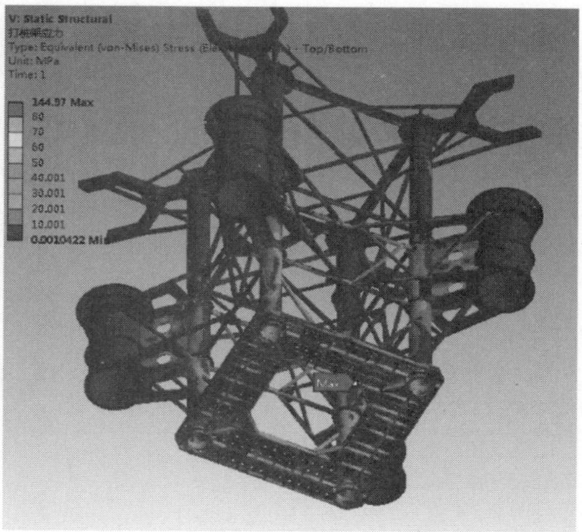


b) 应力云图

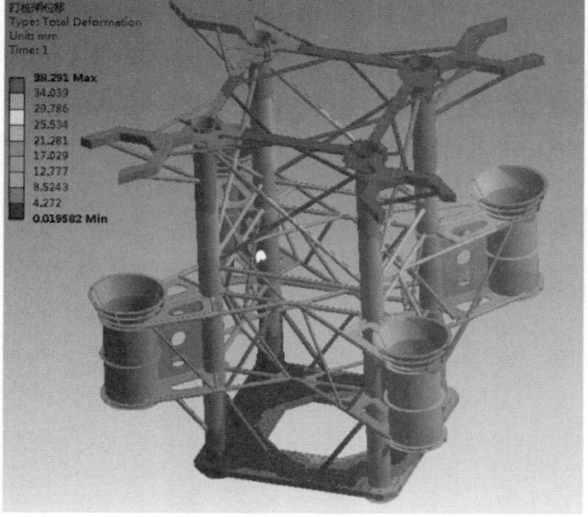


c) 位移图

图 4-6　工况 3 计算结果图

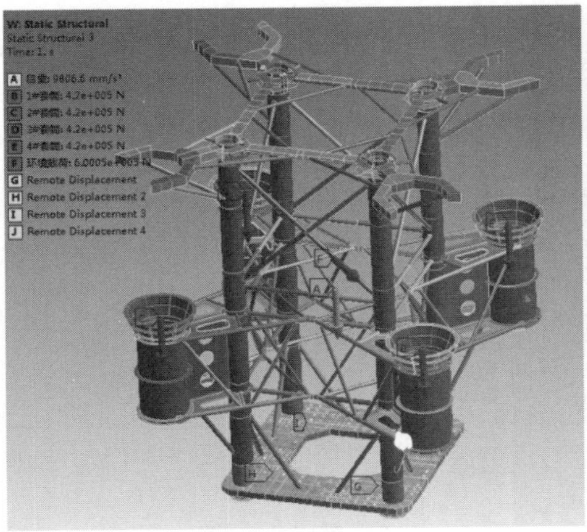

a) 约束及荷载图

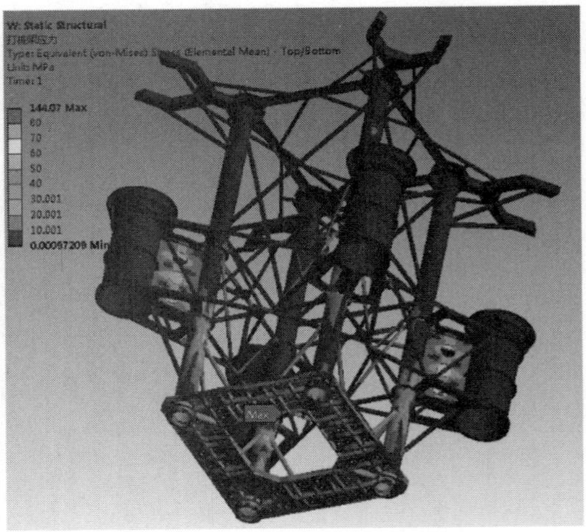

b) 应力云图

c) 位移图

图 4-7　工况 4 计算结果图

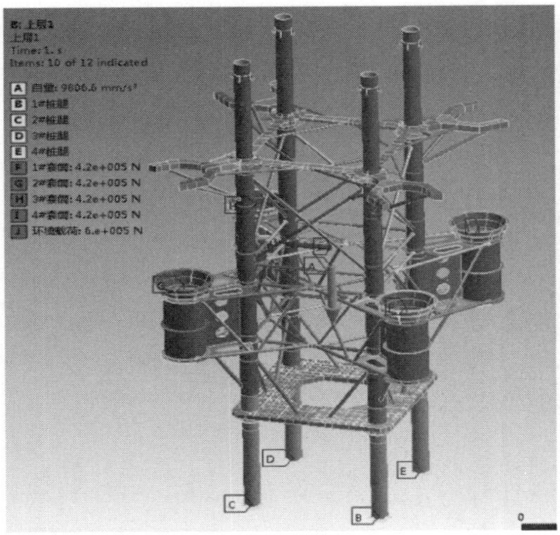

a) 约束及荷载图

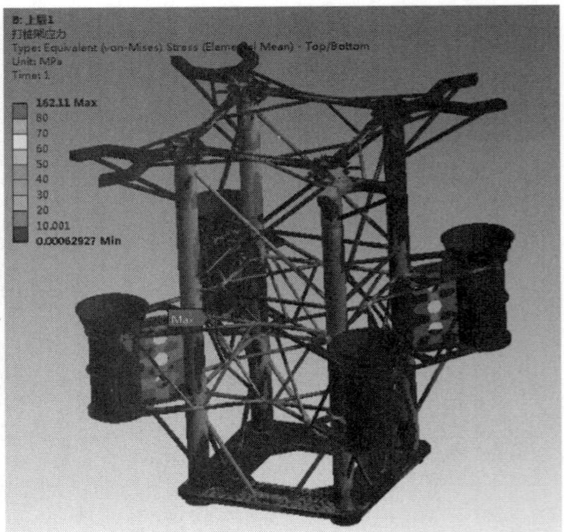

b) 应力云图

图　4-8

c) 位移图

图 4-8　工况 5 计算结果图

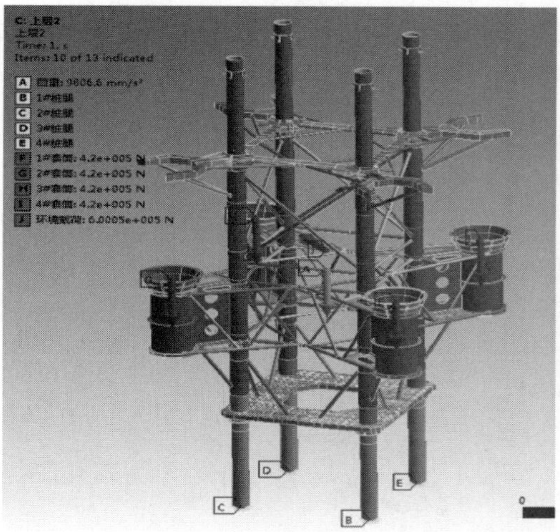


a) 约束及荷载图

b) 应力云图

c) 位移图

图 4-9　工况 6 计算结果图

(7)工况 7:约束辅助桩底部(距防沉板 15m 处)$U_X$、$U_Y$、$U_Z$ 固定。防沉板入泥状态下 $U_X$、$U_Z$ 固定,计算结果如图 4-10 所示。

a) 位移图(悬挂状态)

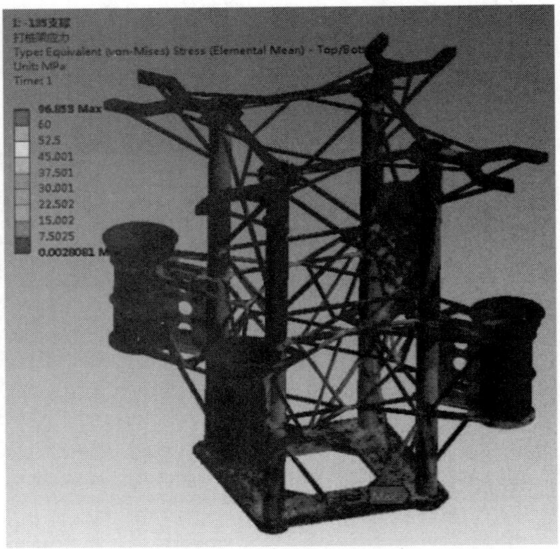


b) 应力图(防沉板入泥状态)

c) 位移图(防沉板入泥状态)

图 4-10　工况 7 计算结果图

(8)工况 8:约束辅助桩底部(距防沉板 15m 处)$U_X$、$U_Y$、$U_Z$ 固定。防沉板入泥状态下 $U_X$、$U_Z$ 固定,计算结果如图 4-11 所示。

(9)工况 9:约束辅助桩底部(距防沉板 15m 处)$U_X$、$U_Y$、$U_Z$ 固定。防沉板入泥状态下 $U_X$、$U_Z$ 固定,计算结果如图 4-12 所示。

(10)工况 10:约束辅助桩底部(距防沉板 15m 处)$U_X$、$U_Y$、$U_Z$ 固定。防沉板入泥状态下 $U_X$、$U_Z$ 固定,计算结果如图 4-13 所示。

(11)工况 11:约束辅助桩底部(距防沉板 15m 处)$U_X$、$U_Y$、$U_Z$ 固定。防沉板入泥状态下 $U_X$、$U_Z$ 固定,计算结果如图 4-14 所示。

a) 位移图(悬挂状态)

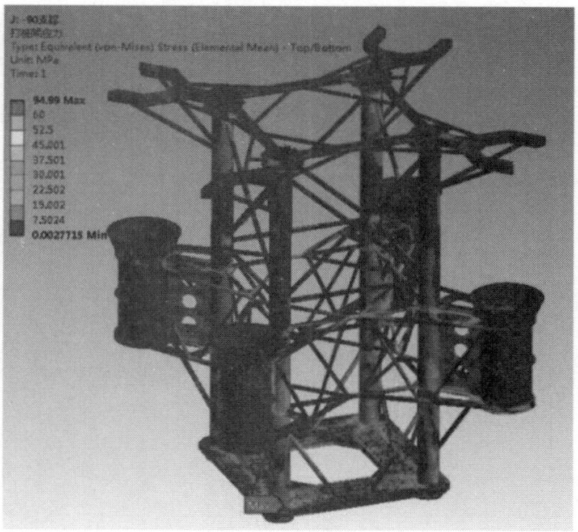


b) (防沉板入泥状态)

c) 位移图(防沉板入泥状态)

图 4-11　工况 8 计算结果图

a) 位移图(悬挂状态)

b) 应力图(防沉板入泥状态)

图　4-12

c) 位移图(防沉板入泥状态)

图 4-12　工况 9 计算结果图

a) 位移图(悬挂状态)

b) 应力图(防沉板入泥状态)

c) 位移图(防沉板入泥状态)

图 4-13　工况 10 计算结果图

a) 位移图(悬挂状态)

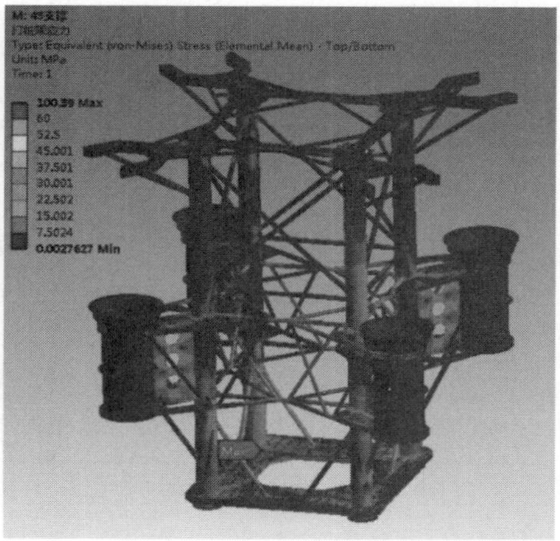

b) 应力图(防沉板入泥状态)

c) 位移图(防沉板入泥状态)

图 4-14　工况 11 计算结果图

(12)工况 12:约束通过钢丝绳汇总约束吊钩位置 $U_Y$ 固定,计算结果如图 4-15 所示。

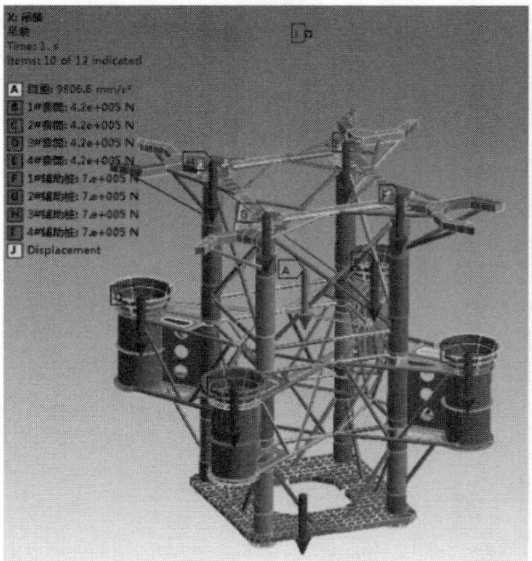

a) 位移图

b) 应力图

图　4-15

c) 位移图

图 4-15　工况 12 计算结果图

(13)工况 13:约束辅助桩距防沉板下 3m 处 $U_X$、$U_Y$、$U_Z$ 固定,计算结果如图 4-16 所示。

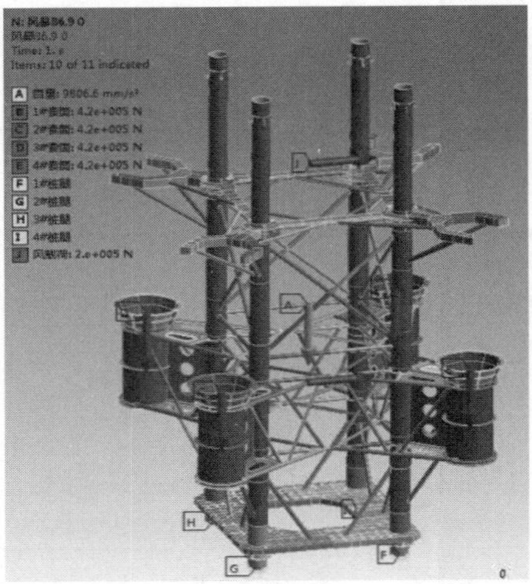

a) 位移图

b) 应力图

c) 位移图

图 4-16　工况 13 计算结果图

(14)工况 14:约束辅助桩距防沉板下 3m 处 $U_X$、$U_Y$、$U_Z$ 固定,计算结果如图 4-17 所示。

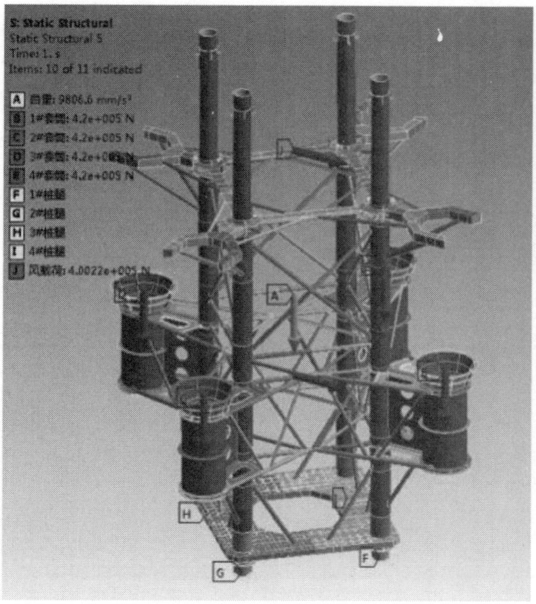


a) 位移图

b) 应力图

c) 位移图

图 4-17 工况 14 计算结果图

## 4.3.2 计算结果汇总

不同荷载工况计算汇总表,见表 4-5。

不同工况计算结果表

表 4-5

| 工况 | 工况描述 | 工况类型 | 应力（MPa） | 许用应力（MPa） | UC 值 | 整体最大形变（mm） | 套筒上下口相对形变（mm） |
|---|---|---|---|---|---|---|---|
| 1 | 甲板搁置 0° | 静载 | 97.4 | 248 | 0.39 | 30 | |
| 2 | 甲板搁置 45° | 静载 | 100.5 | 248 | 0.41 | 31 | |
| 3 | 导向架下层水下搁置 0° | 组合 | 144.4 | 320 | 0.45 | 38 | |
| 4 | 导向架下层水下搁置 45° | 组合 | 144.1 | 320 | 0.45 | 39 | |
| 5 | 上层平台作业 1 | 组合 | 162.1 | 320 | 0.51 | 221 | |
| 6 | 上层平台作业 2 | 组合 | 160.7 | 320 | 0.50 | 221 | |
| 7 | 打桩作业 1（悬挂状态） | 组合 | 87.8 | 320 | 0.27 | 101 | 13.1 |
| | 打桩作业 1（防沉板入泥状态） | 组合 | 96.9 | 320 | 0.30 | 24 | 6.5 |
| 8 | 打桩作业 2（悬挂状态） | 组合 | 110.6 | 320 | 0.35 | 105 | 17.6 |
| | 打桩作业 2（防沉板入泥状态） | 组合 | 95.0 | 320 | 0.30 | 29 | 12.6 |
| 9 | 打桩作业 3（悬挂状态） | 组合 | 104.0 | 320 | 0.33 | 111 | 22.6 |
| | 打桩作业 3（防沉板入泥状态） | 组合 | 109.6 | 320 | 0.34 | 34 | 18.1 |
| 10 | 打桩作业 4（悬挂状态） | 组合 | 124.9 | 320 | 0.39 | 113 | 23.8 |
| | 打桩作业 4（防沉板入泥状态） | 组合 | 103.7 | 320 | 0.32 | 34 | 17.1 |
| 11 | 打桩作业 5（悬挂状态） | 组合 | 99.1 | 320 | 0.31 | 111 | 21.3 |
| | 打桩作业 5（防沉板入泥状态） | 组合 | 100.4 | 320 | 0.31 | 32 | 13.5 |
| 12 | 打桩架起吊 | 组合 | 135.9 | 320 | 0.42 | 25 | |
| 13 | 12 级风暴自存 | 极限 | 211.4 | 355 | 0.60 | 95 | |
| 14 | 15 级风暴自存 | 极限 | 234.8 | 355 | 0.66 | 155 | |

注：UC 值指钢结构物体承受压缩弯曲等多种组合荷载联合作用时所采用的综合机械强度性能的量度指标。

从上表计算结果可知，导向架应力均小于许用应力，且套筒变形尺寸满足工况要求。

# 第5章

# 非嵌岩导管架基础施工技术

## 5.1 工程简介

(1)本工程共有3个非嵌岩四桩导管架基础,导管架桩腿间距28m×28m。共有12根工程桩,桩径3.5m,壁厚40～55mm,桩长53.7～59.8m,桩质量202～223t。导管架上设置靠船构件、J型管、灌浆管道、牺牲阳极等。四桩导管架基础主体结构形式如图5-1所示。

图5-1　风机导管架制作完毕整体效果图

(2)施工技术参数要求如下:

①本工程钢管桩沉桩以高程控制为主,贯入度校核。

②桩间允许水平相对偏位≤75mm。

③桩顶高程允许偏差＜±50mm，任意两桩桩顶高程允许相对偏差＜50mm。

④沉桩完成后的基础顶水平度(桩轴线倾斜度)偏差≤5‰。

## 5.2 四桩导管架建造技术

### 5.2.1 四桩导管架建造说明

本项目有三套四桩导管架基础，导管架由过渡段、主体结构分段与灌浆段三个分段组成。为满足现场施工进度将三个导管架基础放到两个钢结构加工厂。一套为立式制作发运，两套为卧式制作发运。具体生产工艺流程如图5-2所示。

### 5.2.2 四桩导管架建造工艺

导管架建造工艺流程如图5-2所示。

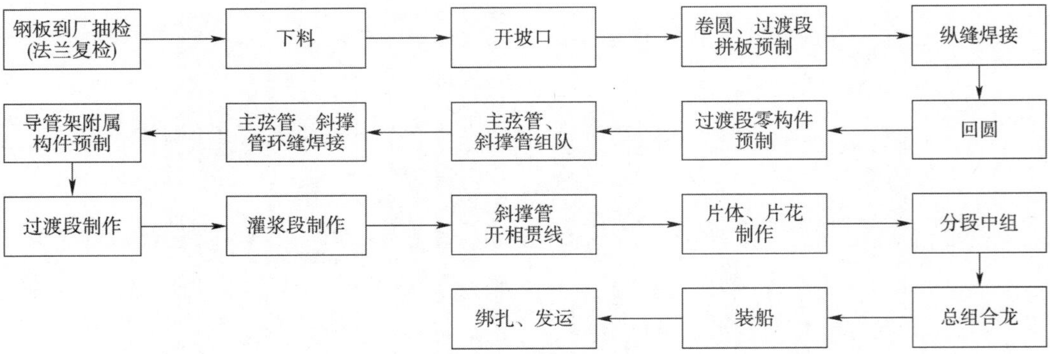


图5-2 导管架建造工艺流程图

1)主体结构制作

(1)钢板下料。

提前将本项目所需钢板进行分类，将所需钢板调运至车间内等离子/数控火焰切割机前堆放，将钢板吊至等离子/数控火焰切割机上，施工人员提前在等离子/数控火焰切割机上输入切割指令，确保切割机无误后进行下料切割，切割过程中人员要时刻关注切割机动态，如图5-3所示。

(2)钢板开坡口。

使用半自动火焰切割机进行开坡口，将下料完成的钢板吊运至开坡口作业区域，作业时先在钢板四周定位划线，放置半自动火焰切割机至定位线上开始切割开坡口作业，开坡口完成后及时清理坡口处氧化铁皮与切割时造成的缺陷，如图5-4所示。

(3)预弯、卷圆。

在钢板卷圆前，一些比较厚的钢板直接卷圆椭圆度会不达标，需先在钢板两端划出预弯线,放在折弯机上进行折弯加工。钢板调运至卷板机工位,钢板进入卷板机时要注意坡口朝向,卷圆过程中一次弯曲量不宜过大,尤其对强度高的钢板更应该控制,如图5-5所示。

a) 等离子切割钢板图

b) 数控火焰切割钢板图

图5-3 等离子/数控火焰切割机下料作业图

a) 切割机开坡口(一)

b) 切割机开坡口(二)

图5-4 半自动火焰切割机开坡口图

a) 钢板折弯图

b) 钢板卷圆图

图5-5 钢板折弯、卷圆图

逐步加压上辊使钢板成圆合口，当两个坡口重合时，应无凸起和下凹，并使用测量弧板进行测量，符合要求后即完成卷圆。为控制变形，采用对称点焊的方式固定，卷圆后在节段上标记桩号、管节号以防混淆，如图 5-6 所示。

(4)纵缝焊接。

焊接时采用打底焊连续焊接的方式，焊完成后纵缝两端需加装引、熄弧板，安装时要保证引、熄弧板的长度足够，材质、壁厚应与管子相同，坡口形式与母材一致，如图 5-7 所示。

图 5-6　卷圆后管节号标记

图 5-7　引、熄弧板安装图

(5)回圆。

回圆主要针对纵缝区域，根据管节板厚、直径输入相关数据进行回圆，经过反复的滚轧，利用红外测距仪测量管节的直径，并用样板复测局部椭圆度，直至符合规范要求后回圆完成，焊缝的高度会影响回圆的精度，回圆完成后纵缝区域不允许出现扁平、凸起现象(如有则需重新回圆)，如图 5-8 所示。

a) 回圆(一)

b) 回圆(二)

图 5-8　主弦管回圆图

(6)管节组对。

组对时需先把辊轮架调平，调平后将两个管节吊装上辊轮架，工人操控辊轮架移动使管节对位，相邻管节对位完成后，使用对称点焊的方式定位，定位点焊的作用是防止在打底焊的过程中左右管节发生偏移错位，从而导致管子变形，使得直线度等数据不符合规范要求。将对位完成后的管节置于辊轮架左侧，将单管节吊装放至辊轮架右侧，调整左右辊轮架使管节对位，使用相同方法连续组对接长，利用角度尺检查相邻管节，应符合规范要求，如图 5-9 所示。

a) 管节对位点焊图

b) 管节组对图

图 5-9　主弦管管节组对定位图

（7）环缝焊接。

管节组对完成后先进行打底焊，打底焊完成后，把内环缝焊道清洁干净，再进行内环缝焊接。环焊采用自动埋弧焊的焊接方法，自动埋弧焊机具有生产效率高、焊缝质量好等优点，可以使焊缝充分融合、融透，焊缝成型度好、美观，减少后续外观处理时间，如图 5-10 所示。

图 5-10　管节环缝焊接图

（8）片体、片花制作。

片体、片花是指两个侧片体（1 条主腿带 3 个 X 撑）、一个顶片体（2 条主腿带 3 个 X 撑）、一个底片花（3 个 X 撑）。制作顺序：底片花→侧片体→顶片体。共 4 根主弦管、46 根斜撑管（X 撑由 3 条斜撑管组成，一长两短）。

底片花制作：先吊装主弦管上胎架定位，后吊装较长斜撑管上胎架靠拢主弦管（不焊接），连续吊装其余斜撑管上胎，落位完成后报送监理焊前检验，检验合格后焊接 X 节点处。侧片体制作步骤与底片花相同，使用同一组胎架，但要与主弦管焊接，如图 5-11 所示。

a) 底片花制作图

b) 侧片体制作图

图 5-11　片花、片体制作图

图 5-12　顶片体制作及附属构件安装图

顶片体制作：另制作一组胎架，先吊装上胎一侧主弦管，连续吊装斜撑管定位，最后吊装另一侧主弦管上胎定位，焊前检验合格后开始焊接。定位安装附属结构（靠船件、灌浆管线、吊耳等附属结构均已提前在车间内预制完成），如图 5-12 所示。

2）过渡段制作

过渡段钢板下料完成之后，在水平胎架上进行底板拼板焊接，管柱卷圆、回圆、组对环焊，控制组对时的直线度、错位值误差，布置水平胎架，将底板与管柱吊装至水平胎架上进行定位拼接，定位焊接完成后将腹板、减轻孔、主腿依次吊装定位装配，外平台提前预制，如图 5-13 所示。

a) 过渡段制作图(一)

b) 过渡段制作图(二)

图 5-13　过渡段制作图

焊接完成后将导管架顶法兰定位安装，焊前控制法兰平面度、椭圆度等数值，检查法兰与管柱连接处焊缝清洁情况。焊接完成后再次测量法兰平面度等数值，看是否符合规范要求，焊接时提前给施工人员交底，要求其在焊接或碳弧气刨作业时不允许伤及法兰，如图5-14所示。

装配焊接塔筒门加强板、门框定位开孔安装斜盖板，待所有结构全部安装焊接结束后，报送监理进行整体焊后验收，验收合格后转运至砂房进行打砂除锈，最后转至涂装房按照油漆配套进行防腐涂装，如图5-15所示。

图5-14　法兰与管柱组对焊前检验图

图5-15　过渡段外平台定位安装图

法兰与管柱定位完成后，先进行焊前测量，使用激光水平测距仪测量法兰平面度（或使用全站仪测量，但激光水平测距仪测出的数据更加准确）、椭圆度等数值，焊接完成后需再次测量防止焊接过程中法兰发生移位、错位等问题。焊后验收时，因过渡段内零构件较多需一一对照图纸确认是否有少装、漏装等问题存在，检验油漆质量、膜厚是否符合规范要求，如图5-16所示。

图5-16　激光水平测距仪测量法兰焊前、焊后平面度图

法兰平面度：整个法兰面最高点与最低点之差不大于1.5mm，30°范围内不大于0.5mm。

法兰椭圆度：两相互垂直的外径差不大于4mm。

法兰内倾度：0～+2mm，不允许外翻。

主筒体与法兰平面垂直度不得大于3mm。

过渡段均在焊后验收合格后转至砂房与涂装房进行打砂与油漆涂装，如图5-17所示。

图5-17　过渡段打砂及油漆涂装图

3）灌浆段制作

先将灌浆段所需零构件按照设计图纸下料、开坡口，将插入腿所需钢板卷圆、组对环焊。下好料的零构件预拼接，为后续安装节省时间，如图5-18所示。

图5-18　灌浆段零构件下料、开坡、预制图

同时开始预制插尖、止挡，需严格控制内部焊缝质量，插尖上部面板为两块半圆板拼接而成，将剪力键预弯至符合插入腿外侧弯曲程度。插入腿组对焊接完成后，将预制好的止挡与插入腿进行吊装定位安装，定位完成后进行焊接作业，同时内部进行安装内肘板、内环板等构件，定位安装灌浆分配槽，如图5-19所示。

将预弯好的剪力键按照设计图纸进行定位装配焊接，安装密封圈，检查密封圈本体橡胶是否有破损，同时在焊接作业时叮嘱现场施工人员，注意保护密封圈，不要在施工过程中将密封圈损坏，如图5-20所示。

4）分段中组合龙

在外场，定好合龙场地，按照设计图纸要求画设地样线并做永久标记，经监理检查无误后开始布置胎架，同时开始搭设脚手架。

图 5-19　灌浆段止挡定位安装图

图 5-20　灌浆段剪力键装配焊接、密封圈安装、止挡焊接图

胎架落位固定完成后，使用全站仪测量胎架摆放位置与胎架水平度，保证胎架水平可以更好地控制后续主体分段精度。

随后依次吊装侧片体上胎定位，定位完成后使用斜支撑钢管或钢丝绳固定侧片体，与底片体合龙口焊接，如图 5-21 所示。

在焊接完成且焊缝强度足够后吊装顶片体上胎定位、合龙、焊接。每一侧片体/片花吊装上胎后都需全站仪测量现场实际数据与设计图纸上理论数据相对比，是否符合规范要求，如图 5-22 所示。

图 5-21　底片花与两侧片体焊接图

图 5-22　顶片体吊装合龙图

5）总组合龙

最后的总组合龙分为两种方式，一种是立式合龙发运，另一种是卧式合龙发运。

（1）立式合龙发运。

所有分段都制作完成之后，在外场总组合龙场地开始画设地样线，两条线十字垂直交叉为中心线，分别向四周延伸至导管架所需根开距离，布置合龙运输工装。因 4 个灌浆段长度不一，所以运输工装高度也不相同，布置时注意其对应位置。

将灌浆段翻身竖直定位至工装上,依次吊装定位,待4个灌浆段都定好位之后需精控测量根开距离、止挡下环板平面度和上口水平高差,如图5-23所示。

使用厂内900t门式起重机将导管架主体分段翻身,由厂内设计人员根据导管架主体分段重心,计算合适的吊点挂设位置。将主体分段翻身完成后吊运至已定好位的灌浆段上方,缓缓下放主钩使主体分段与灌浆段合龙定位,使用定位焊的方式来固定主体分段与灌浆段连接焊缝,如图5-24所示。

图5-23　灌浆段吊装翻身定位图

图5-24　主体结构与灌浆段吊装定位图

待主体分段与灌浆段连接焊缝焊接三分之二后,开始吊装过渡段合龙定位(操作方法同上),定位完成后测量整体焊前精度(高程、根开距离、止挡环板水平度等数据),待所有主体焊缝焊接结束后需再进行一遍精控测量,测量结果符合规范及图纸要求后可装船发运,如图5-25所示。

图5-25　过渡段吊装与主体结构合龙定位图

(2)卧式合龙发运。

提前布置3组龙门架,使导管架主体结构连接工装落位至龙门架上(起重机主钩不可横移,起重机单钩吊重600t),落位完成后加焊固定,使用两组模块车进位,顶升龙门架横移至合龙工位,如图5-26所示。

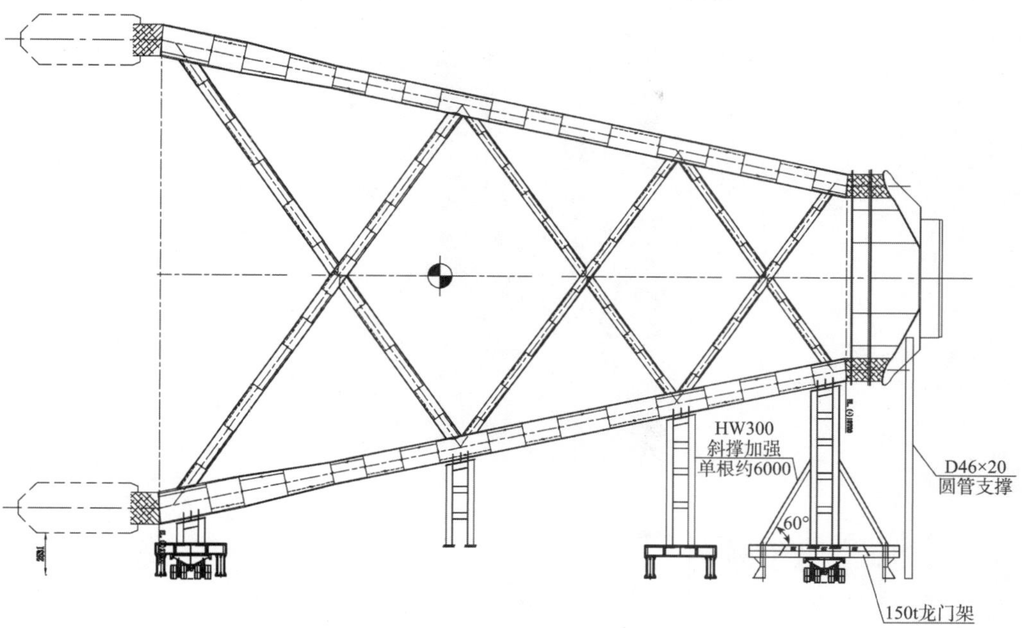


图 5-26 龙门架与支撑布置详图及模块车进位图

移位至合龙工位后，精控人员摆放全站仪测量主体分段水平度，模块车下降高度至地面水平高度，测量无误后模块车退位。使用 1 台履带起重机、2 台汽车起重机吊装灌浆段与主体结构合龙定位，如图 5-27 所示。用相同方法吊装另一个灌浆段合龙定位、焊接。焊接完成后，使用全站仪测量根开中心间距、止挡环板平面度、对角线等数据。

a) 灌浆段吊装图

b) 灌浆段合龙图

图 5-27 导管架灌浆段吊装合拢图

过渡段合龙利用 2 台 650t 履带式起重机为主、1 台 300t 履带式起重机辅助施工，先利用 3 台履带式起重机使过渡段翻身，翻身后履带式起重机缓慢移动至可与主体结构合龙位置，起升吊臂使过渡段与主体结构合龙定位，使用圆管支撑过渡段定位，如图 5-28 所示。

定位完成后，使用角度尺检查连接缝是否错位，符合规范要求后方可开始焊接，焊接完成安装过渡段未安装构件（起重机基座、爬梯等）。整体安装焊接结束后，油漆班组进行打磨拉毛，油漆统喷修补，整体完工验收合格后可装船发运。

图 5-28　过渡段翻身合龙定位图

## 5.3　配套施工设施

1)导向架平台

本平台是为四桩导管架施工作业而设计的工程桩施工专用导向架平台,能够精确控制桩间距及工程桩的垂直度。平台主尺寸 28m×28m×41.1m,质量为 1110t,主要由导向架平台、4 根辅助桩及附属结构等组成,见图 5-29。

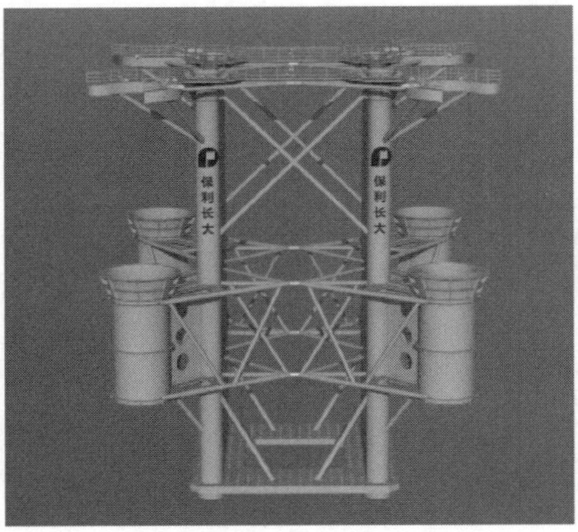


图 5-29　导向平台整体结构示意图

四桩导管架施工需要用到导向架平台,以保证沉桩精度。导向架平台主尺寸 28m×28m×41.1m,质量 1110t,主要由导向架平台(660t)、辅助桩 4 根(280t)、导向筒 4 个(170t)及附属结构等组成。

2)送桩器

送桩器直径 3.5m,长度 40.45m,质量约 225t。送桩器作为替打段,将工程桩沉桩至高程,如图 5-30 所示。

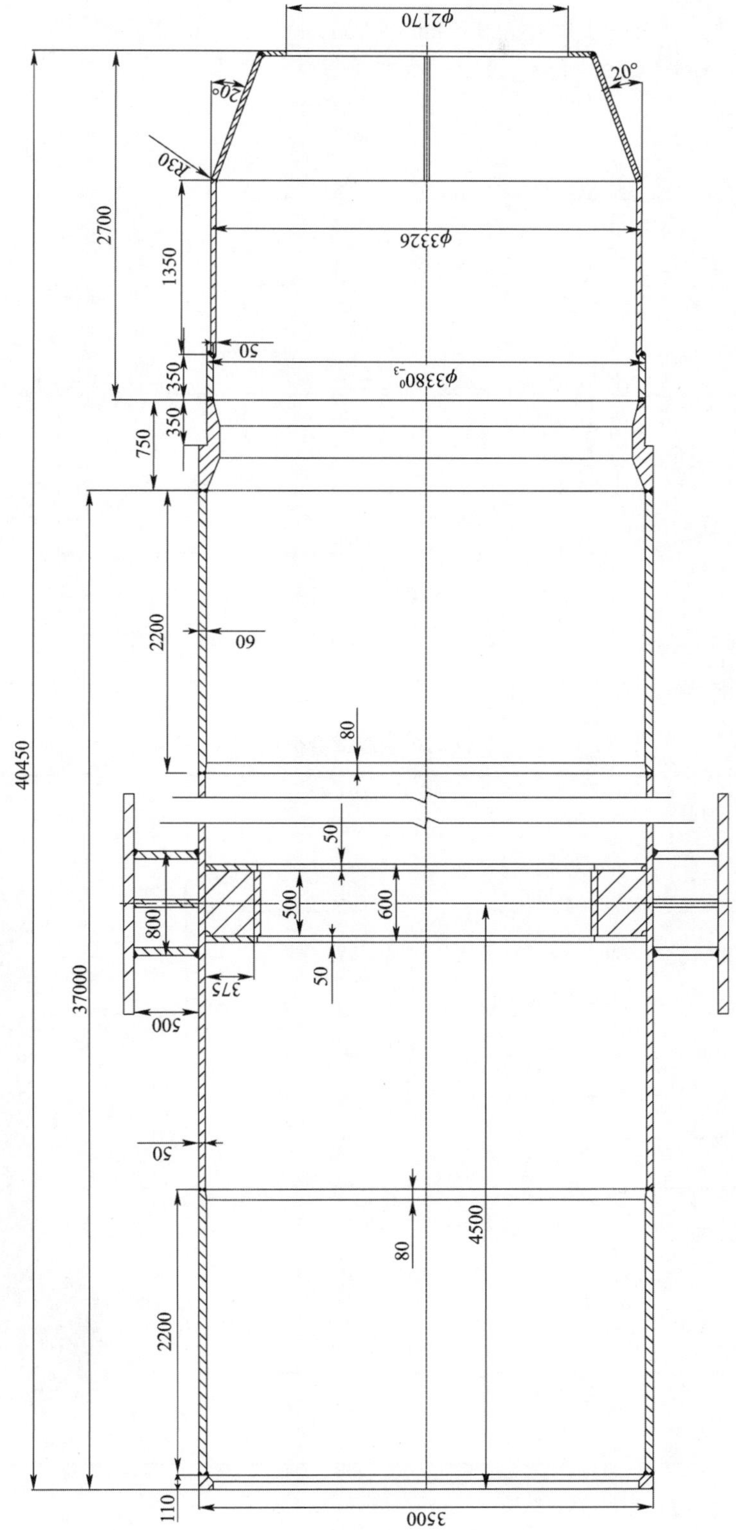


图 5-30　送桩器结构示意图(单位:mm)

3)平衡梁

平衡梁采用箱式设计,主尺寸为5650mm×600mm×450mm,中心间距3.74m,质量约7.8t,如图5-31所示。用于起吊送桩器。

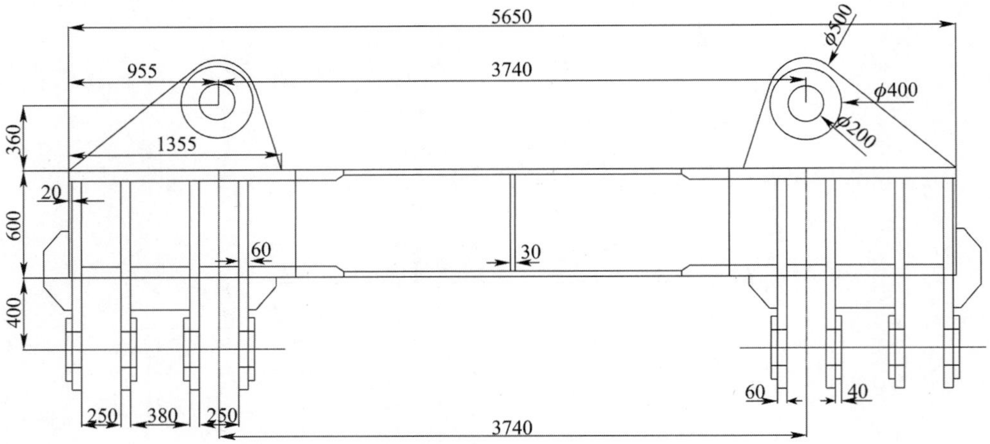


图5-31　平衡梁结构示意图(单位:mm)

4)液压锤及振动锤

(1)液压打桩锤参数,见表5-1。

**YC120液压锤参数表**　　表5-1

| 名称 | 参数 | 锤体图 |
|---|---|---|
| 锤长(含桩帽) | 16.0m | 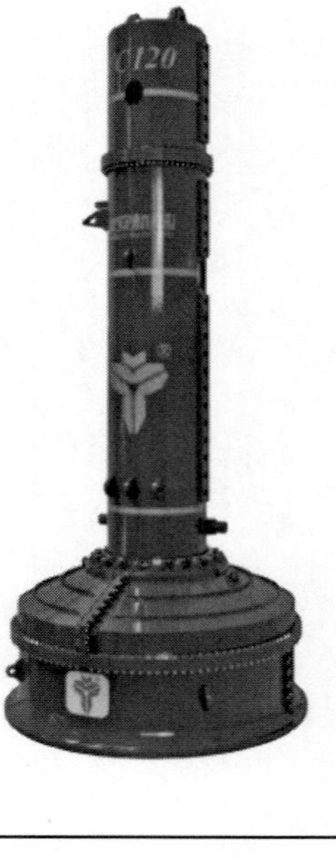 |
| 最大打击能量 | 2040kJ | |
| 最小打击能量 | 120kJ | |
| 最大功率 | 1492kW | |
| 锤体质量 | 280t | |
| 液压工作压力 | 320bar① | |
| 套筒直径 | 3600mm | |

① 1bar = $10^5$Pa。

(2)振动锤参数,见表5-2。

**EP1100 振动锤参数表**　　表5-2

| 序号 | 名称 | 参数 | 单位 | 锤体图 |
|---|---|---|---|---|
| 1 | 电机功率 | 800 | kW |  |
| 2 | 静偏心力矩 | 670 | kg·m | |
| 3 | 振动频率 | 750 | r/min | |
| 4 | 激振力 | 4200 | kN | |
| 5 | 空载振幅 | 17 | mm | |
| 6 | 允许拔桩力 | 2400 | kN | |
| 7 | 振动质量 | 39.3 | t | |
| 8 | 总质量 | 57.3 | t | |
| 9 | 总质量<br>(含联动平台、夹具) | 65060 | kg | |
| 10 | 最大加紧力 | 600 | t | |
| 11 | 质量(个) | 12 | t | |
| 12 | 动力站型号 | 1100P | ×1 | |

# 5.4　关键施工技术分析

## 5.4.1　工程桩沉桩施工技术分析

1)主作业船"宇航起重3000"全回转起重船

起重船主要用于导向平台安装及拆除、工程桩沉桩等作业。其相关参数见表5-3和表5-4以及图5-32。

**"宇航起重3000"参数表**　　表5-3

| | | | |
|---|---|---|---|
| 总长(m) | 148.40 | 主钩固定/全回转起重量(m) | 3500/2800 |
| 总宽(m) | 45.30 | 中钩/副钩起重量(m) | 660/360 |
| 型深(m) | 12.00 | 主/中/副钩起吊高度(m) | 103/130/145 |
| 满载排水量(t) | 53154 | 设计吃水(m) | 8.5 |

**"宇航起重3000"吊钩荷载表**　　表5-4

| 项目 | 臂角(°) | 75 | 70 | 65 | 60 | 55 | 50 | 45 | 40 | 35 | 30 | 25 |
|---|---|---|---|---|---|---|---|---|---|---|---|---|
| 主钩 | 舷外跨距(m) | 13.5 | 21 | 28 | 35 | 41.5 | 47.5 | 53.5 | 59 | 64 | 68 | 72.5 |
| | 水面以上吊高(m) | 103 | 100 | 98 | 94 | 90 | 85 | 80 | 73 | 67 | 60 | 52 |
| | 固定吊允许负荷(t) | 3500 | 3200 | 3000 | 2500 | 2300 | 2100 | 1800 | 1500 | 1300 | 1200 | 1100 |
| | 全回转允许负荷(t) | 2500 | 2500 | 2300 | 2100 | 1900 | 1780 | 1500 | 1300 | 1150 | 1050 | 900 |

续上表

| 项目 | 臂角(°) | 75 | 70 | 65 | 60 | 55 | 50 | 45 | 40 | 35 | 30 | 25 |
|---|---|---|---|---|---|---|---|---|---|---|---|---|
| 副钩 | 舷外跨距(m) | 25 | 36 | 47 | 57 | 67 | 76 | 84 | 92 | 99 | 105 | 111 |
| | 水面以上吊高(m) | 150 | 146 | 142 | 136 | 130 | 123 | 115 | 107 | 98 | 88 | 78 |
| | 全回转允许负荷(t) | 800 | 700 | 600 | 500 | 400 | 310 | 280 | 240 | 200 | 170 | 150 |

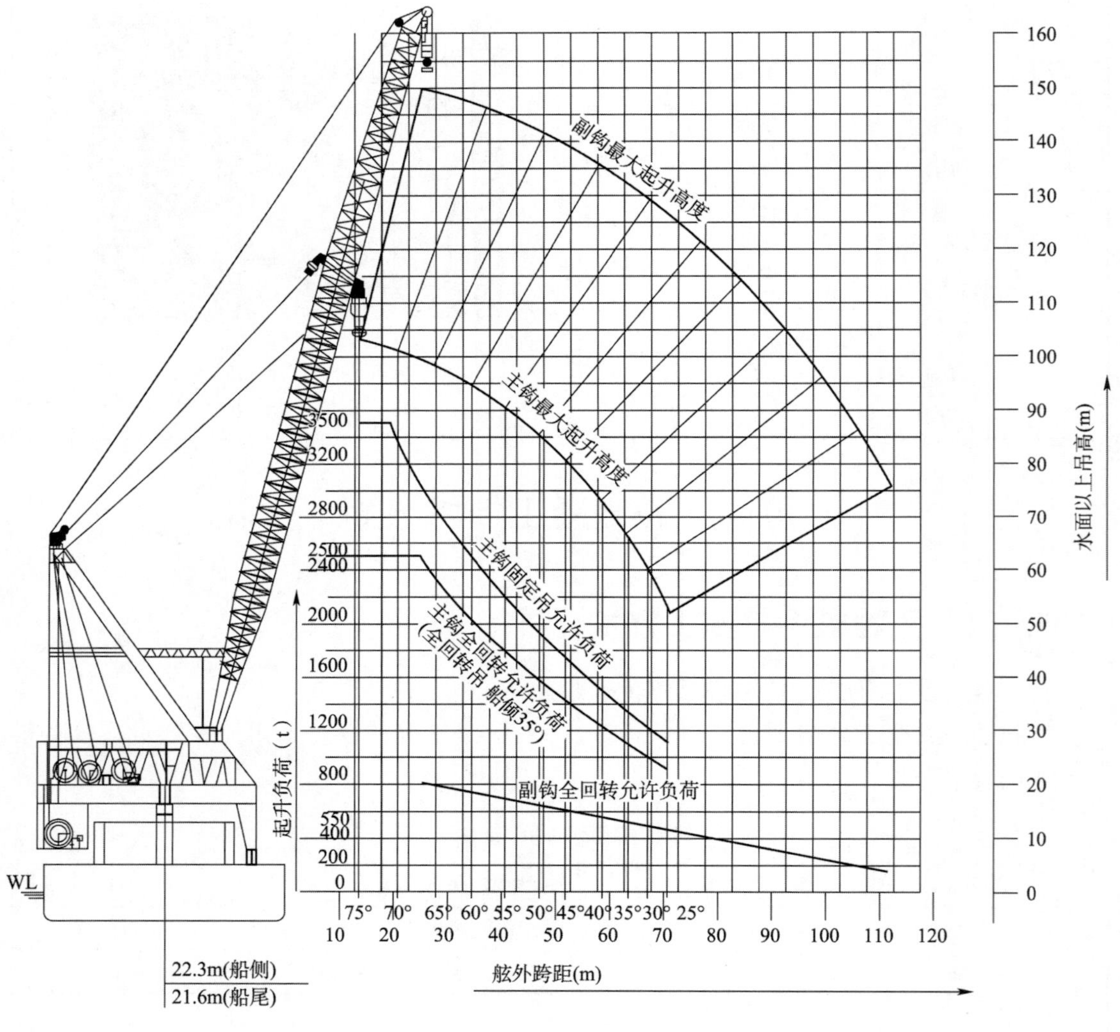


图 5-32 “宇航起重 3000”起重曲线图

2) 主要设备适用性分析

(1) 工程桩施工吊高分析。

导向架平台定位后,起重船先起吊沉放工程桩,随后安装送桩器和液压锤。起重船的吊高要满足工程桩入套筒、液压锤及吊索具套至送桩器顶部的净高要求。

①工程桩入套筒时吊高分析。

作图模拟吊装工况,校核如图 5-33 所示。计算公式如下:

$$H_1 = h_2 + h_4 + h_3 - h_5 \tag{5-1}$$

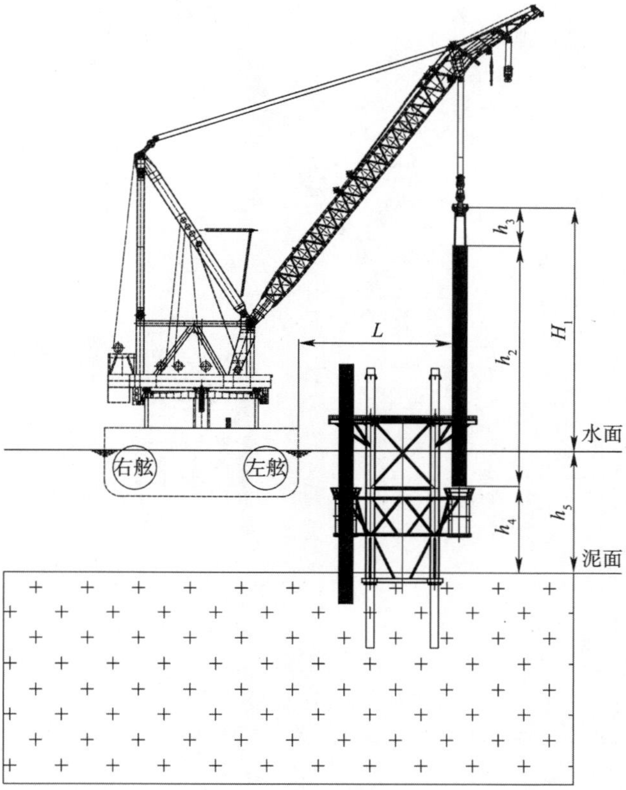


图 5-33　工程桩入套筒吊高分析示意图

$H_1$-起重机所需水面以上吊高;$h_2$-桩长 59.8m;$h_3$-吊钩距桩顶距离 18.5m;$h_4$-套筒顶距泥面高度 21.5m;$h_5$-水深 29.8m

经计算可得,工程桩入套筒时的所需水面吊高为 71m。起重船臂架角度为 65°时,副钩舷外跨距 47m,水面以上吊高 142m,全回转允许负荷为 5883.6kN,此时吊高吊重均满足要求。

②套液压锤时的吊高分析,如图 5-34 所示。

起重机吊高考虑的是满足施工的最小吊高需求,最小吊高为液压锤、送桩器及工程桩的叠加,故不单独考虑送桩器的安装吊高,而只考虑吊液压锤的吊高需求。

$$H_2 = h_3 + h_4 + h_5 + h_7 - h_1 - h_6 - 3 \tag{5-2}$$

说明:送桩器的插尖长 3m,此部分插进工程桩内需减去。

经计算可得,套液压锤时的所需水面吊高为 83m。起重船臂架角度为 65°时,副钩舷外跨距 47m,水面以上吊高 142m,全回转允许负荷为 5883.6kN,此时吊高吊重均满足要求。

(2)工程桩施工吊距分析。

起重船根据桩位位置图及涨落潮的方向距离起重船最远是 $L_1$,如图 5-35 所示。

经计算可得,起重机的吊距在舷外应满足的最小距离为 45m。由上述吊高分析可知,工程桩入套筒及套液压锤时其舷外吊距均满足要求。

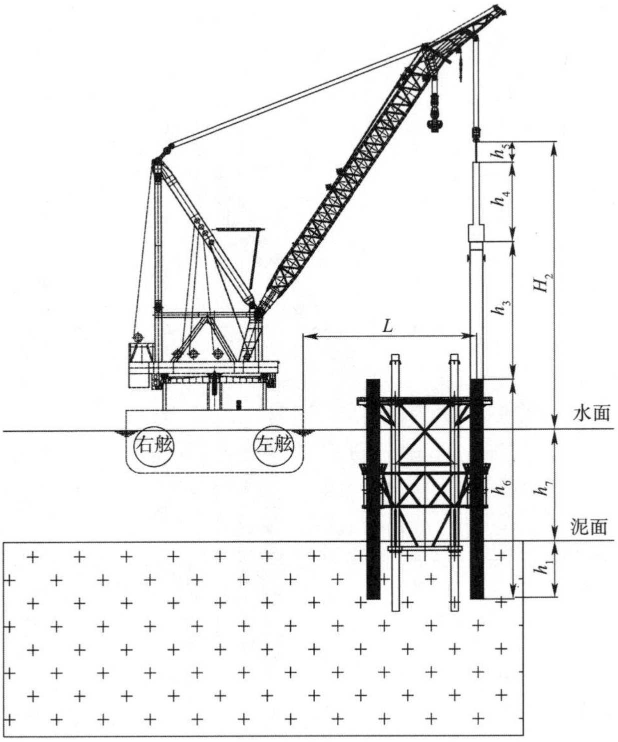


图 5-34 套液压锤吊高分析示意图

$H_2$-起重机所需水面以上吊高；$h_1$-工程桩自沉深度 9.6m；$h_3$-送桩器高度 40.45m；$h_4$-液压锤高度 21.51m；$h_5$-吊索具高度 8m；$h_6$-桩长 53.7m；$h_7$-水深 29.7m

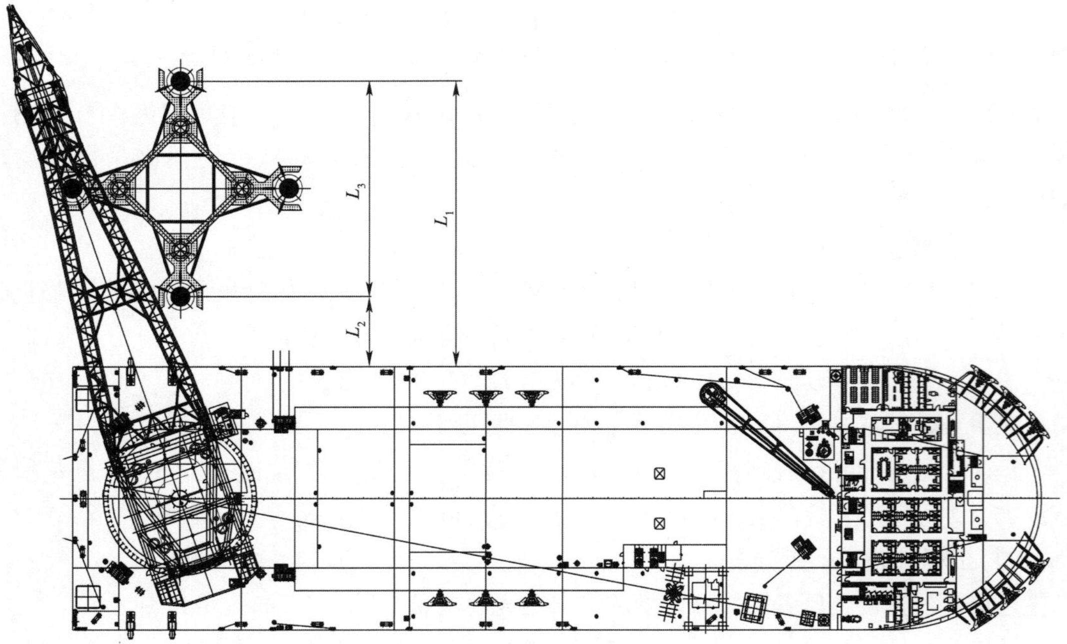


图 5-35 吊距分析示意图

$L_1$-最大吊距；$L_2$-安全距离 5m；$L_3$-导向架宽度 $28\sqrt{2}$m

(3)吊重分析。

起重船最大的单个吊重为导向架平台，导向架平台与吊索有效高度约41.1m，吊索具长度约20m。起吊时考虑1.3倍动荷载系数，起吊导向架平台质量约1110t，则需要起重机起吊能力为$1110\times1.3\times9.806=14150(kN)$。此时的吊距：$L'=(28\times\sqrt{2})/2+5=25(m)$。

导向平台定位时，舷外吊距需大于25m，吊高需超过62m，“宇航起重3000”臂架角度为50°时，主钩舷外跨距47.5m，水面以上吊高85m，全回转允许负荷为17454.68kN，此时吊高吊重及吊距均满足要求。

## 5.4.2　导管架安装施工技术分析

1)主作业船“长大海升”

双臂变幅起重船“长大海升”主要用于导管架的安装，具体参数见表5-5和图5-36。

**“长大海升”参数表**　　表5-5

| | | | |
|---|---|---|---|
| 船长(m) | 110.00 | 主/副钩起重量 | 4×800t/2×120t |
| 船宽(m) | 48.00 | 主/副钩起吊高度(m) | 80/118 |
| 型深(m) | 8.40 | 设计吃水(m) | 4.8 |
| 总吨(t) | 49501 | 净吨(t) | 14580 |
| 满载排水量(t) | 88606 | 空载排水量(t) | 31596 |

图5-36　“长大海升”起重船图

2)吊高、吊重、吊距分析

导管架质量约1100t，高度为58.36m，吊索具长度20m。导管架安装采用“长大海升”起重船的左右两个主钩进行吊装作业，起重船臂架在65°时的吊重能力1600t，吊高为水面以上100m，吊距为舷外39m，其各项指标参数均能满足吊装作业需求。

# 5.5　四桩导管架基础施工工艺

四桩导管架基础施工，采用导向架平台辅助施工的沉桩工艺，先安放导向架平台，保证4根工程桩的位置精度，然后进行工程桩的沉桩施工，最后将导向架平台移开进行导管架的安装。导向架定位及工程桩沉桩采用全回转起重船施工。导管架的安装采用“长大海升”起重船施工,灌浆使用灌浆船进行施工。

## 5.5.1 导管架工程桩施工工艺

四桩导管架施工,先由起重船安装导向架平台,再进行工程桩的施工,主要流程如图5-37所示。

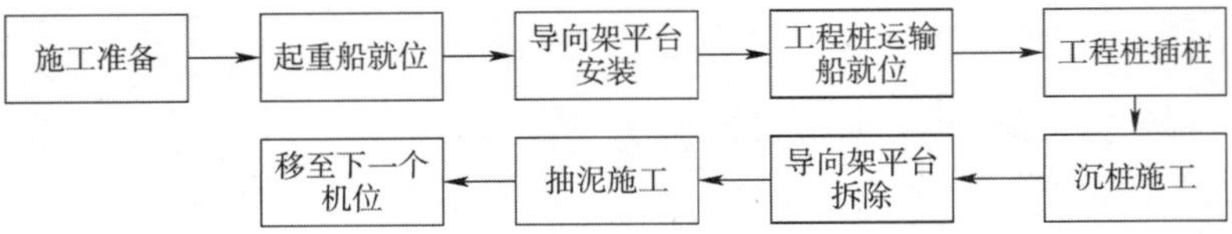


图5-37　工程桩施工工艺流程图

1)起重船就位

起重船由拖轮拖带至施工水域后,使用导航定位软件进行船舶定位。根据提前计算的锚点坐标,依次抛锚进行船舶的初定位。船舶锚位设计时,要结合机位处的水流和风向来定。抛锚长度要满足要求,以保证锚的抓力,确保打桩时不走锚。船舶抛锚完成后,通过绞锚微调将起重船精确定位至指定机位坐标。

2)导向架平台安装

(1)导向架就位。

导向架安装就位前,需在平台上安装定位设备。起重船起吊导向架平台到达机位抛锚定位后旋转起重机臂架,使导向架平台中心位于设计坐标上方。先将导向架平台套筒放到距离水面以下3m,减少波浪对导向架平台的影响,便于精准定位。通过使用GPS罗经及无线网桥将导向架平台的位置实时传输到导航定位软件界面上。测量人员通过可视化的操作界面指引导向架平台精确就位。下放过程中,起重船通过调压载水使船舶姿态稳定。最终确保机位中心实际坐标与设计坐标偏差≤1.5m,中心偏角偏差≤±3°,如图5-38所示。

a)导向架定位软件图　　b)导向架平台就位图

图5-38　导向架定位图

（2）辅助桩施工。

辅助桩采用直径2m，桩长约65m，单根质量约70t的钢管桩。振沉采用EP1100振动锤。使用副钩起吊振动锤、锁具钩起吊液压油管，进行辅助桩振沉施工。

①辅助桩施工前使用起重船上的起重机将人员吊到导向架上层平台，作业人员完成马板割除工作后乘坐吊笼返回。

②使用起重船副钩起吊振动锤，旋转臂架至辅助桩上方，用夹具夹紧辅助桩桩顶。启动振动锤后，稍微上提辅助桩，用定位插销拔出。缓慢下放副钩，辅助桩靠自重下沉至稳定深度，用辅助桩振沉至指定深度。

③采取先振沉外侧两根桩再振沉内侧两根桩（靠船一侧）的顺序振沉。4根辅助桩全部振沉完成后，调平导向架水平度，最后将振动锤放回甲板，如图5-39所示。

图5-39　辅助桩沉桩施工图

④辅助桩沉桩完成后，通过测量计算导向架平台的倾斜度，使用花篮螺丝调整平台的水平度。导向架平台水平度调整完毕后，将辅助桩与平台临时焊接限位板连接成整体，防止平台晃动。最后复核平台的水平度，确保工程桩沉桩的顺利进行。

3）工程桩插桩

（1）工程桩出运前对每根桩编号，现场施工时根据桩号依次进行工程桩的施工。工程桩装船时其桩顶朝向驾驶台，桩尾朝向船尾。船尾处设置止挡工装，限制在水平吊桩过程中向桩尾移动。在桩的两侧设置侧向限位，防止工程桩在起吊过程中发生侧向偏位，如图5-40所示。

a）工程桩运放图

b）止挡工装图

图5-40　工程桩限位图

（2）船舶就位后，起重船通过绞锚移位至距离平台约5m。起重船的主、副钩上挂吊桩所用的吊索具及钢丝绳，施工人员拖拽吊索另一端到工程桩里面，挂到距桩顶10.5m处的吊耳上。吊索挂吊耳到位后，使用短的缆绳将吊带的端部进行绑扎连接，防止吊带在起桩过程中从吊耳处脱落。同时使吊索的锚链处在管桩转折处,防止翻桩时吊带被桩顶磨损。

(3)采用单点起吊的方式逐步旋转起重机臂架至工程桩竖直,待整体受力稳定后,上升主钩将工程桩脱离甲板,如图5-41所示。

图5-41　工程桩起吊过程图

(4)起重机水平起吊工程桩至离开运输船甲板5m左右。旋转起重机臂架离开运输船。将工程桩移动至导向孔附近。潜水人员下潜至导向孔附近指挥起重机将工程桩顺利插入水下套管,工程桩插桩过程如图5-42所示。

a)工程桩位于导向筒上方图

b)工程桩插桩完成图

图5-42　工程桩插桩图

(5)按顺序依次完成4根桩的插桩作业。

4)沉桩施工

(1)送桩器及液压锤起吊安装。

①送桩器存放在起重船上,采用平衡梁进行起吊。下放起重船主、副钩至甲板面,将平衡梁上端钢丝绳挂在主钩上,平衡梁下端钢丝连接送桩器主吊耳。送桩器底部设置4根铁链,其中2根铁链连接翻身吊带,翻身吊带另一端挂设至起重船副钩上,如图5-43所示。在检查钢丝绳吊挂稳固后,通过主、副钩提升配合起吊送桩器,将送桩器进行翻身。翻身完成后,送桩器底部距离甲板1m左右时,施工人员解除铁链与翻身吊带的连接,将翻身吊带放在

甲板上。

a) 送桩器的平衡梁起吊图

b) 送桩器吊点连接图

图 5-43　送桩器起吊图

②下降主钩使平衡梁钢丝绳脱离送桩器吊耳，将平衡梁悬挂在空中。起重船旋转臂架，下放副钩起吊液压锤。取锤时，由作业人员将液压锤与液压油管托架钢丝绳挂好，油管由起重机起吊。钢丝绳挂好后，需由专业操作人员检查液压锤安装、油管及电缆安装是否牢固。在检查钢丝绳吊挂稳固后，可以进行起吊液压锤。移船将液压锤套入送桩器顶部。下放时控制下放速度，防止将桩体碰撞倾斜或溜桩。安装完成后，需由专业操作人员检查液压锤、油管及电缆安装是否牢固，如图 5-44 所示。

a) 送桩器安装图

b) 液压锤套锤图

图 5-44　送桩器及液压锤安装图

(2)施打工程桩。

①先采取最小能量进行沉桩，观察工程桩入泥深度及贯入度，采用全站仪测量贯入度和桩身垂直度。满足要求后进行连续锤击，同时根据机位钻孔柱状图及入泥深度进行打击能量调整。施打过程中，如发生溜桩要及时停锤，检查是否发生偏位，如果发生偏位应通过变幅吊臂及调油缸进行校正，图 5-45a) 为沉桩施工图。当工程桩快要打至高程时，采取间断打桩的方式进行高程控制，停锤标准以高程控制为主，贯入度控制为辅。

②第一根工程桩沉桩完成后，起升副钩，使液压锤悬空。然后调整臂架或者绞锚移船，使平衡梁位于送桩器正上方。下放主钩，使平衡梁下部钢丝绳到达送桩器吊耳附近。工人通过拉平衡梁下部钢丝绳上的缆风绳将钢丝绳套入管式吊耳，主钩提升将送桩器拔出后再移至下一工程桩桩顶并插入工程桩。随后，副钩稍稍下放，将液压锤套至送桩器，准备进行第二根工程桩的沉桩施工。依此方式完成第三、第四根工程桩的施工，如图 5-45b)所示。

a) 工程桩锤击沉桩

b) 送桩器起吊

图 5-45　工程桩沉桩图

(3)高应变检测。

本项目传感器安装位置暂定为桩顶以下 3.5m 左右处。每根桩钻 7 个孔(传感器安装孔 6 个，辅助孔 1 个)，钻孔尺寸为 M8mm × 15mm，传感器安装示意图如图 5-46 所示。施工过程中的注意事项有：

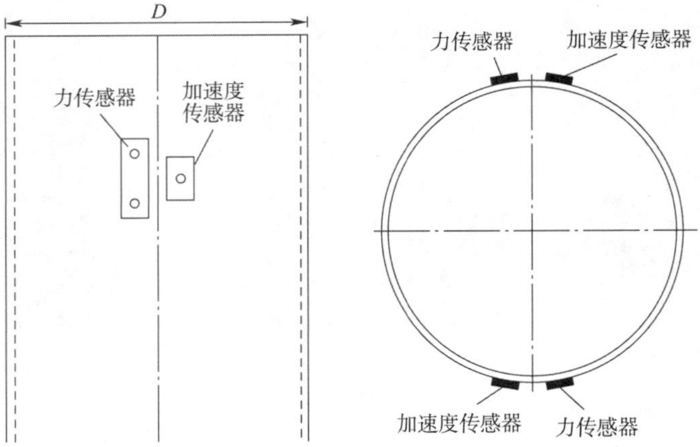


图 5-46　传感器安装位置示意图

①检测人员应提前在运输船上对工程桩打孔作业。

②工程桩打至距离桩顶高程约 3.5m 时停锤，潜水人员潜至距离桩顶 3.5m 处找到高应变钻孔位置，配合高应变检测人员把设备线放至钻孔处，完成高应变检测。

③传感器安装完成后，继续沉桩并进行全过程高应变打桩监测，沉桩至设计高程后拆除

传感器。高应变监测过程中,需控制贯入度在 10mm 以内。拆除传感器后,用外六角 M8 尼龙螺栓对传感器安装孔进行封堵。

(4)4 根工程桩沉桩完成后,按照安装导向架平台的逆顺序拆除导向架平台。然后起重机起吊导向架平台,起锚移至下一个机位,如图 5-47 所示。

5)抽泥施工

工程桩沉桩完成后,桩泥面高程高于导管架插尖底高程,无法安装于导管架,需使用抽泥设备将超高部分的淤泥抽出。在运输船上安装履带式起重机及抽泥泵、灌浆等设备作为抽泥、灌浆船使用,如图 5-48 所示。

图 5-47　导向架平台拆除图

图 5-48　抽泥、灌浆船布置图

(1)抽泥船根据船舶定位软件精确定位桩位。履带式起重机起吊抽泥设备,在潜水员的指引下插入工程桩中心。

(2)潜水人员复测桩内泥面高程,计算出需抽泥的深度,并在钢丝绳上做好标记。

(3)启动抽泥泵,开始抽泥。抽泥过程中注意抽泥泵的位置,以桩中心为起始点,以桩内区域划分“九宫格”的方式逐层、逐区域抽泥。通过旋转起重机臂架来移动抽泥泵,依次从中心位置处开始移动至桩边,现场人员应时刻注意抽泥泵的深度及位置,并通过观察海水的颜色和漂浮起来的海底碎石残渣判断所在泥层情况,及时调整抽泥泵位置,如图 5-49 所示。

(4)抽泥结束后,潜水员下水对桩内泥面高程复测。对泥面较高的点继续进行抽泥,直到达到要求高程为止。

(5)潜水员出水,起重机起吊抽泥泵至水面以上,该桩位抽泥完成。重复上述流程完成 4 根工程桩的抽泥工作。

(6)牺牲阳极焊接。使用起重机将牺牲阳极吊至桩位,在潜水员的引导下准确定

图 5-49　抽泥泵抽泥图

位。按照要求焊接阳极块,如图 5-50 所示。

a) 牺牲阳极吊装图

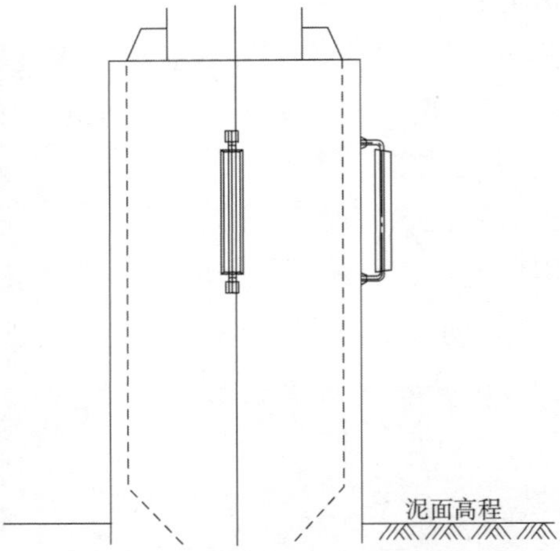


b) 牺牲阳极焊接位置示意图

图 5-50　牺牲阳极焊接示意图

6) 桩位复测

使用无弹性钢丝绳收紧器复测相邻两根桩的桩间距,校核沉桩偏差保证导管架顺利安装。

(1) 根据两桩间距及工程桩直径,准备好固定长度的钢丝绳(后续测量只需量取收紧器长度即可)。

(2) 潜水员将钢丝绳系在牺牲阳极与工程桩连接处,用软绳将钢丝绳继续系于牺牲阳极与工程桩连接处,并绕桩后回到第一根工程桩,此时使用收紧器收紧钢丝绳两端,尽量使钢丝绳紧绷,直至不能继续收紧为止。

(3) 潜水员测量收紧器长度,测量完成后松开收紧器,解开钢丝绳并移至下一桩位进行测量。重复上述操作,直至所有工程桩桩位复测结束。

### 5.5.2　导管架安装工艺

本项目共有 3 个导管架结构需安装,1 个导管架立运至施工现场,2 个导管架卧运至施工现场。使用“长大海升”船舶针对不同的运输方式制定对应的安装工艺。

1) 船舶就位

导管架安装采用“长大海升”船舶进行施工。施工前通过导航定位软件,在机位处附近按照设计锚位进行抛锚。“长大海升”船舶按照提前设计的锚位图抛锚,运输船与起重船呈一字形靠泊。“长大海升”船舶抛 8 个锚,每个锚缆长 600m,运输船抛 4 个锚,每个锚长 300m。抛锚示意图如图 5-51 所示。

2) 导管架安装

(1) 导管架吊装。

①导管架立运:导管架采用立运的方式运输到施工现场,桩腿底部通过支墩支撑及侧向

限位绑扎固定导管架,导管架出运前将吊带和卸扣提前挂到吊点上,如图5-52所示。

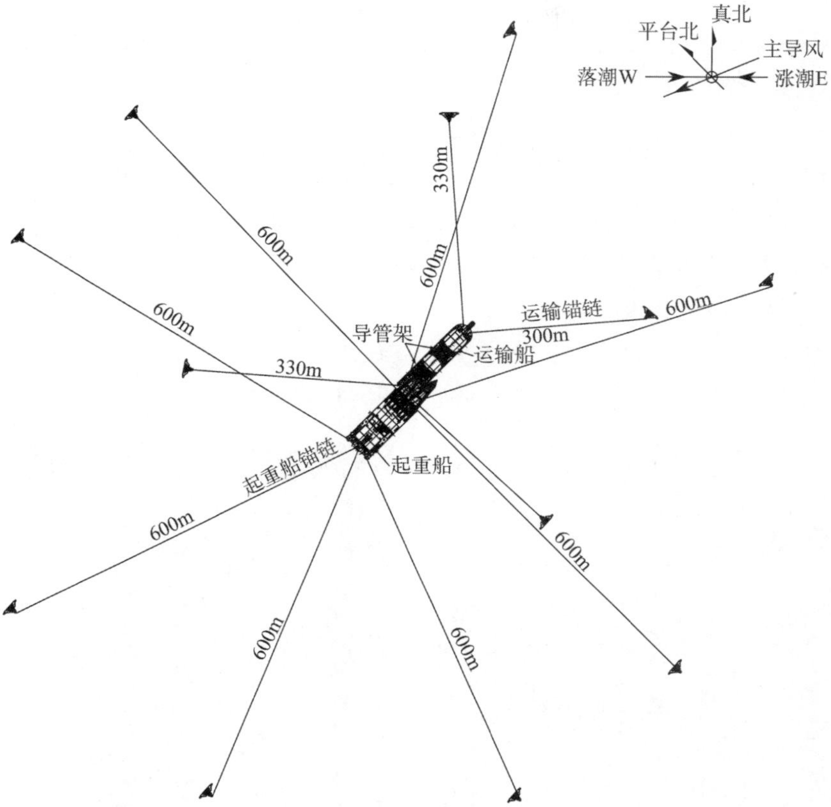


图5-51　起重船与运输船抛锚示意图

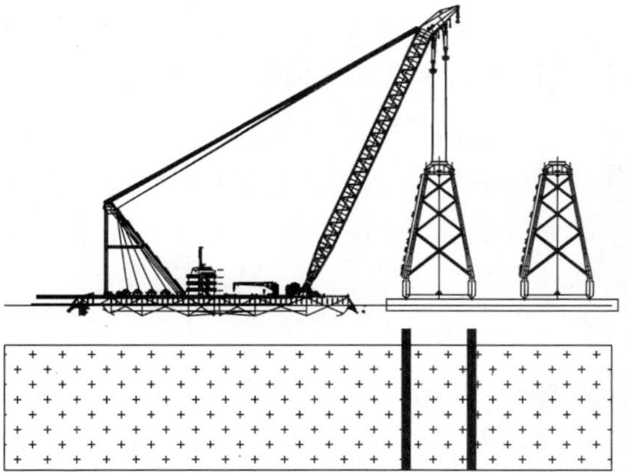

a) 立运示意图

b) 立运施工图

图5-52　导管架立运与起吊示意图

运输船就位后,使用起重船锁具钩将操作人员送到导管架的顶部,安装定位系统并把吊索具挂到主吊钩头上。吊点连接受力后,切除导管架限位支撑结构件等运输工装后,起吊导管架。起吊过程中,适当调整起重船和运输船之间的相对距离,让导管架重心调整到双钩之间,起吊导管架离驳 2m 后,运输船绞锚退出现场。

②导管架卧运。

导管架采用卧运的方式运输到施工现场,桩腿通过支墩及侧向限位绑扎固定导管架。该种运输形式共设置 6 个管式吊耳,上部主管处 4 个,下部靠近灌浆段处两个,运输时靠近灌浆段的两个吊耳在上侧,运输图见图 5-53。

运输船就位后,“长大海升”船舶 2 个前钩挂设 1 根翻身吊梁,吊梁左右两端分别挂设 2 个 600t 卸扣连接 4 根 550t 吊带;左右后钩各挂设好 1 根 550t 吊带。吊索具挂设完成后通过绞锚移船将起重机臂架移动到导管架吊耳处,先挂上部 4 个吊点,再挂下部 2 个吊点。

挂设吊带过程中,测量人员通过脚手架上到过渡段平台,在栏杆上安装定位设备方便导管架水下安装。安装完成后检查定位软件能否正常接收信号,如图 5-54 所示。

图 5-53 导管架卧运示意图

图 5-54 定位设备安装图

吊点连接后,安排安装工切除导管架限位支撑结构件等运输工装,同步提升 4 个主钩将导管架水平起吊,如图 5-55a)所示,起吊过程中适当调整起重船和运输船之间的相对距离,让导管架重心调整到双钩之间,起吊导管架离驳 2m 后,运输船绞锚退出。

缓慢上升两个后钩,同时缓慢下放两个前钩,将导管架在水面上进行竖转。达到竖直状态时,后钩连接的上部 4 个吊耳完全受力,前钩连接的下部两个吊耳继续下放至不受力的状态,解除下吊点完成导管竖直架翻身,如图 5-55b)所示。

(2)导管架定位。

缓慢下放导管架,导管架支腿距离钢管桩顶面 1m 时停止下放,潜水人员下水到桩腿底部辅助导管架准确定位。通过潜水对讲电话,在潜水人员的沟通下缓慢下放导管架,先将导管架高支腿与钢管桩进行对位。其中,1 号桩腿最长,2 号桩腿次之。所以先安装 1 号、2 号的长桩腿,再对位 3 号、4 号机位的短桩腿。直到 4 个支腿分别与对应的钢管桩对位完成。根据定位软件显示的工程桩顶高程和法兰面高程将 4 条插入腿完全插入工程桩。潜水员水下进行确认,同时观测是否有结构件异常,全程记录视频信息,完成导管架吊装,如图 5-56 所示。

(3)导管架下放到位后,测量人员及工作人员通过舷梯到达导管架靠船构件爬梯处,通过爬梯到过渡段平台。吊装完成后,测量控制重点为导管架平面位置、导管架垂直度、法兰水平度。在桩顶的法兰盘边缘选取8个测点,采用水准仪分别测量所有点的高程,计算法兰面高差和水平度,法兰水平度应在3‰之内。测量完成后,拆除无线定位设备蘑菇头。测量的同时,起重船稍下放主钩,使吊带脱离出吊耳,完成上吊点的吊带解除。导管架安装完成后,工作人员安装两盏警示灯,用铁丝绑在过渡段平台栏杆两个不同方位。

a)导管架水平起吊示意图

b)导管架翻身完成示意图

图5-55　导管架卧运施工图

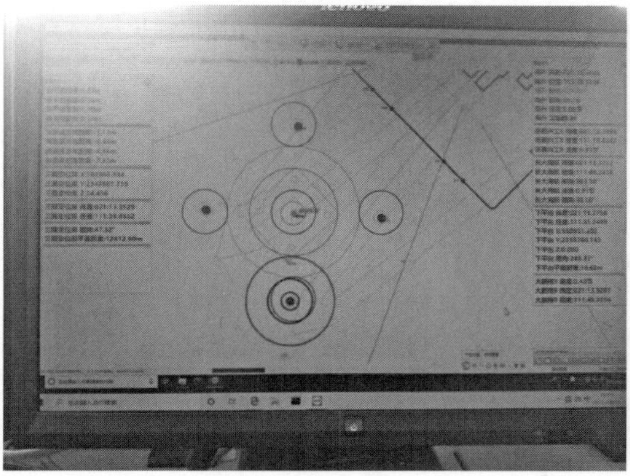

a)定位软件界面图

b)导管架安装完成图

图5-56　导管架安装定位图

3)灌浆施工

(1)灌浆管线连接。

灌浆通过高压灌浆软管灌入。在甲板上布置软管,连接灌浆泵与导管架灌浆入口,如

图 5-57 所示。并且应注意以下事项：

①灌浆软管在船舷边上垂挂的部分必须用绳索系好，以免缠绕。

②保证软管周边没有受到物品挤压且有振动空间。

③任何情况下，当软管没有连接起来的时候，所有的口必须用塑料盖或类似的东西封起来。

④再次检查所有接口安全的锁紧情况。

灌浆工程师调试好灌浆设备，并根据灌浆设备距离灌浆口的距离提前连接好相应长度的泵管。通过履带起重机及人工配合将灌浆泵管转至灌浆口位置，并分别连接四个灌浆口，进行灌浆管润管，如图 5-58 所示。

图 5-57　灌浆管线连接图

图 5-58　灌浆管线连接图

(2)灌水试压。

以高流量低压力冲洗灌浆空间并保持；待工程师确认后停止灌水，观察压力，确认管路系统没有堵塞。如果管路压力不正常且无法修复，则需要启动应急灌浆方案。

(3)灌浆施工。

①润管完成后，将泵管连接至对应灌浆段泵送主管，在充气设备保压完成后，开始进行灌浆施工。

②为防止灌浆施工中断，在确认海况条件、灌浆设备及履带式起重机具备连续灌浆施工作业条件后，开始进行各个灌浆段灌浆施工。

③履带式起重机操作工在指挥人员的指挥下，吊送灌浆料至灌浆设备进行搅拌及泵送，如图 5-59a)所示。

④在泵送 23 包料左右时(理论方量约 23 包/根)，潜水人员下潜观察溢浆情况，如图 5-59b)所示。

⑤经专业工程师确认溢浆完成后，通知作业人员停止灌浆。静置约 15min，使浆料中的气泡充分溢出。待专业工程确认静置结束后，进行屏浆，压力屏浆仍然采用低流量进行灌浆。由专业工程师确认屏浆结束后，先停止泵送，然后卸开灌浆软管。

⑥确认溢浆后，切换管线至下一灌浆口，直到导管架灌浆完成。清洁冲洗软管和所有设备、场地。场地清洁完毕，导管架灌浆完成。

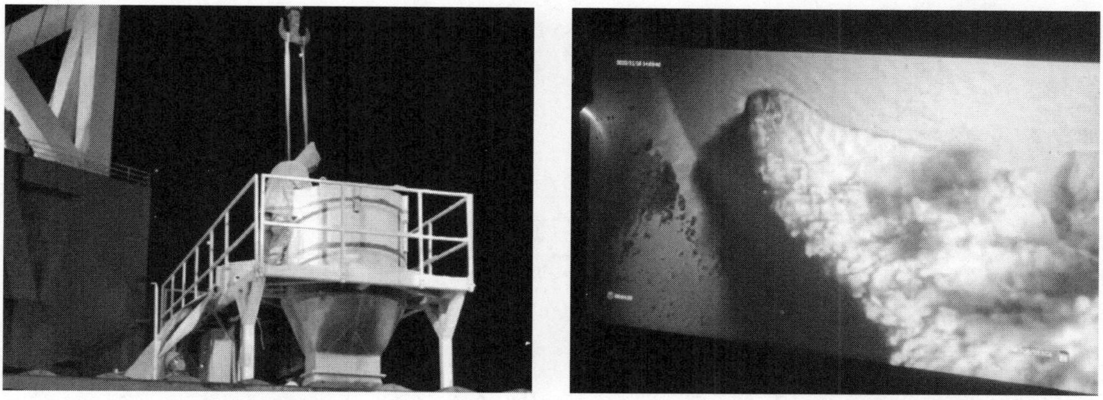

a) 灌浆料搅拌图　　　　b) 溢浆图

图 5-59　灌浆图

# 第6章 海上升压站基础施工技术

## 6.1 工程简介

海上升压站位置离岸距离约22n mile，机位水深约31.2m，升压站数量为1台，包含4根工程桩和1个导管架主结构。桩长88.4m，桩径为2.4～2.8m，桩顶高程为－13.30m，入泥深度约70.5m。

导管架主结构采用四腿导管架形式，导管腿顶面高程＋19.50m，导管腿底面高程－31.20m，根开下部26.24m×30.74m、上部17m×21.5m，总质量约1611.746t，导管架上设置靠船构件、登船平台J型管、灌浆管道、牺牲阳极及吊耳等。升压站基础导管架主体结构形式如图6-1所示。

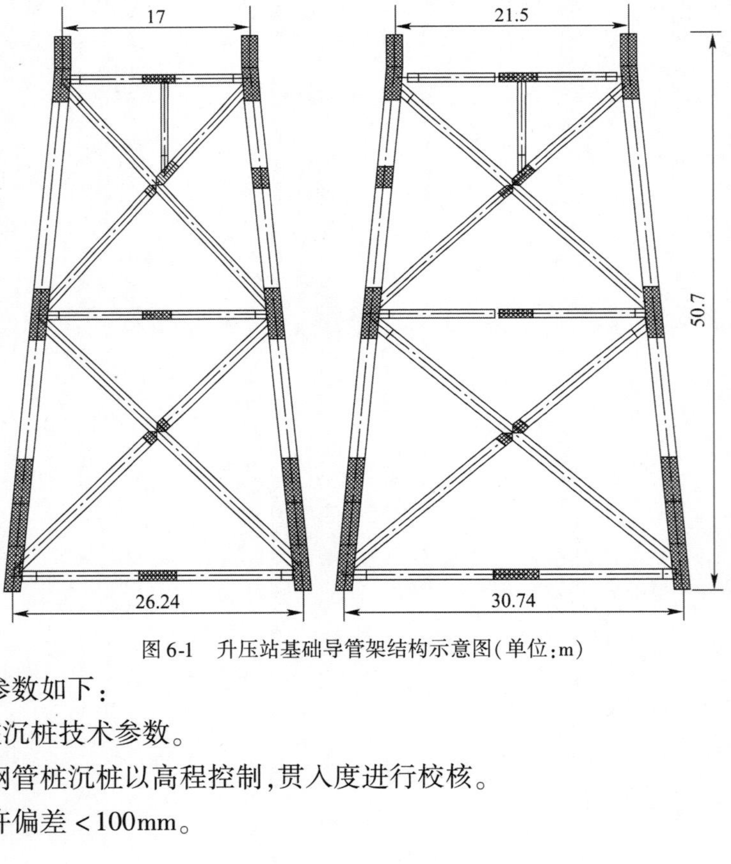


图6-1　升压站基础导管架结构示意图(单位：m)

施工技术参数如下：

(1)工程桩沉桩技术参数。

①本工程钢管桩沉桩以高程控制，贯入度进行校核。

②高程允许偏差＜100mm。

③桩轴线倾斜度偏差<0.5%。

(2)导管架安装偏差与精度控制。

①绝对位置允许偏差<500mm。

②导管架打桩前需进行调平，调平后导管架水平度(4个套管的任意两个之间)偏差≤0.2%。

③导管架的沉放高程应预留沉桩过程中导管架的沉降，沉桩后导管架中心高程允许偏差≤300mm。

④沉桩过程中应随时监测并调整导管架的水平度，沉桩后导管架结构顶部水平度(4个套管的任意两个之间)不超过0.25%，验收高差不超过0.5%。

⑤导管架各套管的方位误差不应超过设计方位±2.5°(以顺时针方向为正)。

(3)导管架施工完成后安装偏差与精度控制。

①任一立柱中心线到任一方向相邻立柱中心线之间的水平距离误差不应超过13mm。

②角柱与其两边相邻的角柱所形成的两直线间的夹角，与设计角度的误差，不应大于1/60。

③由立柱构成的矩形平面的对角线应相等，其误差不应大于19mm。

④导管架的柱顶高程应在同一水平面上，任意两个柱顶的高程偏差不应超过6mm，与基准面的误差，应小于6mm。

⑤单个柱顶端面的不平整度不应大于min($D$/300,6mm)，$D$为立柱直径。

⑥导管架水平度(4个角柱任意两个之间)偏差≤0.5%。

## 6.2 配套施工设施

海上升压站基础施工包括导管架沉放施工、工程桩沉桩施工和灌浆施工等工作，主作业船舶是“长大海升”双臂架起重船，具体参数见表6-1。

1)MENCK-1900S液压打桩锤参数

**MENCK-1900S液式打桩锤参数表** 表6-1

| 名称 | 参数 | 锤体图 |
|---|---|---|
| 锤长(含桩帽) | 18.425m |  |
| 最大打击能量 | 1900kJ | |
| 最小打击能量 | 190kJ | |
| 打击频率 | — | |
| 锤芯质量 | 57t | |
| 锤体质量 | 225t | |
| 液压工作压力 | — | |
| 液压最大压力 | — | |
| 套筒直径 | 3048mm | |
| 适用直径范围 | 1200~2500mm | |
| 套桩最大深度 | 3.507m | |

2)350t 平衡梁

工程桩采用管式吊耳,翻桩时需配置一根平衡梁作为吊装工具,平衡梁为梁式结构。上部使用 200t 吊带通过 200t 卸扣与吊耳进行连接,平衡梁下部使用 200t 吊带通过 200t 卸扣与吊耳进行连接,如图 6-2 所示。

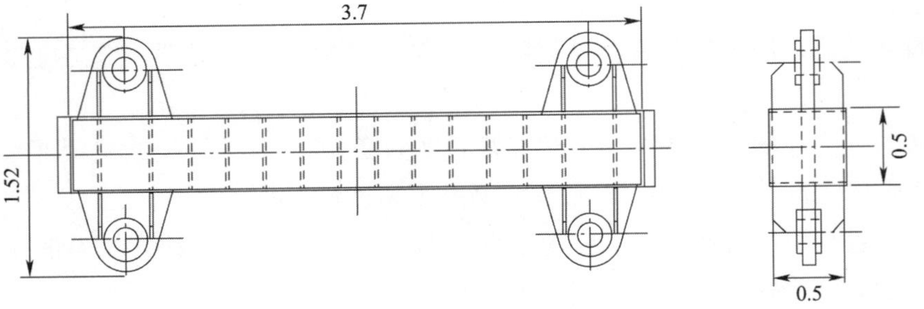


图 6-2　350t 平衡梁图(单位:m)

# 6.3　关键施工技术分析

(1)升压站导管架吊装。

本项目导管架尺度大,导管架桩腿下部根开 26.24m × 30.74m、上部 17m × 21.5m,高 50.7m,导管架基础质量 1611.746t,“长大海升”船长 110m,船宽 48m,型深 8.4m,设计吃水 4.8m,起吊能力 4 × 800t,施工过程中吊高及吊重分析如下:

图 6-3　导管架吊装示意图

①升压站导管架吊高分析。

“长大海升”在臂架角度 65°时,起吊能力 3200t,船外幅度 39m,吊高水面以上 100m,两吊臂中心间距 24m,与导管架吊耳间距 21.5m 相近,吊装如图 6-3 所示。

“长大海升”在臂架角度 65°工况下,吊带与其在平台面的投影夹角为 86°,此时导管架基础距离臂架安全距离大于 19m,起吊时吊带起升净高大于 40m,满足吊高要求。

②吊重计算。

导管架吊点间距为 21.5m × 17m,导管架质量 1611.746t,考虑“长大海升”4 点起吊,起吊时考虑 1.3 倍动荷载系数的单吊点吊重按 5149.1kN 考虑,“长大海升”主钩单钩吊重 7844.8kN,满足吊重要求。

$$F = K_{动载} \times \frac{m}{4 \times \sin\theta} = 1.3 \times \frac{1611.746}{4 \times \sin 86^\circ} \times 9.806 = 5149.1\text{kN}$$

(2)工程桩沉桩分析。

工程桩长度 88.4m,质量 307t,液压锤长度 18.625m,质量 225t。翻桩、插桩、吊锤施工均对起重船吊高有较高要求，为确保投入的“长大海升”号满足施工要求，需对其进行吊高及吊重分析。具体分析如下：

①工程桩翻桩吊高分析。

“长大海升”在臂架角度60°工况下，单钩起重能力达800t，水面吊高100m以上，满足使用要求。

工程桩长$L_1$为88.4m、主钩距离桩顶高度$L_2$为5.5m、假设运输船干舷高度$L_3$，起重船水面以上所需吊高为$H_1$。“长大海升”最大吊高$H$为100m。计算公式如下：

$$H_1 > L_1 + L_2 + L_3 = 88.4 + 5.5 + L_3 = 93.9 + L_3 < H$$

$$当 L_3 < 6.1\text{m} 时, H_1 < H$$

根据以上计算可知，当运输船干舷高度小于6.1m时，翻桩所需吊高$H_1$小于“长大海升”吊高$H$，因此“长大海升”在运输船干舷高度小于6.1m时满足本项目单船翻桩要求。

②液压锤安装吊高分析。

插桩完成后，先进行工程桩的沉桩，液压锤质量225t，“长大海升”水面吊高大于100m，满足液压锤安装的要求，吊高模拟如图6-4所示。具体计算公式如下：

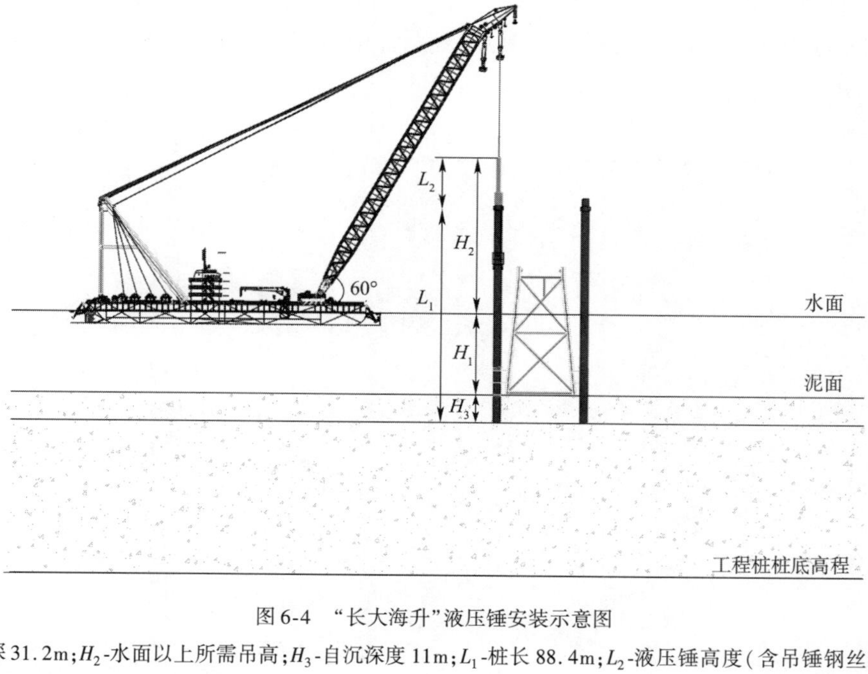


图6-4　“长大海升”液压锤安装示意图

$H_1$-机位水深31.2m；$H_2$-水面以上所需吊高；$H_3$-自沉深度11m；$L_1$-桩长88.4m；$L_2$-液压锤高度（含吊锤钢丝绳及卸扣高度）30m；$L_3$-桩长88.4m

计算公式如下：

$$H + H_1 + H_3 - L_2 > L_1$$

$$101.2 + H_3 > 88.4\text{m}$$

根据以上计算可知，“长大海升”吊高无须工程桩自沉即可满足液压锤安装要求，因此此船舶满足本项目液压锤沉桩要求。

# 6.4 升压站基础后桩法施工工艺

升压站施工分为导管架吊装、工程桩沉桩、灌浆施工三个部分，采用后桩法施工工艺施工，具体施工流程见图6-5。

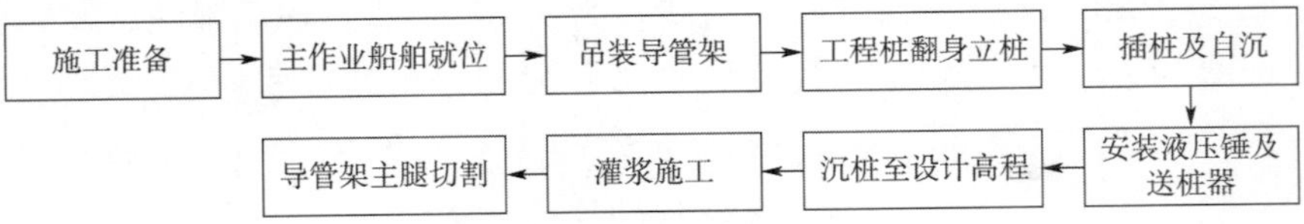


图6-5 升压站基础施工流程图

## 6.4.1 导管架吊装施工工艺

1)施工准备

升压站基础施工准备阶段，提前组织工作船只安装潜水多波束系统、表面声速仪以及声速剖面仪等扫海仪器对相应海域进行扫海测量。若发现施工海域部分海床面平整度无法满足施工要求，可提前采用缆绳或者遥控无人潜水器(ROV)投放石块、沙包或加载混凝土垫块平整海床，如图6-6所示。

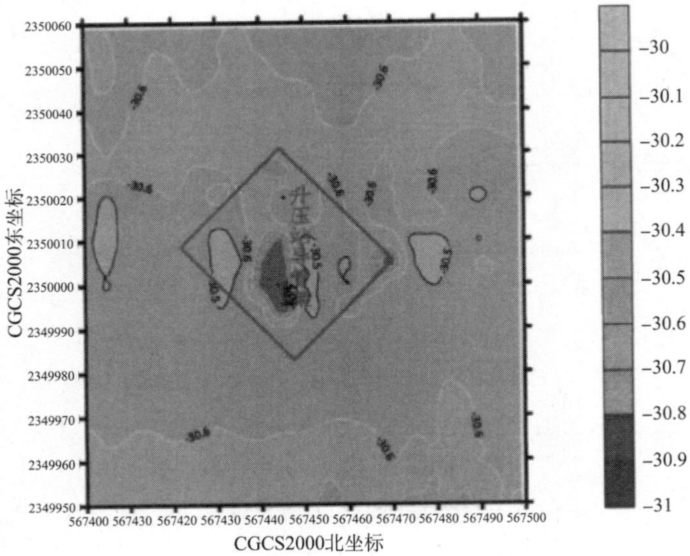


图6-6 升压站测区测量结果图

结合升压站基础附近已铺海缆情况及风、浪、涌等情况，提前绘制施工锚位图，现场严格按照要求抛锚防止损坏已铺海缆，锚位图如图6-7所示。

导管架基础和工程桩需按照设计装船布置图装船，如图6-8所示。在桩顶安装一个临时平台将起吊用的吊索具提前安装到吊点位置。

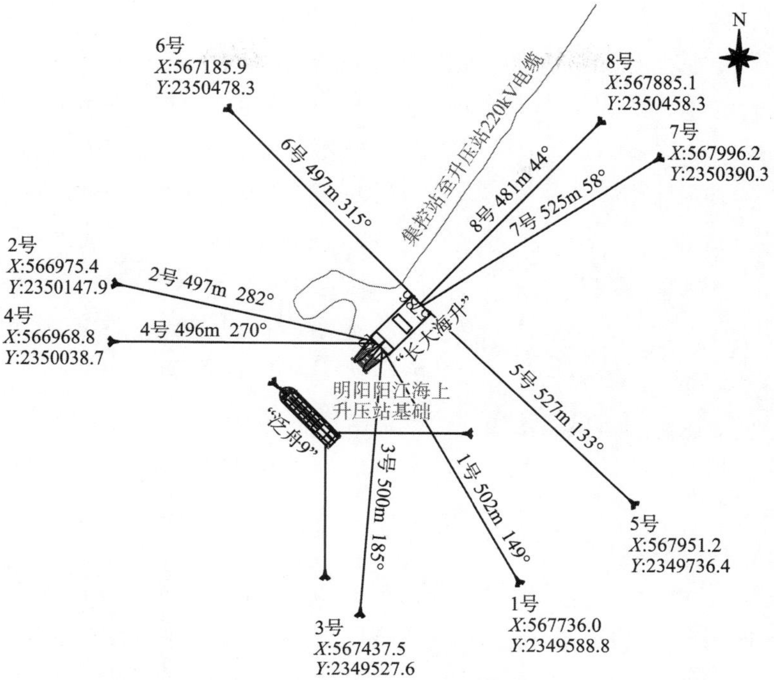


图 6-7　升压站基础施工锚位设计图

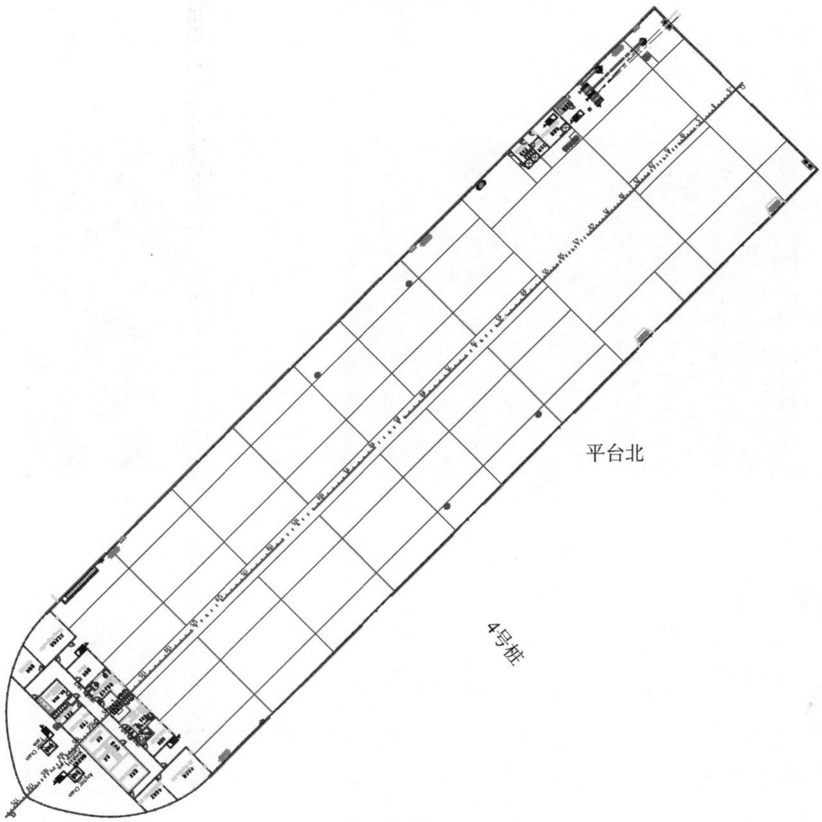


图 6-8　导管架装船布置图

2)主作业船就位

“长大海升”拖航至升压站基础作业区域后,根据设计锚位依次抛 8 个工作锚进行初步定位,通过船舶定位监测系统进行辅助抛锚,抛锚顺序及船首向根据抛锚时水流方向和风向进行调整,确保船舶稳性满足作业条件。为确保“长大海升”船体稳性满足施工条件,抛锚数量不少于 8 个,且抛锚长度大于 600m。

图 6-9　船舶相对位置图

运输船需具备四锚定位功能,到达施工水域通过锚艇配合进行抛锚,船位与“长大海升”呈 T 字形,设计锚位时需确保运输船能绞锚至升压站设计位置正上方,导管架基础平台北方向与设计方位一致。船舶相对位置如图 6-9 所示。

3)导管架基础安放

(1)吊点挂设及测量设备安装。

①升压站基础导管架吊装所用的 4 条 500t × 30m 吊带出厂前已挂设好。现场采用“长大海升”索具钩将作业人员送至导管架顶层平台进行吊点挂设及导管架基础定位设备安装,定位设备安装在导管架登人系统格栅板的中间位置,并采取相应措施加强固定。

②通过索具钩的配合将 4 条 500t × 30m(打双 15m)吊带挂设至“长大海升”4 个主钩完成吊点挂设,同时测量人员将 DGPS 定位设备和潮位仪分别固定在导管架栏杆上及 15 号海缆 J 型管(220kV)中,如图 6-10 所示。

a) 主钩吊点挂设图

b) 潮位仪安装图

图 6-10　吊点挂设及潮位仪安装图

(2)导管架起吊。

运输船到达现场抛锚定位后,作业人员通过“长大海升”舷梯到达运输船上,通过吊笼往返导管架顶平台挂吊点,安装定位设备并调试安装设备。

解除运输船与导管架基础的固定绑扎(四腿同时切割),调整“长大海升”起吊模式为四钩联动,起升四主钩,将导管架基础吊起 1m,静止 5min 观察各吊点的受力情况,待各方面情况稳定后继续提升导管架基础至合适高度,如图 6-11 所示。导管架起升过程中派专人观察导管架主腿与运输船船舷间隙,并指挥起重机起吊导管架,避免与主腿剐蹭。运输船绞锚后退 50m 后起锚,航行至附近水域等待。

图 6-11　导管架起吊图

(3)导管架安装。

通过可视化系统实时监控导管架的位置,如图 6-12 所示。导管架下放至距泥面 1 ~ 2m 时进行精确定位,控制好导管架平台北方向和机位中心坐标,缓慢下放导管架基础。通过控制缆风绳及锚缆控制好导管架的方位精度。导管架基础下放至泥面时通过防沉板下沉过程中受力调节好导管架基础的水平度。导管架自沉完毕后测量导管架基础的水平度,若水平度偏差过大,通过海升主钩调节四角高差,通过调整 4 个主钩受力来调整导管架水平度至 2‰以内。

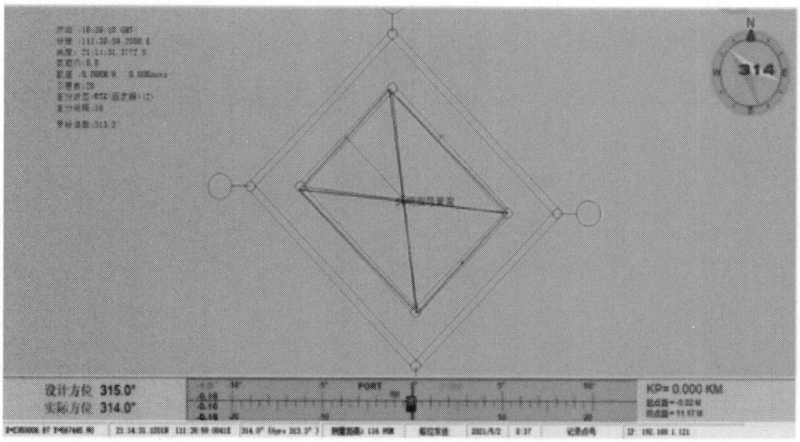


图 6-12　导管架定位监测图

导管架到位后通过 DGPS 测出控制点高程,计算导管架套筒顶高程以此测算工程桩沉桩高程。

(4)导管架调平。

导管架出厂前验收导管架主体结构加工精度,确保防沉板高差在控制范围内。装船运输时保证运输工装支承导管架下部结构在同一水平面上,避免运输过程中导管架变形。

导管架下放过程中通过姿态仪对导管架水平度进行监控,保证水平度在 2‰内;当水平度超过 2‰时,按“拎低点”的原则通过“长大海升”4 个主钩进行水平度纠偏,如图 6-13 所示。在沉桩完成后如果导管架水平度大于 2‰,则通过主钩拎低点方式拎至水平度满足要求后,潜水员下水固定卡桩器完成导管架调平。

图 6-13　导管架调平图

### 6.4.2 工程桩沉桩施工工艺

工程桩沉桩施工流程见图6-14。

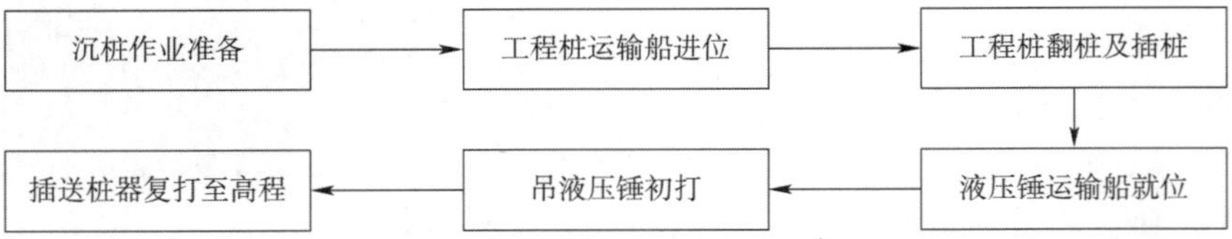


图6-14　工程桩沉桩施工流程图

1)工程桩运输船就位

导管架基础和工程桩同船运输至施工现场,导管架基础起吊后,运输船绞锚移船在附近水域等待。在接到指令后运输船再次抛锚进位,与“长大海升”呈一字形排列,如图6-15所示。

图6-15　工程桩运输船就位图

2)工程桩翻桩及插桩

(1)吊索具挂设。

作业人员在起重指挥员的指导下,先挂设溜尾绳,后挂设平衡梁上吊点。为保证工程桩起吊过程的稳定性,溜尾吊点挂设在由重心向桩底方向7~8m的位置。溜尾吊带挂设时,先通过索具钩的配合,将200t吊带在35m刻度位置缠绕1~2圈,然后在正上方安装好200t卸扣。此过程需注意200t卸扣安装完成后的位置应尽量对中,以避免工程桩在起吊过程中吊带受力方向与工程桩受力方向不共线,产生扭矩使工程桩在空中出现姿态失衡等问题。溜尾绳缠绕完成后,将溜尾绳吊点采用“套脖子”的方式挂设在长大海升单臂架前主钩上。

“长大海升”缓慢绞锚后退,将平衡梁上吊点的两条200t×3m吊带分别挂设在“长大海升”后主钩的两齿上,平衡梁下吊点的两条200t×7m的吊带分别挂设在工程桩上的两个管式吊耳上,完成工程桩吊点挂设,如图6-16所示。

图 6-16　工程桩吊点挂设图

(2)工程桩翻身立桩。

工程桩采用整体水平起吊的方式起桩。起吊前需调整起重机重心与桩重心一致,防止发生"冲桩"。

水平起吊工程桩一定高度后,"长大海升"绞船侧移使工程桩位于空旷水域上方。提升后主钩并适当下放连接溜尾吊带的前侧主钩,使工程桩与水平面的夹角呈 30°左右。待整体受力稳定后,同时匀速下放左侧臂架的前后主钩,工程桩逐渐浸入水中并持续降低前后主钩高度,实时观察前后主钩受力情况。当左侧臂架前主钩受力突然减小,说明工程桩桩底已触泥。此时保持臂架前侧挂设溜尾吊带的主钩高度不变提升后主钩,缓慢完成工程桩的翻身作业,采用自脱钩方式解除下吊点,如图 6-17 所示。

a) 工程桩水平起吊图

b) 工程桩翻身过程图

图 6-17　工程桩翻身图

(3)工程桩插桩。

起桩后"长大海升"绞锚移船至导管架安装位置,通过测量放样计算出导管架工程桩实际桩中心,根据船舶监测定位系统进行插桩施工。

调整好"长大海升"船位,使工程桩移至设计位置上方缓慢下放,通过桩身刻线判断工程桩入水深度,当工程桩距离导管架导向孔顶端约 2m 时,停止下放。

潜水员顺着导管架主腿下潜至导管架导向孔附近引导插桩工作。当工程桩插入套筒后潜水员出水。保持“长大海升”船位,继续下放主钩直至工程桩入泥自沉完成。

重复上述施工方法,每插一根桩需测量一次导管架水平度,插桩顺序根据导管架水平度测量结果进行确认,按“先插高点,后插低点”的原则进行工程桩插桩。工程桩插桩完成后,工程桩运输船出位,“长大海升”绞锚移船将主平衡梁放置运输船甲板,如图 6-18 所示。

图 6-18　工程桩插桩自沉图

3)套液压锤初打

(1)液压锤运输船就位。

插桩完成后,工程桩运输船作为定位驳继续留在施工现场,为液压锤运输船提供定位功能。液压锤运输船上有液压锤、送桩器等施工设备。船舶并靠在定位驳上,与“长大海升”呈一字形靠泊。如图 6-19 所示。

图 6-19　液压锤运输靠泊位置关系图

(2)液压锤安装及工程桩沉桩施工。

使用“长大海升”左臂架的前后两个主钩起吊液压锤和送桩器,先使用后钩起吊送桩器再使用前钩吊液压锤,如图 6-20 所示。

a) 送桩器起吊图　　　　b) 液压锤起吊图

图 6-20　送桩器和液压锤起吊图

“长大海升”通过绞锚移船将液压锤套至待施打工程桩的顶部，采用分级加载的方式缓慢将液压锤套在桩顶。加载过程中，注意桩和导管架基础防止发生突变。

图 6-21　液压锤套桩图

套锤后先进行液压锤压锤操作，缓慢下放“长大海升”主钩，直至吊锤钢丝绳松弛，液压锤的重量全部落在工程桩上，使工程桩下沉，压锤过程中注意控制“长大海升”主钩受力，使工程桩缓慢下沉，如图 6-21 所示。

按照“对角沉桩”的顺序原则进行沉桩。沉桩时的打击能量要求从小到大，待桩入土一定深度且桩身稳定后再适当加大锤击能量。遇到软弱土层时应适当降低能量；遇到较硬土层时应适当加大锤击能量，并有效控制锤击贯入度。现场根据导管架水平度测量结果进行调整，确保沉桩完成后导管架水平度满足施工要求。初打阶段将 4 根工程桩均锤击至水面上方 5m 左右位置时，停止锤击完成工程初打，安装送桩器复打。

4）插送桩器复打

（1）工程桩复打。

将送桩器吊至工程桩上方并插入其中，送桩器插入完成后，采用同样方式完成液压锤套锤。液压锤套锤后，调节送桩器主钩高度，使送桩器吊绳呈松弛状态，以防溜桩对送桩器吊索的影响，如图 6-22 所示。

送桩器安装后，按照“对角沉桩”的顺序原则继续沉桩。采用初打时停锤能量作为复打的初始能量进行沉桩。沉桩过程中，根据贯入度和地质条件调节打击能量。依次将 4 根桩沉至设计高程。

（2）高应变检测。

高应变检测工艺参考“5.5.1”节（3）高应变检测。

a) 送桩器插桩图

b) 送桩器安装后沉桩图

图6-22　工程桩复打图

(3)卡桩器安装及接地柱连接。

沉桩结束后,复测导管架的水平度,满足设计要求后,潜水人员进行工程桩桩口与导管架卡桩器安装固定及接地柱连接工作,卡桩器结构如图6-23所示。

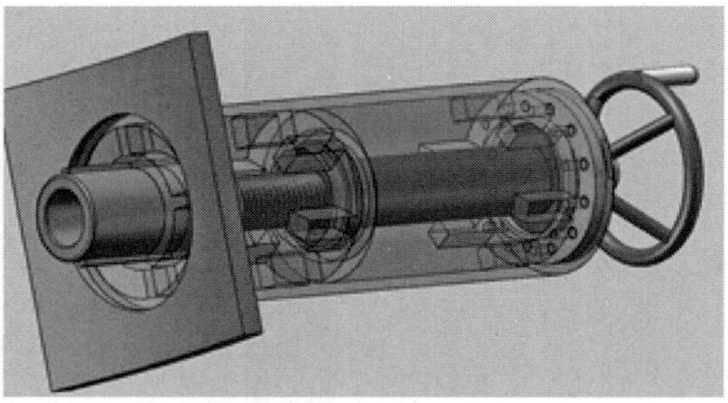

图6-23　卡桩器结构示意图

## 6.4.3　灌浆施工工艺

升压站基础导管架和工程桩施工完成后,采用灌浆船进行导管架灌浆作业。导管架采用的是主动式密封胶囊密封,需要提前对密封圈充气,并在整个灌浆环节持续保压。

1)密封圈充气加压

灌浆船抛锚就位后,首先安装充气管线,对主动式密封圈进行加压。安装充气管线公母头及空气压力表。将4根工程桩充气密封所需的4条气管,分别转至导管架平台上方合适的位置。潜水人员携带充气软管接头下潜至泥面附近,将充气管线连接。

每个灌浆连接段灌浆施工前,先连接相对应的密封充气,并用空压机加气,待密封圈气压达到0.6MPa以上后关闭气管阀门。观察密封圈保压情况5～10min,无明显漏气则进行灌浆施工。现场实际充气顺序为:1号→2号→3号→4号。

2)灌浆施工

首先灌浆工程师调试好灌浆设备,并根据灌浆设备距离灌浆口的距离提前连接好相应长度的泵管。通过履带起重机及人工配合将灌浆泵管转至灌浆口位置,并分别连接4个灌浆口，如图 6-24 所示。

润管后，将泵管连接至对应灌浆段泵送主管，开始进行灌浆施工。泵送 1～2 包料后，潜水人员下潜观察是否存在漏浆情况，判定未漏浆后继续进行灌浆料泵送，如图 6-25 所示。灌浆过程不得中断，在确认海况条件、灌浆设备及履带式起重机具备连续灌浆施工作业后，开始进行各个灌浆段灌浆施工。

图 6-24　灌浆管线连接图

图 6-25　潜水人员下潜观察图

在泵送 20 包料左右时（理论方量约 20 包/根），潜水人员下潜观察溢浆情况。发现有明显溢浆后，潜水员进行视频录制，完成该根灌浆段灌浆施工，如图 6-26 所示。灌浆施工完成后，继续进行密封设备保压 6h。灌浆过程中若发现密封设备气压下降至 0.6MPa 以下则连接充气管进行补气，防止出现漏浆现象。

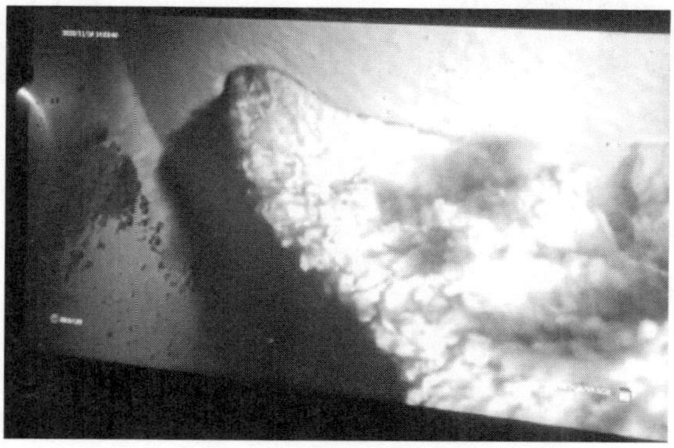

图 6-26　溢浆观察图

3）导管架主腿高程测量及切割

升压站基础施工完成后，采用潮位仪测出导管架登入系统上的 J 型管面高程为 16.86m。标刻角柱切割线时，以 J 型管面作为高程控制点，控制点高程为 18.3m 的位置，并标刻出切割点。

（1）画切割线。

将水准仪架设在导管架登入系统的格栅走道上，水准仪架设高度需高于 J 型管管面并且架设位置尽量居中，便于读尺。然后，在 J 型管管面摆放塔尺读取塔尺的刻度数据，求出水准仪的高程，进而计算出前视高程 18.3m 的塔尺理论读数。由于高程 18.3m 的位置将比架设的水准仪高，因此把塔尺倒置靠在角柱上，根据理论计算出的刻度数值上下移动塔尺，直到实际读数与理论数值一致时，按紧塔尺并在顶面画上刻度线。最后，以相同的方法沿着角柱周面画上 4 个刻度点，并把 4 个刻度点连起来，高程 18.3m 的切割线标刻完成。

(2)环切设备安装。

环切设备底部齿轮具有磁力，可直接吸附在钢管桩上，如图 6-27 所示。作业人员根据切割轨道线安装调试切割设备。设备安装完成后，先试走刀一圈，检验轨道精度，在确认无误后方可进行切割。切割前做好围挡，防止火花溅射到施工人员。施工过程中，随时关注海况和风向，保证施工的安全进行。作业人员按照现在制定的切割顺序，依次完成 4 条角柱的切割，待切割完成并将角柱的切割面打磨光滑后，复测柱顶高程偏差，使其满足相关要求。

a) 环切设备图　　b) 导管架主腿切割效果图

图 6-27　导管架主图切割图

# 第7章 风机安装施工技术

## 7.1 工程简介

本项目共46台风力发电机组,其中布置 MySE6.45-180 型 44 台、MySE8.3－180 型 2 台。基础形式为非嵌岩单桩(43 台)、非嵌岩四桩导管架(3 台)。

1)塔筒

风机塔筒由 4 节组成,自下向上分别为第 1 节塔筒、第 2 节塔筒、第 3 节塔筒、第 4 节塔筒。第 1 节塔筒与单桩基础连接,塔筒内部有爬梯、电气柜、外部有进门爬梯、散热器支架及散热器等。每节塔筒内均有维护平台、照明系统、电缆桥架等附件,这些附件在塔筒厂预安装。

本项目塔筒的类型有 5 种,具体见表 7-1。

**各类别塔筒机位表** 表 7-1

| 序号 | 塔筒类别 | 数量(套) |
|---|---|---|
| 1 | Ⅰ | 12 |
| 2 | Ⅱ | 11 |
| 3 | Ⅲ | 18 |
| 4 | Ⅳ | 3 |
| 5 | Ⅴ | 2 |

I 类各节塔筒尺寸和质量参数见表 7-2。

**I 类塔筒尺寸和质量** 表 7-2

| 筒段 | 尺寸参数(mm) | 质量(t) | 备注 |
|---|---|---|---|
| 上段(第四塔架) | $\phi5634 \times \phi4050 \times 25050$ | 90 | 含附件、动力扭缆 |
| 中段 2(第三塔架) | $\phi7444 \times \phi5634 \times 28700$ | 133 | 含附件、动力电缆 |
| 中段 1(第二塔架) | $\phi7448 \times \phi7448 \times 21300$ | 150 | 含附件 |
| 下段(第一塔架) | $\phi7500 \times \phi7448 \times 16180$ | 215 | 含附件、电气柜 |

Ⅱ类各节塔筒尺寸和质量参数见表7-3。

**Ⅱ类塔筒尺寸和质量** 表7-3

| 筒段 | 尺寸参数(mm) | 质量(t) | 备注 |
|---|---|---|---|
| 上段(第四塔架) | $\phi$5635×$\phi$4050×25050 | 92 | 含附件、动力扭缆 |
| 中段2(第三塔架) | $\phi$7450×$\phi$5735×28700 | 136 | 含附件、动力电缆 |
| 中段1(第二塔架) | $\phi$7450×$\phi$7450×21300 | 154 | 含附件 |
| 下段(第一塔架) | $\phi$7450×$\phi$7500×16180 | 215 | 含附件、电气柜 |

Ⅲ类各节塔筒尺寸和质量参数见表7-4。

**Ⅲ类塔筒尺寸和质量** 表7-4

| 筒段 | 尺寸参数(mm) | 质量(t) | 备注 |
|---|---|---|---|
| 上段(第四塔架) | $\phi$5638×$\phi$4050×25050 | 95 | 含附件、动力扭缆 |
| 中段2(第三塔架) | $\phi$7458×$\phi$5638×28700 | 146 | 含附件、动力电缆 |
| 中段1(第二塔架) | $\phi$7458×$\phi$7458×21300 | 165 | 含附件 |
| 下段(第一塔架) | $\phi$7500×$\phi$7458×16180 | 233 | 含附件、电气柜 |

Ⅳ类各节塔筒尺寸和质量参数见表7-5。

**Ⅳ类塔筒尺寸和质量** 表7-5

| 筒段 | 尺寸参数(mm) | 质量(t) | 备注 |
|---|---|---|---|
| 上段(第四塔架) | $\phi$5523×$\phi$4050×24550 | 90 | 含附件、动力扭缆 |
| 中段2(第三塔架) | $\phi$7000×$\phi$5523×24600 | 106 | 含附件、动力电缆 |
| 中段1(第二塔架) | $\phi$7000×$\phi$7000×21200 | 116 | 含附件 |
| 下段(第一塔架) | $\phi$7000×$\phi$7000×16180 | 170 | 含附件、电气柜 |

Ⅴ类各节塔筒尺寸和质量参数见表7-6。

**Ⅴ类塔筒尺寸和质量** 表7-6

| 筒段 | 尺寸参数(mm) | 质量(t) | 备注 |
|---|---|---|---|
| 上段(第四塔架) | $\phi$5643×$\phi$4050×25050 | 97 | 含附件、动力扭缆 |
| 中段2(第三塔架) | $\phi$7468×$\phi$5643×28700 | 149 | 含附件、动力电缆 |
| 中段1(第二塔架) | $\phi$7468×$\phi$7468×21300 | 170 | 含附件 |
| 下段(第一塔架) | $\phi$7500×$\phi$7468×16180 | 245 | 含附件、电气柜 |

2)风电机组

风电机组主要技术参数见表7-7。

风电机组主要参数表

表 7-7

| 序号 | 名称 | 单位 | 技术参数(6.45MW) | 技术参数(8.3MW) |
|---|---|---|---|---|
| 1 | 额定功率 | kW | 6450 | 8300 |
| 2 | 风轮直径 | m | 178 | 178 |
| 3 | 轮毂中心高度 | m | 约 115 | 约 114 |
| 4 | 基础高程 | 导管架(m) | 24.4 | — |
| 5 | | 单桩(m) | 18 | 18 |
| 6 | 机舱 | kg | 247000 | 277000 |
| 7 | 叶片 | kg | 3×31000 | 3×31000 |
| 8 | 轮毂 | kg | 92000 | 92000 |
| 9 | 叶轮 | kg | 185000 | 185000 |

# 7.2 关键施工技术分析

吊装设备选用海上风电一体化风机安装船。风机安装船具有大型风机构件运输、起重和安装等功能。本项目使用了 5 艘风机安装船进行风机安装,每艘安装船的可行性分析都遵循以下技术分析原则。本次选择主作业船舶“华电稳强”号风机安装船为例在 1 号机位施工时的各项参数分析。

1)风机安装船参数

主作业船舶是“华电稳强”,该船舶各项参数及吊重曲线见表 7-8、图 7-1 及图 7-2。

“华电稳强”号风机安装船主要技术参数

表 7-8

| | | | |
|---|---|---|---|
| 船长(m) | 120.00 | 型长(m) | 78.00 |
| 型宽(m) | 38.00 | 型深(m) | 6.80 |
| 吃水(m) | 3.8 | 桩腿数 | 4 |
| 桩腿长(含桩靴)(m) | 78 | 主起重机吊重(t) | 600 |
| 辅起重机吊重(t) | 100 | 吊机极限吊高 | 107 |

图 7-1 “华电稳强”号风机安装船图

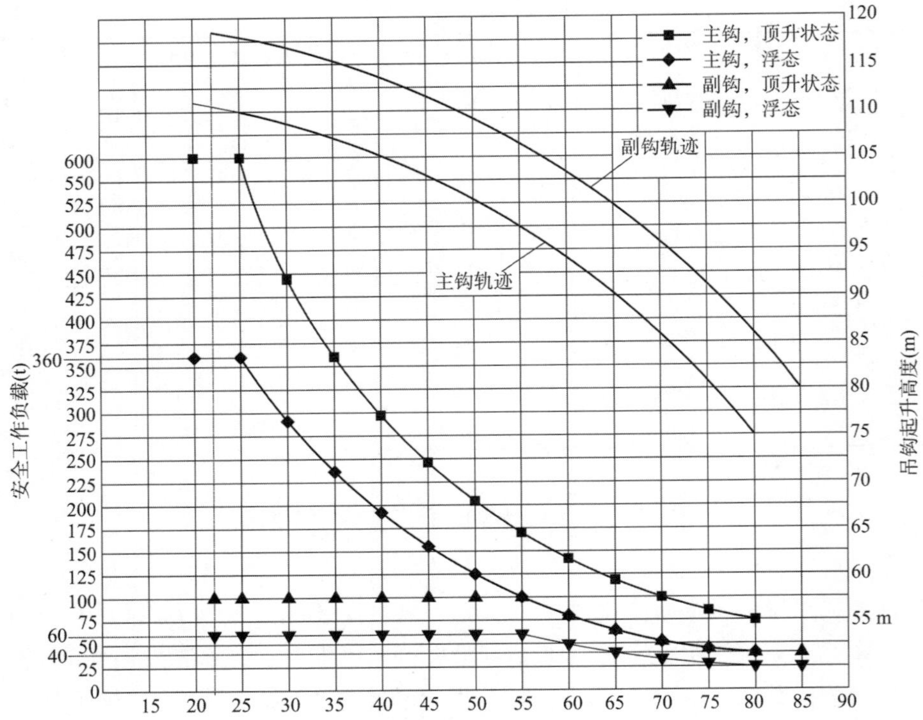


a) 600t主起重机吊重曲线图

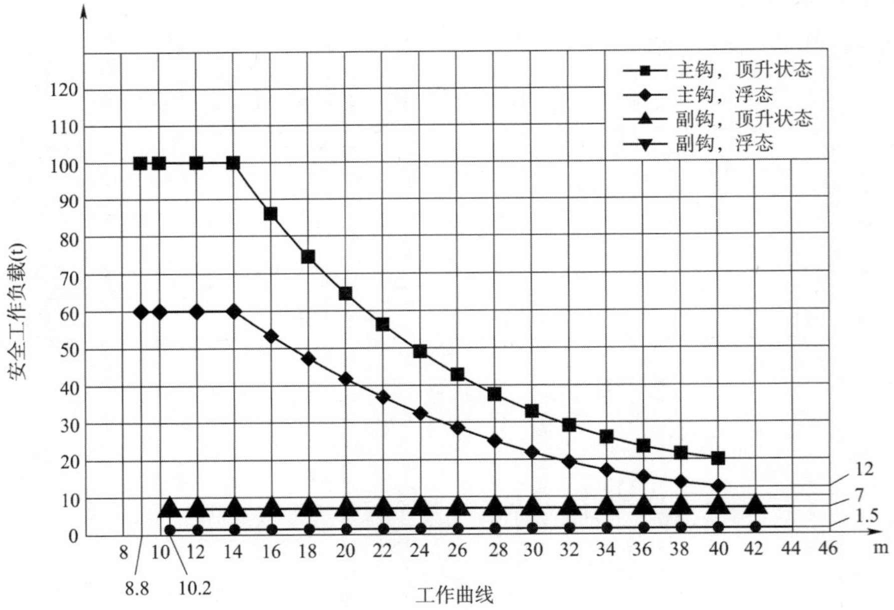


b) 100t辅起重机吊重曲线图

图7-2 “华电稳强”吊机吊重曲线图

2)1 号机位地质参数

1 号机位水深 30.70m，安装Ⅰ类塔筒。地质参数见表 7-9。

**1 号机位地质参数表** 表 7-9

| 层底深度(m) | 层厚(m) | 土层编号 | 岩土名称 | 土层描述 | 浮重度 $\gamma$ ($kN/m^3$) | 未扰动的黏土不排水不固结抗剪强度 $s$(kPa) | 砂土的内摩擦 $\varphi$(°) |
|---|---|---|---|---|---|---|---|
| 5.30 | 5.30 | $①_{1-1}$ | 淤泥质土混砂 | 流塑 | 7.8 | 13 | — |
| 8.20 | 2.90 | $②_{2-2}$ | 粉质黏土混砂 | 软可塑 | 8.6 | 33 | — |
| 12.50 | 3.60 | $②_5$ | 中砂 | 密实 | 9.5 | — | 35 |
| 15.90 | 3.40 | $②_6$ | 粗砂 | 密实 | 11.0 | — | 36.5 |

## 7.2.1 安装船吊高、吊重分析

1)吊高分析

(1)主机吊高分析。

利用制图软件建立“华电稳强”安装船的吊高分析模型图,如图 7-3 所示。

主机吊高(自法兰面计算)=第 1 节塔筒高度+第 2 节塔筒高度+第 3 节塔筒高度+第 4 节塔筒高度+机舱吊高+2m 吊装安全余量。

水面至吊钩高度=主机吊高+基础高程。

由此计算结果如下:

单桩基础主机吊高=16.18+21.3+28.7+25.05+14.428+2=107.7(m)。

水面至吊钩高度(单桩基础)=107.7+18=125.7(m)。

单桩基础对应船底至水面高度(气隙高度)=水面至吊钩高度-吊钩在吊距 37.5m 时的吊高-型深=125.7-107-6.8=11.9(m)。

考虑主机及叶轮与主吊机臂架间的横向安全距离,气隙高度取 15.0m。

主机与臂架之间的距离为 1.8m,满足作业安全要求。

水下支腿最大长度=支腿长度-船底以上支腿最小长度-船底至水面高度。

单桩基础水下支腿最大长度=78-23-15=40m。

当水深与支腿入泥深度之和小于计算水下桩腿最大长度,且支腿承载力满足时,满足施工要求。

(2)风机安装船叶轮吊高分析。

建立以“华电稳强”安装船的叶轮吊高分析模型图,如图 7-4 所示。

轮毂直径为 6.1m,吊带长度为 9m,2m 吊装安全余量,所以根据甲板吊高反推公式如下:

吊叶片极限长度=起重机极限吊高-吊带长度-轮毂直径-吊装安全余量 2m。

叶片极限长度=107-6.1-9-2=89.9(m)。

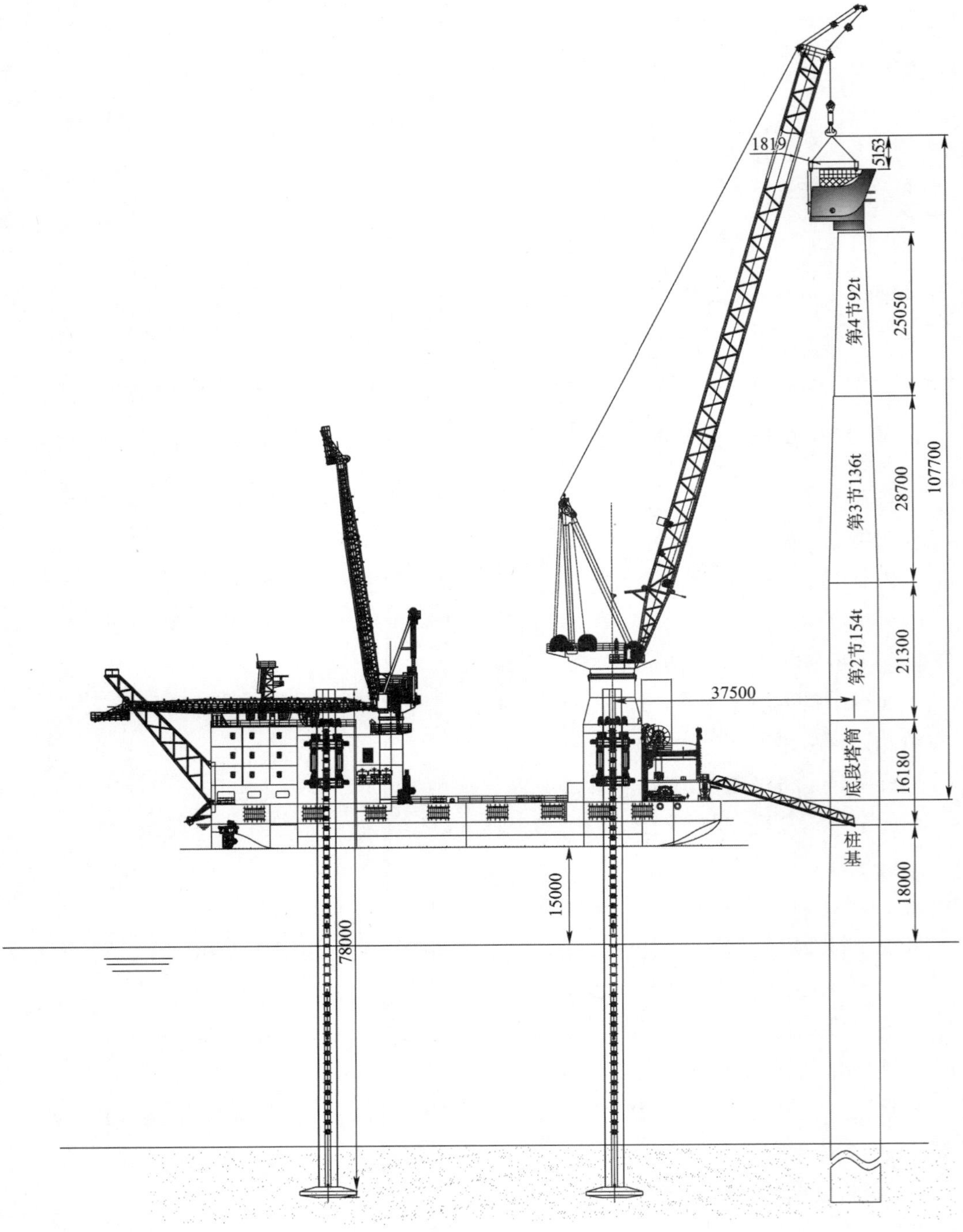


图 7-3 “华电稳强”平台作业示意图(单位:mm)

由上述情况分析,叶片极限长度为 89.9m,实际叶片长度为 86.5m,满足施工要求。“华电稳强”叶尖离甲板约 3.4m,臂架与轮毂之间的距离为 2.8m,见图 7-4,满足风机安装船作业安全要求。

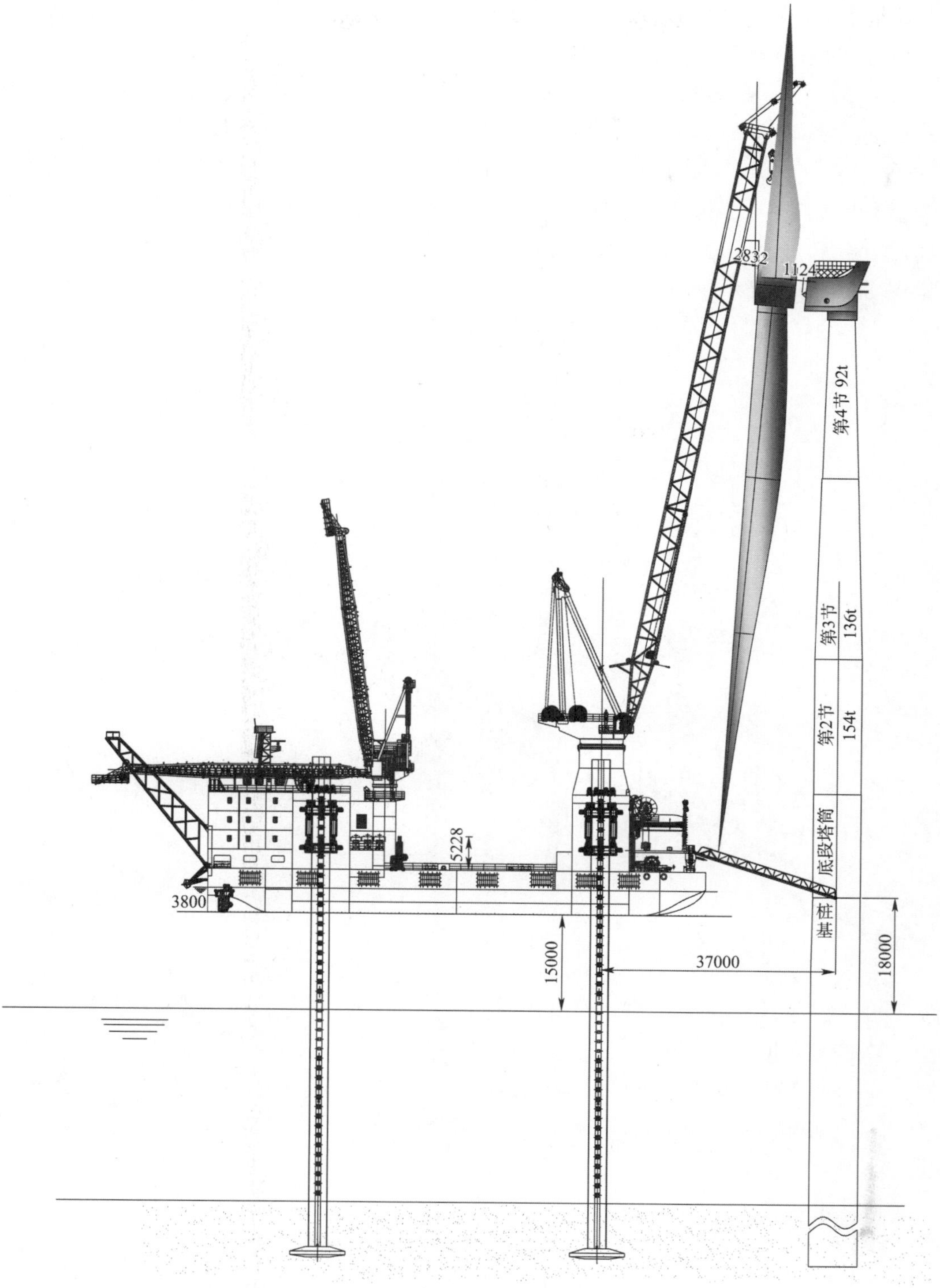


图 7-4　“华电稳强”叶轮吊装作业示意图(单位:mm)

2）风机吊重分析

风机吊重分析主要分析塔筒、主机、叶轮。

（1）塔筒吊重分析。

第1节塔筒最重，质量为233t，考虑吊索具（5t）的质量，总重为238t，吊距37.5m，查负载曲线-吊钩轨迹图可知，主起重机在顶升状态下，吊距37.5m时，吊重为320t，满足要求。

第4节塔筒吊距最远，为60.2m，质量为95t，考虑吊索具（5t）的质量，总重为100t，查负载曲线-吊钩轨迹图可知，主起重机在顶升状态下，吊距60.2m时，吊重为140t，满足要求，吊重示意图如图7-5所示。

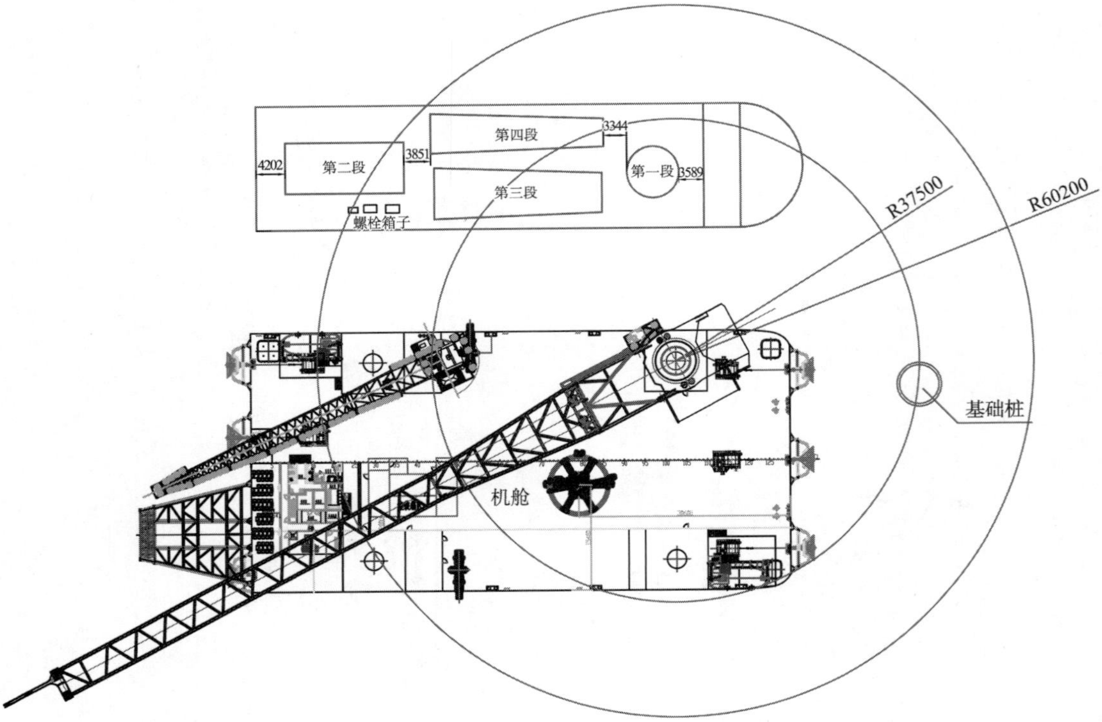


图7-5　塔筒吊装吊距示意图

（2）主机吊重分析。

6.45MW主机质量为280t（含运输工装和吊具），吊距37.5m，查“华电稳强”负载曲线-吊钩轨迹图可知，主吊机在顶升状态下，吊距37.5m时，吊重为300t满足要求，模拟示意图如图7-6所示。

（3）叶轮吊重分析。

叶轮质量为186t（含吊具），吊距37.5m，查负载曲线-吊钩轨迹图可知，主起重机在顶升状态下，吊距37.5m时，吊重为300t，满足要求。叶轮吊装吊距如图7-7所示。

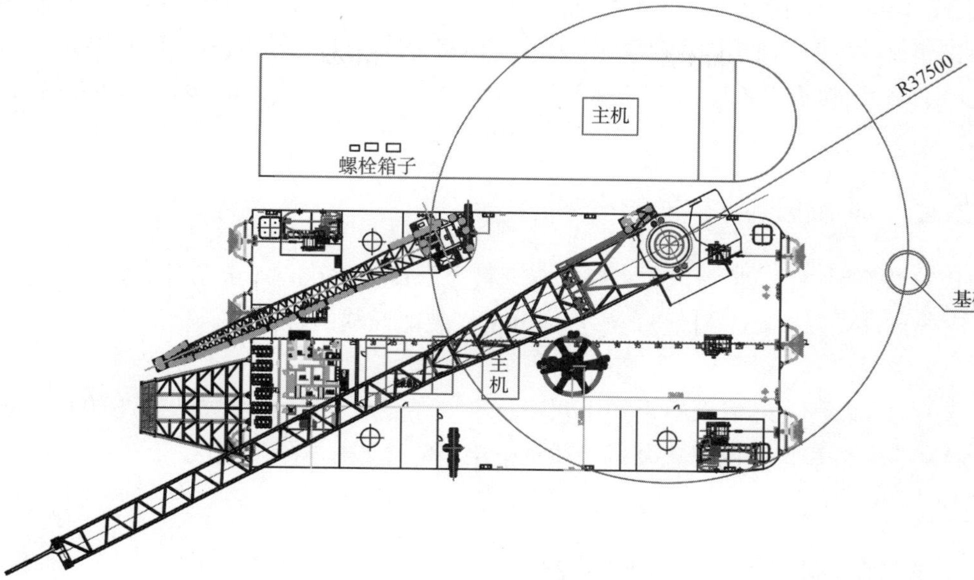


图 7-6　主机吊装吊距示意图

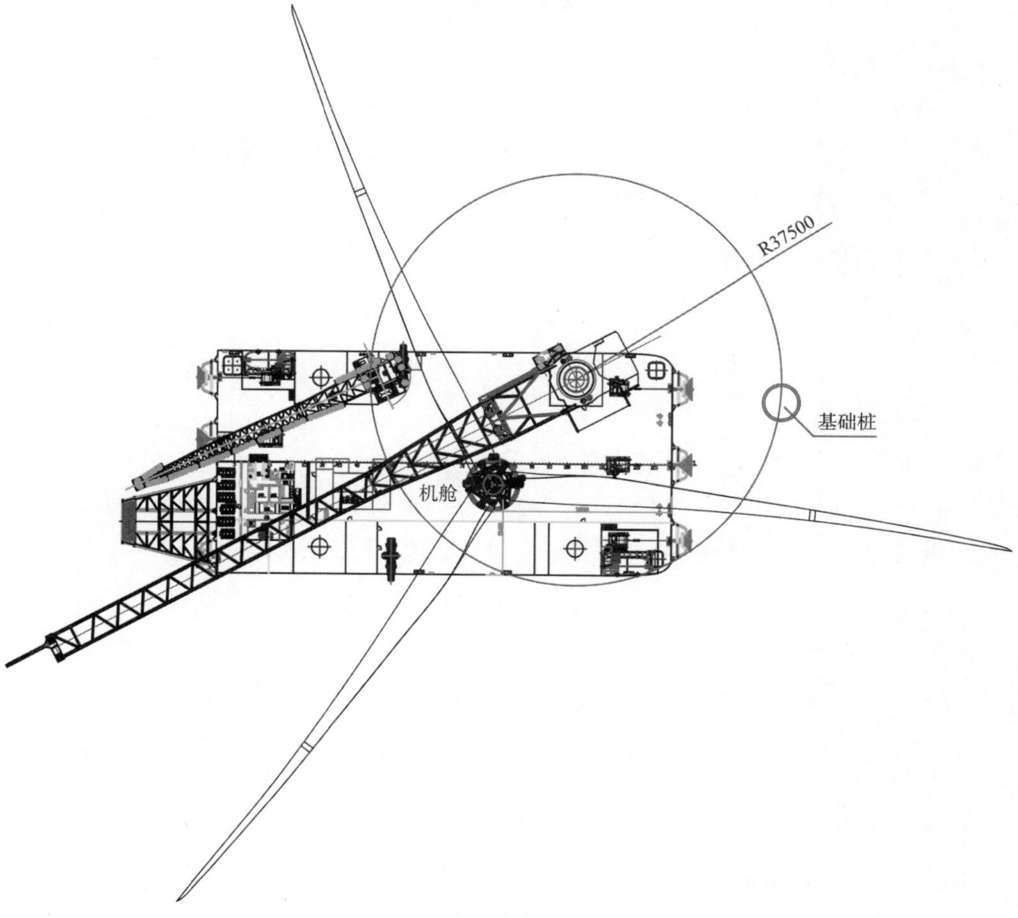


图 7-7　叶轮吊装吊距示意图

由上述计算可得,单桩基础水下支腿最大长度为40m,且桩靴入泥深度及承载力需满足稳定性要求时,风机安装采用“华电稳强”号施工满足要求。如1号机位水深为30.7m,支腿入泥深度8.5m,支腿水下长度为30.7+8.5=39.2(m)<40m,满足施工要求。同时吊高、吊重满足要求。

### 7.2.2 风机安装船插腿分析

“华电稳强”号吨位总重为7665t,每只支腿最大承重为3500t,即土层对每只支腿的承载力应大于35000kN。结合1号机位地质资料分析安装船插腿的可行性。

1)计算方法

(1)对于不排水条件(海水中土的含水量饱和)的黏性土,采用美国造船与轮机工程师协会(SNAME)相关规范中的修正公式来计算土层垂向地基极限承载力:

$$F_v=(c_uN_cS_cd_c+p_0')A \tag{7-1}$$

式中:$F_v$——桩靴基础垂向地基极限承载力;

$c_u$——泥面$D+\frac{B}{4}$深度内土体不排水抗剪强度;

$N_c$——承载能力系数;

$S_c$——桩靴形状系数;

$p_0'$——有效上覆压力,$p_0'=\gamma\times D$($\gamma$为土层重度、$D$为支腿插深);

$A$——桩靴底面接触土层有效横截面积,$m^2$;

$d_c$——垂向承载力深度系数,当$\frac{D}{B}<2.5$时,$d_c$的计算公式为:

$$d_c=1+\frac{0.86D}{B}-0.16\left(\frac{D}{B}\right)^2 \tag{7-2}$$

式中:$D$——支腿插深;

$B$——桩靴面积的等效面积圆的直径,m。

(2)对于砂质土,采用《海洋井场调查规范》(SY/T 6707—2016)中的公式来计算,由于极限垂向承载力大,因此考虑桩靴顶面被完全覆土回填,计算公式为:

$$F_v=(\gamma_1S_qDN_q+0.5\gamma_2S_\gamma DN_\gamma)\times A \tag{7-3}$$

式中:$F_v$——桩靴基础垂向地基极限承载力;

$\gamma_1$——桩基基线以上土的有效重度;

$\gamma_2$——桩靴基线以下深度$B$内土的有效重度,$B$为桩靴宽度;

$S_q$、$S_\gamma$——桩靴底面形状系数;

$D$——插深;

$A$——有效横截面积;

$N_q$、$N_\gamma$——承载能力系数,根据土体内摩擦角按太沙基极限承载能力系数表确定(表7-10)。

太沙基公式承载力系数表

表 7-10

| 内摩擦角 $\varphi$(°) | 0 | 5 | 10 | 15 | 20 | 25 | 30 | 35 | 40 | 45 |
|---|---|---|---|---|---|---|---|---|---|---|
| $N_q$ | 1 | 1.64 | 2.69 | 4.45 | 7.42 | 12.7 | 22.5 | 41.4 | 81.3 | 173.3 |
| $N_\gamma$ | 0 | 0.51 | 1.2 | 1.8 | 4 | 11 | 21.8 | 45.4 | 125 | 326 |

2)土层承载力计算

(1)支腿插深在泥面下 5.2m 的计算。

支腿插深在第一层黏性土中,其土层承载力采用式(7-1)、式(7-2)计算。

式中,$D$ 取 5.2m,$c_u$取 33;$B=9.82\text{m}$,$\frac{D}{B}=0.530<2.5$,$d_c=1.41$;$\gamma=7.8\text{kN/m}^2$,$p'_0=\gamma(D-1.6)=7.8\times(5.2-1.6)=28.08$;得:

$$F_v=20235\text{kN}$$

(2)支腿插深在泥面下 8.0m 的计算。

支腿插深在第二层黏性土中,其土层承载力采用式(7-1)、式(7-2)计算。

式中,$D$ 取 8.0m,$c_u$取 33;$B=9.82$,$\frac{D}{B}=0.815<2.5$,$d_c=1.59$;$\gamma=8.6\text{kN/m}^2$,$p'_0=\gamma(D-1.6)=8.6\times(8.0-1.6)=55.04$;得:

$$F_v=24636\text{kN}$$

(3)支腿插深在泥面下 8.2m 的计算。

支腿插深处于第二层黏性土与第三层砂质土的边界,其土层承载力可采用式(7-3)计算。

式中,$\gamma_1$ 取 8.0(平均);此处 $\gamma_2$ 取 10.5(平均);$D=8.2\text{m}$;此处内摩擦角为 35°,$N_q$取 41.4,$N_\gamma$取 45.4;得:

$$F_v=323909\text{kN}$$

(4)支腿插深在泥面下 14.0m 的计算。

支腿插深处于第四层砂质土中,其土层承载力采用式(7-3)计算。

式中,$\gamma_1$取 8.0(平均);此处$\gamma_2$取 10.5(平均);$D=14.0\text{m}$;此处内摩擦角为 36.5°,$N_q$取 45,$N_\gamma$取 52;得:

$$F_v=612907\text{kN}$$

具体各土层的承载力计算见图 7-8。

由上述计算可知,插深在 8.2m 时,土层承载力为 323909kN,大于 35000kN,满足支腿的承载力要求,考虑土体的沉降 30cm,因此,1 号机位支腿插深大于 8.5m 时,桩靴无穿刺风险。

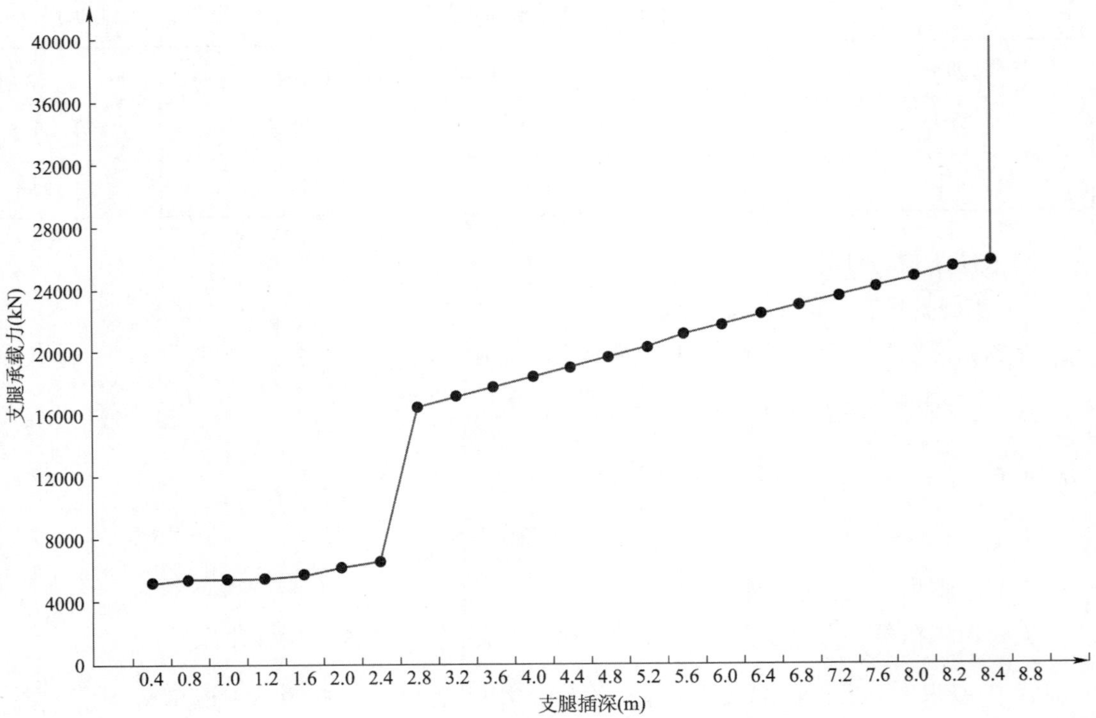


图 7-8　支腿承载力与插深关系图

# 7.3　风机安装施工工艺

采用海上风电一体化作业移动平台船进行风机安装。为满足施工进度，施工过程中共投入 5 艘风机安装船进行风机安装作业。风机安装船分步骤依次安装塔筒、主机及叶轮起吊(叶片及轮毂在安装船上组装)用高强螺栓连接紧固组装成整机。每艘风机安装船根据船舶性能，在塔筒吊装时采取了不同的方式的吊装方法。每艘风机安装船的作业台数及塔筒吊装施工方法见表 7-11。

各机位安装船情况统计表　　表 7-11

| 风机安装船 | 数量(台) | 塔筒吊装方法不同点 | 备注 |
|---|---|---|---|
| 华电稳强 | 21 | 在运输船上安装分别安装第 2、3、4 节塔筒翻身吊具，起吊塔筒吊装 | 方式一 |
| 海龙瑞彩 | 2 | | |
| 黄船 33 | 5 | 使用扁担梁依次将第 2、3、4 节塔筒倒驳上安装船，更换塔筒翻身吊具后再进行塔筒吊装 | 方式二 |
| 海思拉 | 1 | | |
| 能建广火 | 14 | 使用扁担梁将第 2 节塔筒倒驳到安装船上，更换吊具后进行塔筒吊装，第 3、4 节塔筒按照方式一起吊安装 | 方式三 |
| 华祥龙 | 3 | 每节塔筒倒驳到安装船上，更换吊具起吊安装后再倒驳下一节塔筒(第 1 节除外) | 方式四 |

每台风机吊装作业完成后，进行电气接线及最终验收，满足施工海况及船舶作业条件见表7-12。注意：

施工海况及船舶作业条件表　　表7-12

| 序号 | 工序 | 风速(m/s) | 有义波高 $H_s$(m) | 备注 |
|---|---|---|---|---|
| 1 | 船舶靠泊 | ≤10 | ≤1 | |
| 2 | 塔筒吊装 | 平均风速≤10或阵风≤14<br>(轮毂高度10min平均值) | ≤1 | 起吊对接时 |
| 3 | 主机吊装 | ≤10 | ≤1 | 起吊对接时 |
| 4 | 叶轮拼装及吊装 | ≤8 | ≤1 | 起吊对接时 |

(1)高强螺栓施工不得暴露在雨雪天气下进行。

(2)安装所需的工装、工具和物料已经准备齐全，到达风场的零部件质量已通过有关单位的验收并具有验收报告/合格证。

(3)吊装前风机基础满足设计要求。

(4)核对安装过程所需的螺栓、螺母和垫圈的型号、规格、数量，型号、数量、规格不对的需及时反映。检查螺栓是否有生锈或螺牙损坏情况，发现有生锈或螺牙损坏必须更换并立即通知现场负责人。

(5)塔筒起吊前，检查法兰面漆层有无破损、杂物，螺栓孔内壁有无油漆等粘接，如有需要进行补漆或清理后再起吊。

(6)塔筒法兰的椭圆度检查：塔筒法兰圆度≤3mm(顶法兰圆度≤2mm)，应通知供货商技术部门未经允许禁止进行校正处理。

(7)塔筒法兰的平面度检查：塔筒起吊前，塔筒厂家服务人员应当检查塔筒法兰的平面度，保证顶节塔筒上法兰面平面度≤0.5mm，其他各节塔筒法兰面平面度≤1.5mm。

(8)塔筒任意筒节截面圆度公差测量复核(最大直径/最小直径≤1.005)。

(9)塔筒任意筒节局部表面凹凸公差度测量复核。

(10)在运输船就位后，进行现场四方验收。

方式一具体施工工艺流程如图7-9所示。

采取方式二安装风机塔筒，主要是结合施工期的海况影响及塔筒的装船布置方式。冬季季风施工期间为减少涌浪影响，将吊座安装工作转移到风机安装船上，降低施工安全风险。同时结合各安装船的甲板面积和施工方式又衍生出了方式三及方式四的安装方法。这两种安装方法与方式二本质是相同的，只是塔筒倒驳数量和顺序有所不同，这里只对方式二的安装工艺方法进行阐述。安装工艺流程如图7-10所示。

## 7.3.1　塔筒安装工艺

1)风机安装船进位

安装船根据船上自带的定位系统自航至施工机位附近，顺水流方向布置，采用锚艇在平台船首跟船尾抛 6 个锚,锚缆长度不小于 450m(如有海缆,需避开)。通过 6 个锚调整平台位置距离桩基大约 18m 的距离。根据船上的支腿插桩操作手册,按照放桩、压桩、平台抬升的顺序进行风机插桩作业,如图 7-11 所示。注意:

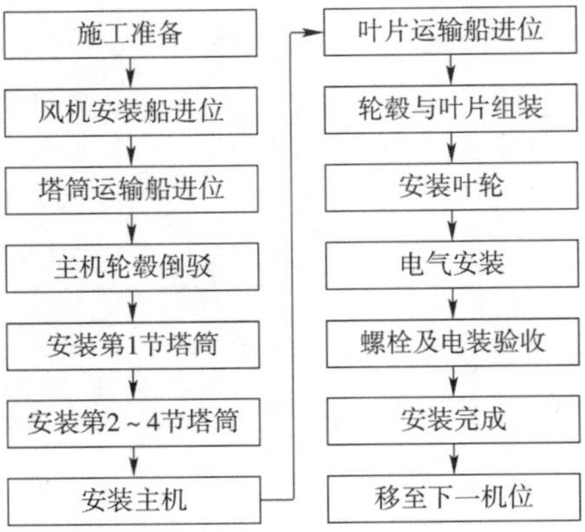


图 7-9　方式一的风机安装施工工艺流程图

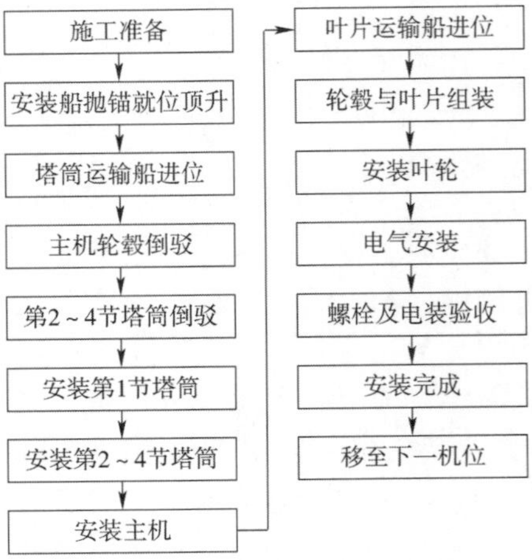


图 7-10　方式二的风机安装施工工艺流程图

(1)平台抬升过程中适时放松锚缆。平台压桩完成后,将左舷两个锚缆全部松掉。

(2)安装船在抬升完成后安排人员 24 小时监控 4 个桩腿的承载情况,若发现异常需立刻进行抬腿或压腿操作。

(3)安装船进位完成后做搭设登风梯、基础验收等准备工作。

2)运输船进位

运输船定位包括主机及轮毂、塔筒运输船及叶片运输船进位,根据海况情况选择是否定位驳辅助运输船定位。运输船航行至距船约 50m 位置后,船首抛八字锚、船尾抛交叉锚。锚缆长度不小于 300m(如有海缆需避开)抛锚角度大致呈 45°。通过绞锚将运输船带至离风机安装船约 15m(距离根据实际可适当调整)位置,需保证风机安装船安装范围全覆盖运输船。运输船进位是船舶顺水流布置,如图 7-12 所示。

图 7-11　风机安装船就位图

图 7-12　运输船进位示意图

3）方式一的塔筒安装

（1）安装前施工准备。

运输船定位后及时联合监理、设计及建设等单位进行基础交接验收、塔筒及风机供货验收。

①基础环法兰与塔筒底法兰对接标记：风机基础法兰内侧面有一个明显的塔筒门方向标记，表示与塔筒底法兰的对接位置。

②基础法兰水平度检查，用水准仪在相隔45°的八个方向上进行桩身垂直度复测，水平度≤3‰。

③复测塔筒的水平度、椭圆度及外观检查。对所有部件及安装连接螺栓数量和质量情况清点核查；检查所有部件，确认各部件是否完好，有无损坏，如发现由于运输不当等原因造成设备碰伤、变形、构件脱落、松动等损坏，及时同建设单位、厂家确定解决方案；检查设备是否有装卸及运输过程造成的表面划伤等损伤，对划伤部分由设备厂家进行补漆。

（2）附属件安装及主机轮毂倒驳。

采用主起重机副钩进行生活集装箱及悬臂吊的吊装及螺栓等零部件的倒驳。采用主起重机把主机及轮毂倒驳到安装船平台上，如图7-13所示。

a) 主机倒驳图

b) 轮毂倒驳图

图7-13 主机及轮毂转倒驳图

（3）安装第1节塔筒。

第1节塔筒采用立运，只需要在上法兰安装通用吊具和吊带，采用主起重机吊装，塔筒装船布置如图7-14所示。

图7-14 塔筒装船布置图

①塔筒检查与清理。

拆卸塔筒法兰固定支架及包装，用专用清洗剂清理塔筒内外表面的灰尘油污，若防腐层有破损则按防腐要求补漆（或按塔筒厂家的指导补漆），要求塔筒上下法兰面清洁无油污。将第1节、第2节塔筒连接的160颗M64螺栓、160个M64螺母和320个平垫圈64包装好起吊并放置在上部平台。

同时，检查塔筒内部电气柜的安装螺栓是否松动，若松动需要紧固。检查塔筒内部照明灯、插座、分线盒、电缆夹是否安装牢靠，电缆是否绑扎好。

②塔筒吊具安装。

在施工船舶上，将上法兰塔筒吊具：塔筒吊梁上下最外侧的吊点、6件150t弓形卸扣、4根150t×9m双眼吊带、2件第1节塔筒上吊座TJDJ-01-02A按图7-15所示组装起来。在第1节塔筒上法兰的9点钟位置、3点钟位置分别使用16组M64工装螺栓（涂抹螺栓润滑剂）将第1节塔筒上吊座TJDJ-01-02A，并用2000N·m额定力矩的电动扳手加100mm套筒头紧固螺栓，参考力矩2000N·m。上法兰塔筒吊具安装完成后，将2根150t×9m双眼圆形吊带挂在主起重机吊钩上，准备起吊塔筒。

注意：塔筒吊梁（明阳沙扒）上下吊点要选用最外侧的吊点。

③塔筒法兰面密封胶涂抹。

第1节塔筒安装前，需要在过渡段（风机单桩基础）法兰面涂抹两圈硅酮密封胶，涂抹前先用专用清洗剂清理法兰面上的杂质、灰尘。涂抹方法：在过渡段法兰面离内、外边缘10mm处分别均匀涂抹一圈道康宁7097密封胶（要求宽约8mm、高约5mm，如图7-16所示）。同时，将准备好的第1节塔筒与单桩基础法兰连接的螺栓涂抹螺栓润滑剂备用。

图7-15　塔筒吊梁安装现场图

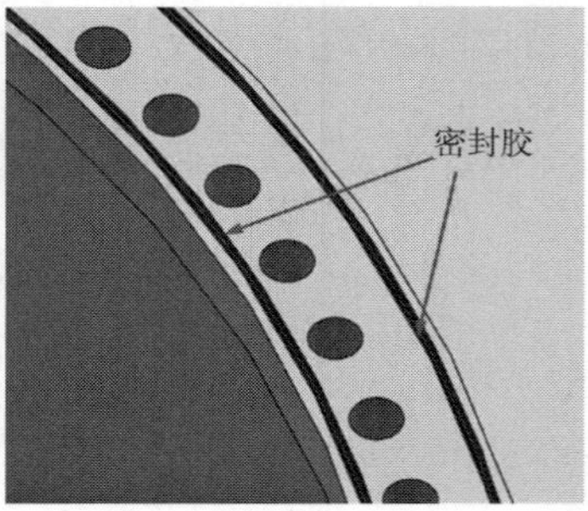


图7-16　密封胶涂抹示意图

④塔筒起吊。

将塔筒起吊，待塔筒离开甲板面大约1m后，清理塔筒下法兰的灰尘、杂质，并在塔筒下法兰安装两根导向风绳，用来引导塔筒下落并对准过渡段的安装孔位。必须确保塔筒门朝向与标记一致。

主起重机继续平稳提升，塔筒起吊过程要缓慢进行，防止塔筒摆动过大，影响塔筒内部的电气柜，且不允许晃动或磕碰到船上的设备。待塔筒上升到过渡段上方，快要下落到既定位置时，在基础法兰上穿入3个锥销，然后缓慢对准空位落下塔筒，如图7-17所示。对齐法兰面后，拧入螺栓、螺母和垫圈。

a) 第1节塔筒起吊图　　b) 第1节塔筒安装图

图 7-17　第 1 节塔筒吊装图

⑤螺栓紧固。

先用 1500N · m 额定力矩的电动冲击扳手配转接头、加 100mm 套筒头打紧所有连接螺栓(仅允许十字交叉、对称逐颗紧固)，如图 7-18 所示。紧固时，先十字交叉对称紧固 4 颗，然后按顺时针方向对称逐颗紧固剩余的螺栓。

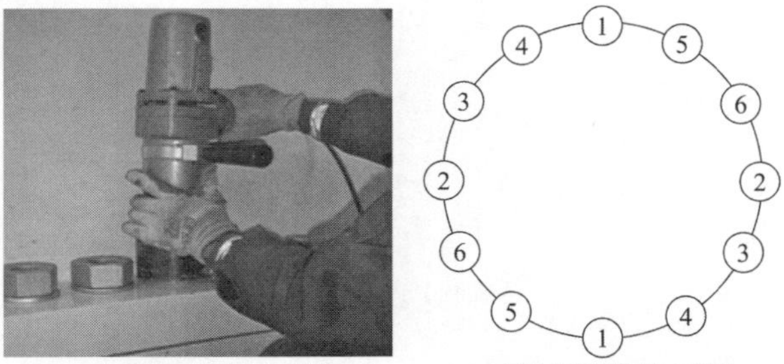


a) 电动扳手紧固螺栓图　　b) 螺栓紧固顺序示意图

图 7-18　电动扳手紧固螺栓示意图

电动扳手预紧之后，开始进行液压扳手加 100mm 套筒头紧固，对角 4 个方向各 5 颗螺栓先按一半力矩紧固后才可以松钩并移除起重机。紧固力矩按要求分三次进行，第一次紧固力矩为规定值的一半 4865N · m，第二次紧固力矩为规定力矩值 9730N · m(要求对称、交叉)，最后终拧力矩值 9730N · m。

⑥其他安装。

第 1 节塔筒与过渡段之间要安装防雷接地线安装，第 1 节塔筒的外部爬梯安装。安装螺栓头处均匀涂抹密封胶。

(4)第 2 ~ 4 节塔筒安装(方式一)。

第 2 ~ 4 节塔筒采用主起重机和辅起重机抬吊的方式翻身，按照安装作业指导书上的要求选择合适的吊具。

①安装塔筒吊具。

在施工船舶上，组装上法兰塔筒吊具：塔筒吊梁上下最外侧吊点、6 件 150t 弓形卸扣、4

根 150t×9m 双眼吊带、2 件第二段塔筒上吊座 TJDJ-01-03A 按图 7-19a）所示组装起来。在塔筒上法兰的 9 点钟位置、3 点钟位置使用 16 组 M64×315 工装螺栓（涂抹螺栓润滑剂）将第 2 节塔筒上法兰吊座 TJDJ-01-03A 安装上，并用 2000N · m 额定力矩的电动扳手加 100mm 套筒头紧固螺栓。将 2 根 150t×9m 双眼圆形吊带挂在主吊机吊钩上，准备起吊塔筒。

在第 2 节塔筒下法兰 12 点钟左右位置（图 7-19b）使用 8 组 M64 工装螺将塔筒溜尾吊座安装在下法兰上。2 件 S6 级 85t 弓形卸扣上并将卸扣安装在 2 件溜尾吊座 TJDJ-01-06A 上（注意：S6 级 85t 弓形卸扣安装在窄部吊点上，即溜尾吊座窄部朝上、宽部朝下，使用窄部向下的第二排螺栓孔，如图 7-19c）所示）。将 2 根双眼圆形吊带 80t×8m 挂在辅助起重机吊钩上。

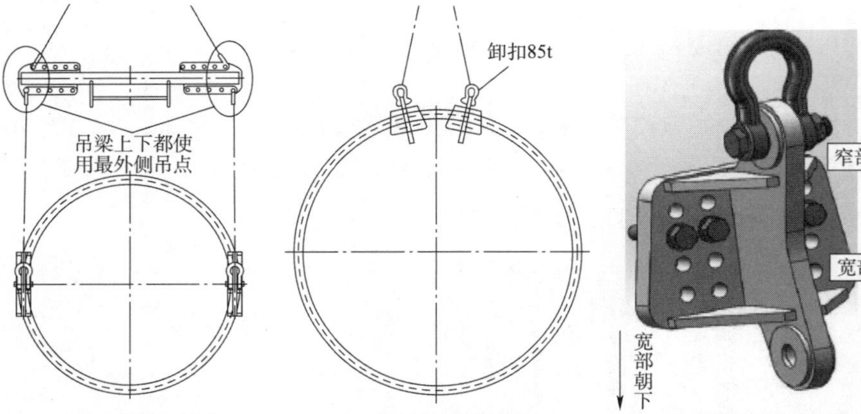


a) 上法兰吊具位置图　b) 下法兰吊具位置图　c) 溜尾吊座安装图

图 7-19　第 2 节塔筒上、下部法兰吊座安装示意图

②塔筒起吊。

主、副起重机同时起吊，起重机要匀速起吊，避免突然加速和突然减速。主起重机继续提升，副起重机调整塔筒底端和甲板的距离，起吊过程中塔筒的下法兰不允许接触甲板。在塔筒下法兰安装两根导向风绳，用来引导塔筒的下落方向，如图 7-20 所示。

③塔筒法兰安装螺栓。

塔筒法兰对接前，拆卸塔筒溜尾吊座。在第 1 节塔筒上法兰均匀涂抹两圈密封胶。塔筒螺栓安装前要涂抹螺栓润滑剂，涂抹方法与第 1 节塔筒安装螺栓相同。

塔筒缓慢落下，通过导向绳保证上下两段塔筒爬梯对齐在一条直线上（或对齐上、下塔筒法兰的“0”标记），对好螺栓孔位然后穿入 3～4 个螺栓定位，螺栓从下往上穿过两个法兰（螺母在上侧）手动将螺母旋入到螺栓上，如图 7-21 所示。手动拧上所有螺栓后，将起重机的负载调到 5t 左右。开始用电动扳手紧固螺栓，紧固完后，对角 4 个位置分别用液压扳手以终紧力矩的一半力矩 4865N · m 紧固螺栓后，起重机松钩并拆除吊具。

然后使用液压扳手，以规定的力矩值 9730N · m 紧固所有螺栓（必须十字交叉逐颗紧固）。最后以终拧力矩值 9730N · m 全部校验一遍。

a) 第2节塔筒起吊图　　b) 第2节塔筒安装图

图 7-20　第 2 节塔筒吊装图

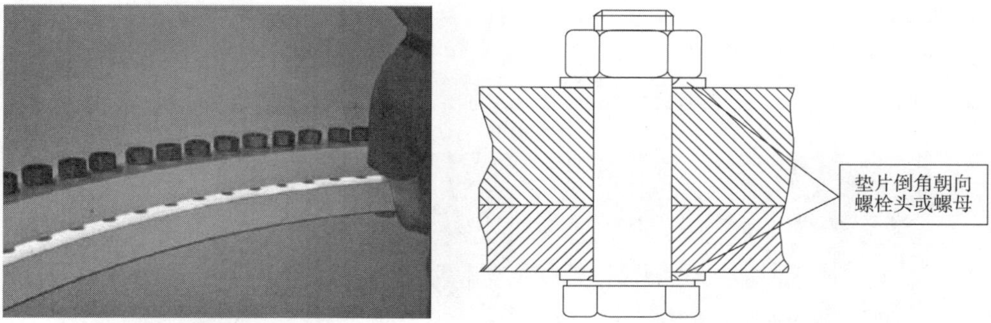


a) 安装螺栓　　b) 螺栓垫片安装

图 7-21　塔筒螺栓对位安装图

注意：第 1 节或第 1、2 节塔筒吊装完成后，若因为现场气候等因素，第 3、4 节塔筒吊装与第 1、2 节塔筒吊装时间相隔很长，需要在第一节或第二节塔筒法兰上盖上防雨布，防雨布通过螺栓与法兰螺栓孔连接固定。

④第 3 节塔筒安装。

按要求塔筒螺栓安装前要涂抹螺栓润滑剂。第 3 节塔筒上、下法兰吊具的安装位置及安装方式与第 2 节塔筒相同。其中，上部法兰吊具的工装螺栓为 M56，用 2000N · m 电动扳手加 90mm 套筒头紧固拧紧。下部法兰工装螺栓为 M64，也用 2000N · m 电动扳手加 100mm 套筒头紧固拧紧。

塔筒吊梁上下吊点都使用第 3 个吊点（由外侧吊点向内侧吊点计数）。S6 级 85t 弓形卸扣安装在宽部吊点上，即溜尾吊座宽部朝上、窄部朝下，使用宽部向下的第二排螺栓孔。塔筒上法兰吊座 TJDJ-01-04A 和塔筒下法兰溜尾吊座 TJDJ-01-06A 安装时，工装螺栓必须按润滑方式涂抹螺栓润滑剂，如图 7-22 所示。

塔筒起吊及安装对位方式与第 2 节塔筒安装方式相同，安装过程如图 7-23 所示。法兰连接螺栓 M64 ×365 紧固力矩按要求分三次进行,第一次紧固力矩为规定值的一半 4865N · m,第二次紧固力矩为规定力矩值 9730N · m(前两次交叉、对称逐颗紧固),最后按终紧力矩 9730N · m 校验一遍。

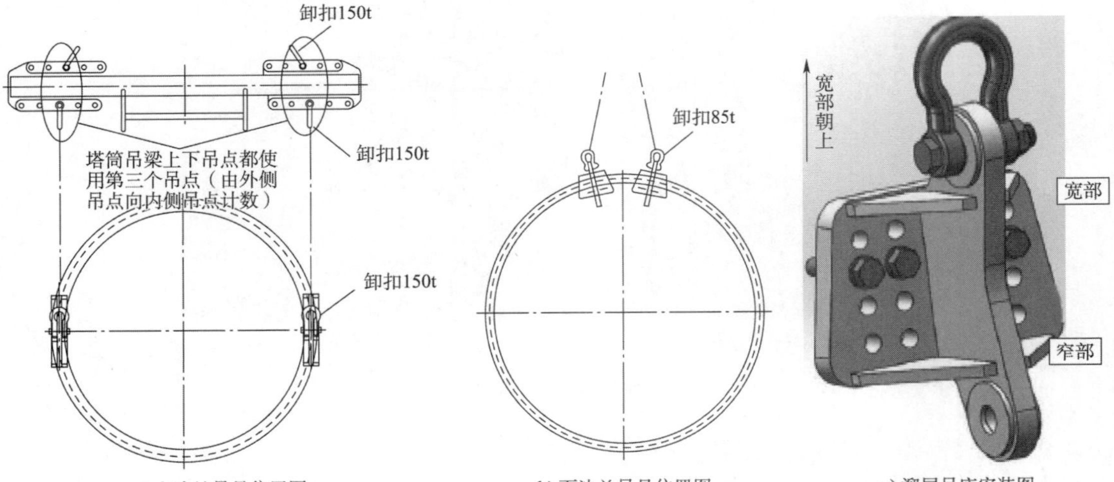


a) 上法兰吊具位置图　b) 下法兰吊具位置图　c) 溜尾吊座安装图

图 7-22　第 3 节塔筒上下部法兰吊座安装示意图

a) 第3节塔筒起吊图　b) 第3节塔筒安装图

图 7-23　第 3 节塔筒吊装图

⑤第 4 节塔筒安装。

在塔筒吊装之前,安装维修平台。用 2 个 2t 卸扣和 2 根 2t ×6m 圆形吊带起吊偏航维护平台,并缓慢对准塔筒外壁安装孔,下支腿用 8 组 M16 ×40 螺栓,上支腿用 4 组 M24 ×40 螺栓固定,并分别用机械力矩扳手加 24mm 套筒头和 36mm 套筒头紧固到 124N · m 力矩值和 420N · m 力矩值,安装完成效果及塔筒外部维护平台如图 7-24 所示。

注意:安装完成后,将人字梯放在第 4 节塔筒的上平台上绑扎固定好,不允许第 4 节塔筒起吊翻身过程中人字梯窜动。

第 4 节塔筒上、下法兰吊座的安装位置与其第 3 节塔筒一样,其中塔筒下部法兰吊座工装螺栓为 M56,使用 2000N · m 电动扳手加 90mm 套筒头紧固,上部法兰吊座工装螺栓为 M45 ×265,使用 2000N · m 电动扳手加 75mm 套筒头紧固。

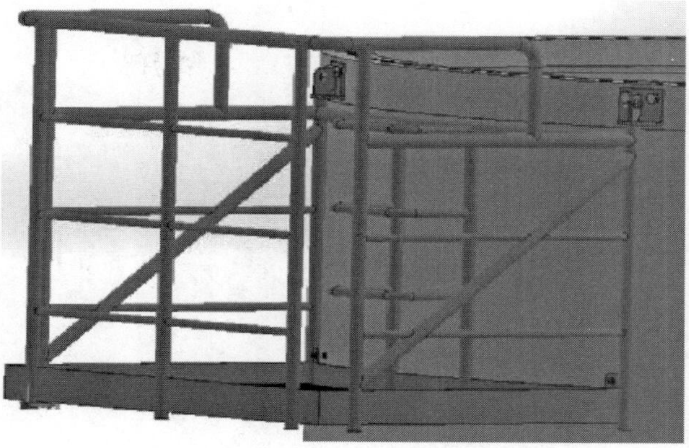

图 7-24 第 4 节塔筒外部偏航维护平台图

上法兰吊具安装时塔筒吊梁上下吊点都使用最内侧吊点。下法兰吊具安装时 S6 级 85t 弓形卸扣安装在宽部吊点上,即溜尾吊座宽部朝下、窄部朝上,使用窄部向下的第二排螺栓孔。塔筒上法兰吊座 TJDJ-01-04A 和塔筒下法兰溜尾吊座 TJDJ-01-06A 安装时工装螺栓必须按润滑方式涂抹螺栓润滑剂,如图 7-25 所示。

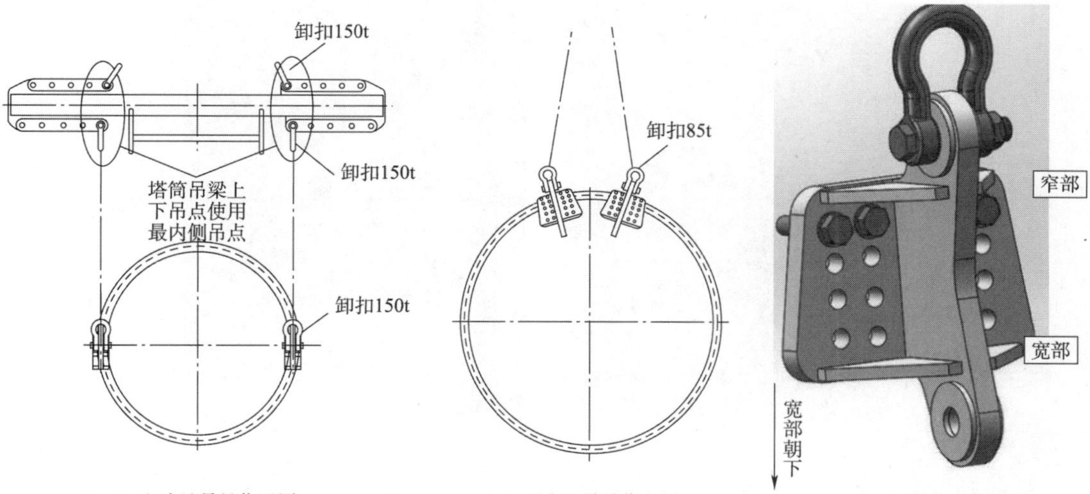


a) 上法兰吊具位置图　b) 下法兰吊具位置图　c) 溜尾吊座安装图

图 7-25 第 4 节塔筒上、下部法兰吊座安装示意图

法兰连接螺栓 M56 ×305 紧固力矩按要求分两次进行,第一次紧固力矩为规定值的一半 3225N · m,第二次紧固力矩为规定力矩值 6450N · m(前两次交叉、对称逐颗紧固),最后按终拧力矩 6450N · m 校验一遍,塔筒安装如图 7-26 所示。第 4 节塔筒和主机不能在同一天完成吊装时,应停止第 4 节塔筒吊装,并对第 3 节塔筒采取防雨措施。

(5)第 2 ~4 节塔筒安装(方式二)。

方式二的第 2 ~4 节塔筒使用扁担梁倒驳。扁担梁上部吊带挂设于主钩上,扁担梁下部两根吊带分别套于塔筒两端,同时在塔筒两端各挂设缆风绳。所有吊具挂设完成后,起吊塔筒分别将第2、3、4节塔筒倒驳上船，横放于安装船中间，塔筒底下放枕木，倒驳上船后，拆下扁担梁，如图7-27所示。

a) 第4节塔筒起吊图　　b) 第4节塔筒安装图

图7-26　第4节塔筒吊装图

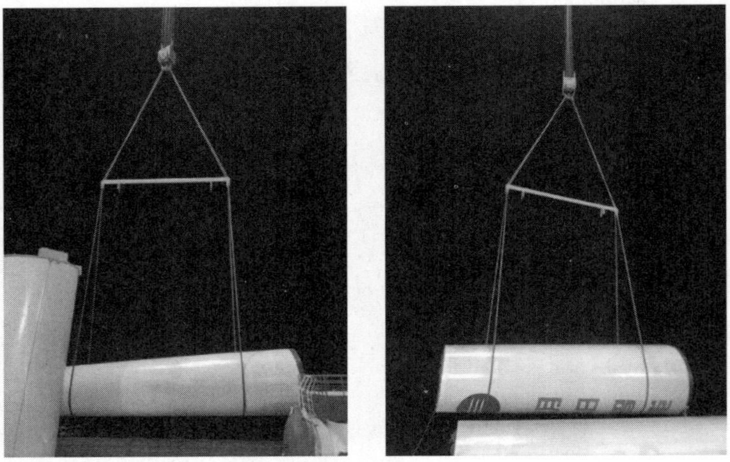

图7-27　塔筒倒驳图

塔筒倒驳完成后，按照方式一塔筒吊座安装方式安装吊座，然后采用主辅吊机翻身的方式完成塔筒的翻身、安装工作，具体安装方法与方式一相同。

## 7.3.2　主机安装工艺

1) 主机使用主起重机吊装

首先拆卸主机运输包装，包括齿轮箱法兰面的包装，然后开始拆卸齿轮箱止转装置。使用机械力矩扳手加46mm套筒头，以大于300N·m的力矩值拆卸高速轴扭转装置3颗螺栓M30×200，然后用46mm开口扳手完全拆卸扭转装置。拆卸完后，要恢复安装高速轴制动盘上的3颗螺栓M30，并用电动扳手拧至终紧力矩值300N·m。使用电动扳手先后加65mm套筒头及75mm套筒头拆卸低速轴止转装置，如图7-28所示。

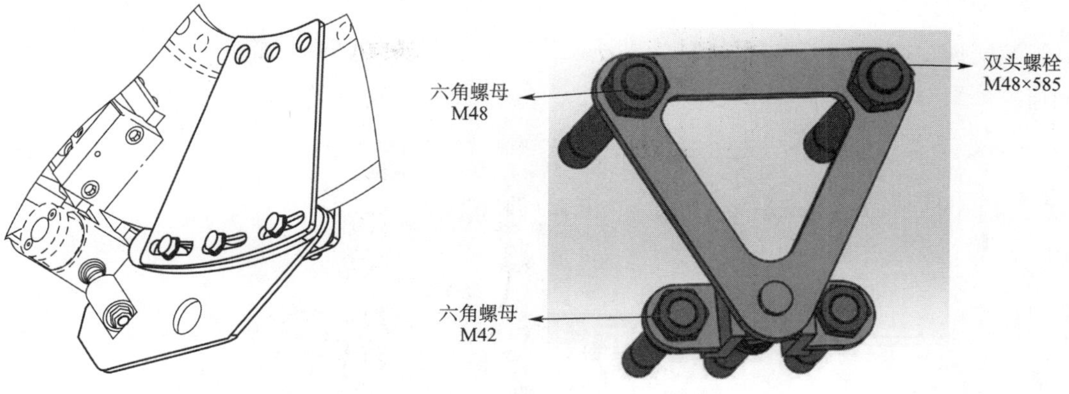


a) 高速轴扭转装置图　　b) 低速轴止转装置

图 7-28　齿轮箱止转装置图

拆卸完成后，检查与轮毂连接的螺栓孔位有无错动，若有需要在地面上将齿轮箱法兰面螺栓孔位调好。需要额外安装一颗双头螺柱 M48 × 585 安装位置以实际需要为准，要求手动拧紧。具体操作如下：

（1）用 2t 的手拉葫芦的吊钩挂一根 2t 吊带，吊带环绕齿轮箱上定位的螺柱 M48 × 585，准备加力。

（2）手动拉动葫芦的链条，通过螺栓带动主轴承顺时针或逆时针缓慢转动，转到任意两个螺栓孔中间位置通过法兰面竖直中心线时停止，如图 7-29 所示。

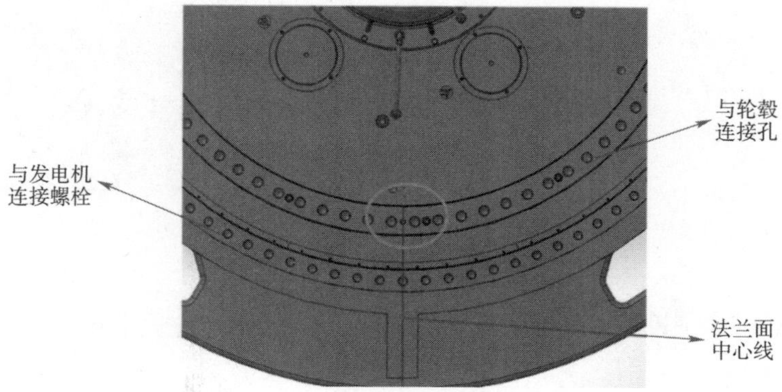


图 7-29　齿轮箱法兰面螺栓安装孔调整图

2）主机与轮毂连接螺栓预安装

用电动扳手加 M48 拧入套筒头，将主机与轮毂连接的双头螺柱 M48 × 1040 拧入到 78 个螺栓孔，要求螺栓端面露出风轮锁定法兰安装面 469mm ± 3mm，如图 7-30 所示。

3）主机吊具安装

（1）使用 T 形吊梁起吊主机，如图 7-31 所示。在 T 形吊梁上部吊座上安装 4 个 175 卸扣，再在 4 个 175t 卸扣上连接 4 根 120t × 9m 圆形吊带，并与起重机吊钩可靠连接。下部安装 4 个 150t 卸扣，前部（齿轮箱处）安装 2 根 80t × 4. 27m 圆形吊带，每根吊带环眼处连接一个 120t 卸扣,后部安装 2 根 150t × 2. 15mm 环形吊带,每根吊带连接一个 150t 卸扣。主机吊具组装完成后,起吊整个主机吊具。将吊梁前部 4 个 120t 卸扣与风轮锁定法兰上的吊装孔相连。

图 7-30　主机轮毂螺栓连接图

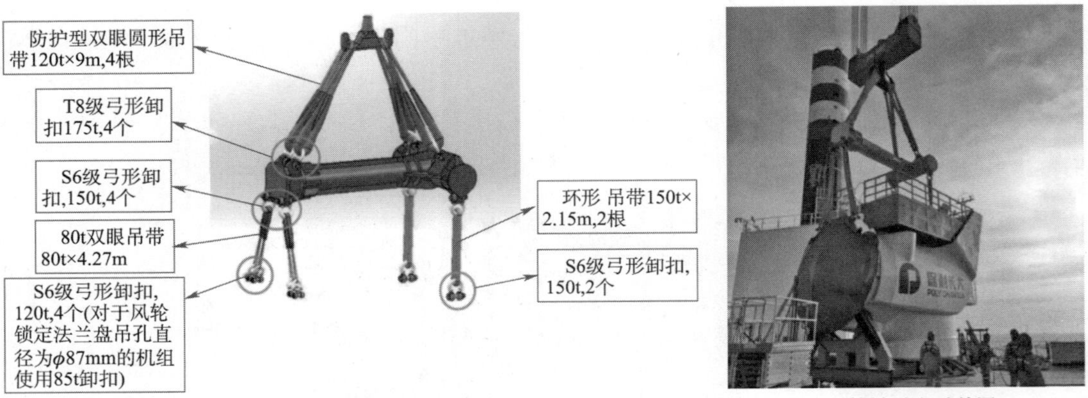


a) 主机吊梁模型图　　b) 吊梁与主机连接图

图 7-31　主机吊具安装图

在 T 形吊梁前端下部的两个卸扣上分别悬挂一根风绳,缆风绳另一端与主起重机臂架上的绞车相连。

主机吊具安装完成后使用液压扳手或 2000N · m 的电动扳手加 70mm 套筒头,液压扳手以大于 2000N · m 的力矩值、电动扳手以最大力矩松开主机运输工装与偏航轴承连接双头螺栓 M45 × 450。

起重机缓慢起吊带一部分力,然后使用 70mm 开口扳手完全拆卸主机运输工装双头螺柱、螺母和垫圈,准备起吊主机。拆卸下来的螺栓、螺母和垫圈要集中存放,后续返还塔筒供应单位。

(2) 主机起吊。

在第 4 节塔筒上平台清理上法兰面,且主机与塔筒对接前 30min 内在塔筒法兰面内外侧涂抹两圈密封胶。试吊主机确保吊具特别是吊带安全且捋顺,以使得偏航法兰面(与塔筒连接的法兰面)方便与塔筒法兰对接。

主机起吊距离甲板面1.2m左右时,用电动扳手加M45拧入套筒头将主机与塔筒连接的120颗双头螺柱M45×615拧入到对应的120个孔位中,拧紧后保证螺栓露出偏航制动盘法兰距离183~185mm,如图7-32所示。

a)螺栓预安装图

b)主机起吊过程图

图7-32　主机起吊图

(3)主机起吊与塔筒对接。

将主机提升到超过顶节塔筒的上法兰后,按照塔筒平台工作人员的指挥缓慢移动起重机,待机舱在塔筒的正上方时,缓慢下降主机,并缓慢移动起重机,直到所有螺栓穿入塔筒螺栓孔。

注意:主机齿轮箱端面要调整到尽可能面向主起重机的吊臂方向。

将主机完全落下,起重机负荷一定的机舱质量(约50t),工作人员通过人字梯进入机舱搬运工具和物料,然后安装M45圆螺母,再用M45拉伸器将所有双头螺柱交叉、对称先按终紧力的一半(485kN)紧固,此时可以松钩,再按终紧力966kN先后两次交叉、对称紧固,主机安装如图7-33所示。主机对位安装完成后安装液压站梯子、机顶散热器、偏航制动器集油瓶、平台盖板复装等附属设施。

图7-33　主机安装图

## 7.3.3　叶轮安装工艺

1)叶轮组装

叶片运输船进位,通过主起重机和吊梁把叶片逐片吊起,与安装船甲板上的轮毂拼接。

(1)轮毂吊至支座。

拆卸运输工装后,将轮毂系统起吊至安装船甲板上的叶轮拼装支座上,用52颗M48螺栓、104个48垫圈、52个M48螺母将轮毂连接在安装船甲板上的轮毂支架转接盘上使轮毂固定,见图7-34,并用2000N·m电动力矩扳手加65mm套筒头将螺栓紧固至力矩值2000N·m。

图 7-34　轮毂吊至拼装支座图

(2)叶轮吊具安装。

先用 6mm 内六角扳手拆卸轮毂叶轮吊具安装凸台上的两个盖板,并将内六角螺钉 M8 和垫圈 8 及盖板放在轮毂内适当位置,如图 7-35 所示。再用干净无纤维抹布清洗轮毂上的吊座安装面。启动起重机,使用 2t 吊带先后起吊两个叶轮吊座,用 20 颗六角头螺钉 M48 × 200、垫圈 48 安装固定在轮毂凸台上,保证吊座不会滑落。然后起吊调整座,并用 2 颗螺栓 M24 × 150、垫圈 24 将调整座固定在轮毂安装凸台上。把叶片螺栓紧固吊篮从轮毂前端出口放进轮毂内。

注意:

①螺栓 M48 × 200 采用全润滑方式,螺栓 M24 × 150 采用半润滑方式润滑;

②吊座安装完成后,调整座要拆除。

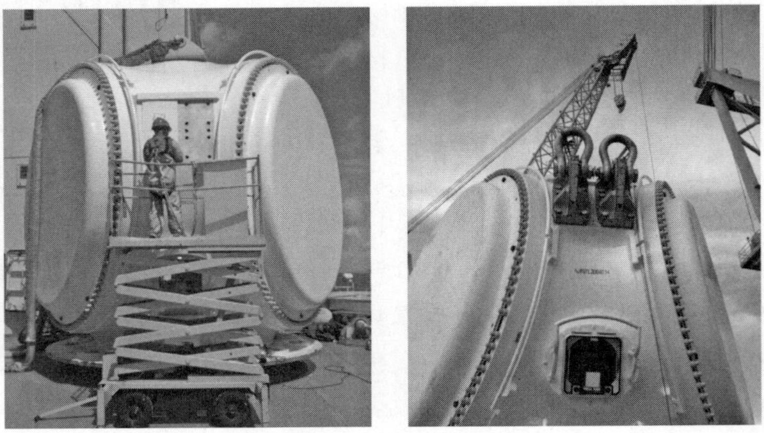

图 7-35　叶轮吊具安装示意图

(3)变桨调试箱转动。

将变桨调试箱放在轮毂附近,并将电源线及控制手柄连接变桨电机,接通电源,通过操作变桨操作箱手柄使变桨轴承内圈转动,使内圈零位孔从上方转到下方(面向变桨轴承)。

2)叶片组装

叶片采用吊梁辅助起吊,根据叶片与轮毂对接的位置采用不同的起吊方式。叶片起吊安装顺序如图 7-36 所示。

(1)第一片叶片起吊。吊梁通过钢丝绳与主起重机主钩连接,吊梁一端挂叶根,吊带端部设两根吊梁缆风绳,另一端挂叶中,吊带端部也设两根吊梁缆风绳。叶根吊带(40t × 34m ×

500mm)绕叶根圆周一圈,距离叶根法兰面1m;叶中52m处吊带(60t×25m×500mm)绕过叶中。同时,叶片尾部也提前挂设两根叶轮缆风绳。起吊时保证叶片处于平稳状态,如图7-37所示。吊装过程中需要在吊点位置采用护板等保护工装保护叶片。

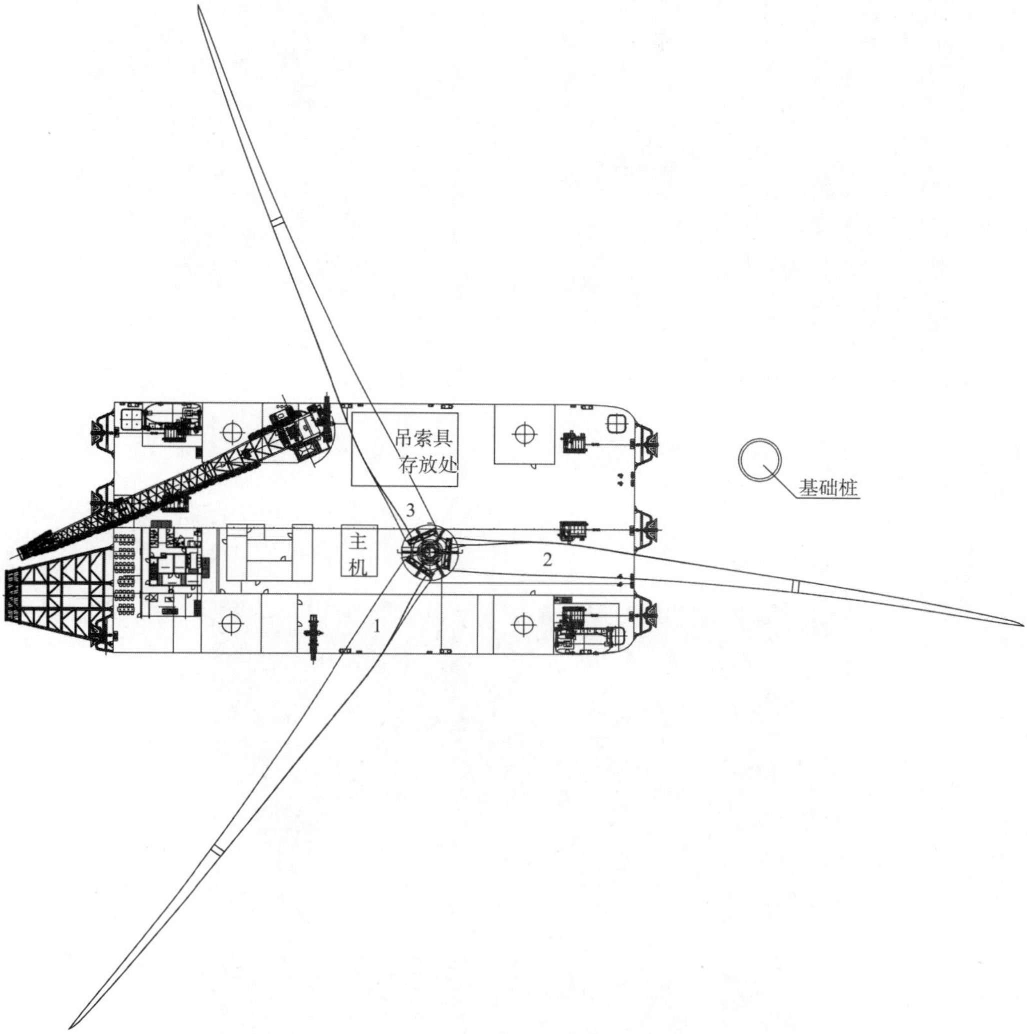


图7-36　叶片拼装顺序图

图7-37　第一片叶片起吊图

(2)第二片叶片起吊。与第一片叶片不同之处在于采用两根缆风绳与主吊臂上的绞车连接,起吊流程如图7-38所示。

a) 起吊

b) 回转对位

图7-38　第二片叶片安装过程图

(3)第三片叶片的起吊与第一片叶片的起吊过程基本相同,采用主辅起重机同步起吊。起吊过程如图7-39所示。

a) 叶片起吊

b) 叶片对位

图7-39　第三片叶片吊装过程示意图

(4)叶片与轮毂组装。

用于净抹布及专用清洗剂清理叶片上的污迹及油污,用角磨机和打磨片打磨掉叶片法兰上的毛刺清理法兰面,将剩余一半叶片螺栓及橡胶圈旋进叶根法兰螺栓孔(每一颗螺栓配3个橡胶圈),如图7-40所示。在左右及旁边共三个位置各预留一根定位销(分别为从前缘“0”刻度数,顺时针第24个螺栓孔和逆时针数第1个螺栓孔、逆时针数第25个螺栓孔,共3颗定位销)。在叶片法兰安装面外侧涂抹两圈耐候密封胶。

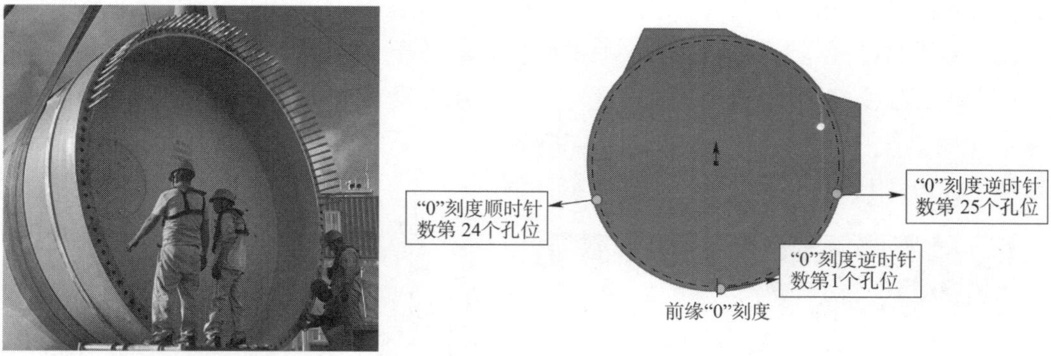


a) 叶根螺栓安装图　　b) 定位销安装位置

图7-40　叶片安装准备图

注意:叶片组装前,若叶片螺栓已经穿入叶片根部螺栓孔,则现场无须穿入叶片螺栓;为避免密封胶固化,叶片起吊安装前30min内打胶;为避免卡滞,定位销在起重机松钩前需要全部拆卸。

起吊叶片后,待叶片接近轮毂系统时,对好叶片与变桨轴承内圈的位置(保证基本同心),继续将叶片靠近轮毂系统,直至叶片安装的螺栓离变桨轴承10mm左右时,操作变桨操作箱,使变桨轴承内圈转动、零位孔与叶片前缘零位标识(叶片组装时,下部零位标识)对齐,如图7-41所示。

a) 起吊对位　　b) 零位标识对位

图7-41　叶片对位示意图

预计叶片零位对好后,启动起重机缓慢将叶片靠近变桨轴承,如图7-42所示,先使叶片定位销穿入变桨轴承螺栓孔总体定位,操作过程要防止螺栓的螺纹受损。

当113颗叶片螺栓M42×595穿入变桨轴承螺栓孔后,叶根法兰还未与变桨轴承安装面贴合之前,使用辅助起重机起吊吊篮,将施工人员吊运至叶片与轮毂连接处,旋入113颗叶片螺栓 M42×595 的 113 个圆螺母 M42。先对通过工艺孔的 24 颗螺栓 M42×595 进行交叉对称拉伸紧固 350kN，然后拆除 3 个叶根螺栓定位销，再通过工艺孔安装 3 根叶根螺栓 M42×595，并且把这 3 根叶根螺栓 M42×595 拉伸紧固 350kN。支撑叶片的起重机卸力，然后通过变桨对其余叶根螺栓拉伸紧固 350kN（最后一组螺栓拉伸前检查相差 90°的两个叶根螺栓螺纹孔与变桨轴承安装孔的错位量是否小于 1mm），如果错位量小于 1mm，则继续通过变桨交叉、对称拉伸所有叶根螺栓两次，预紧力为 550kN。若错位量大于 1mm，调整好吊带的位置，起重机持力支撑叶片，然后将所有安装好的叶根螺栓松开，调整错位量小于 1mm。

用上述方法安装第二支、第三支叶片。三支叶片安装完成后，再按相同方法和预紧力紧固每个叶片剩下的 89 颗螺栓，紧固时同样需要变桨，最后用记号笔对所有叶片螺栓螺母画防松标记，叶片组装完成后的情况如图 7-43 所示。

图 7-42　叶片螺栓与变桨轴承对接图

图 7-43　叶片轮毂组装完成示意图

注意：

①叶片组装完成后，叶根法兰与变桨轴承法兰面的接合处需要涂抹硅酮密封胶进行密封，且要抹平。

②在轮毂内部，叶根法兰与变桨轴承法兰面的接缝处均匀涂抹一圈硅酮密封胶进行密封。

③叶片与变桨轴承组对后，变桨轴承安装面裸露的地方做油漆防腐处理。

（5）安装轮毂前端出口框及盖板组件。

在 42 颗前端出口框与轮毂连接螺钉 M45×100 螺纹处涂抹螺纹锁固胶并放置在安全位置。将轮毂上 M45 螺纹孔用 M45 丝锥攻丝，因孔内有 $MOS_2$ 残留，需要再用干净无纺抹布和专用清洗剂仔细清理孔内异物。然后将出口框安装面用干净无纺抹布及专用清洗剂清理，再涂抹一圈平面密封胶。

用 3 根 2t×6m 圆形吊带将轮毂前端出口框组件（前端盖板已安装在出口框上）吊至轮毂安装位置。使用 70mm 开口扳手紧固螺栓，然后使用 2000N·m 电动扳手加 70mm 套筒头交叉对称分两次紧固螺栓，第一次参考力矩 1000N·m，第二次参考力矩 2000N·m。紧固完成后，在外露的螺栓头和法兰接缝处涂抹硅酮密封胶（轮毂内外均要涂抹），如图 7-44 所示。

图 7-44　轮毂前端出口框安装示意图

(6)安装叶片防雷组件。

用4个六角头螺栓M16×45和4个大垫圈16安装叶片防雷支架，再使用手动力矩扳手加24mm套筒头紧固螺栓，紧固力矩140N·m，螺栓安装前先在螺纹上涂抹螺纹锁固胶，如图7-45所示。

图 7-45　叶片防雷支架与风轮锁定盘连接

通过调整电刷安装板与叶片防雷支架4个连接六角头螺栓M12×45、4个螺母M12和大垫圈12在电刷安装板长条孔上的位置(如图7-46所示，若电刷安装板未安装，则先进行预装)，保证顺桨状态0°~91°范围内调整引弧板与叶片防雷环的距离为不大于10mm且不小于5mm，电刷握把端面与防雷环距离为不大于10mm且不小于5mm，并使电刷与叶片防雷环接触且位于防雷环中间，不能太靠近边缘。位置调整好后，用手动力矩扳手加24mm套筒头紧固螺栓至力矩值140N·m，螺栓安装前需涂抹螺纹锁固胶。按相同方法安装剩下的两个叶片防雷支架(以上调整间距的操作在风机调试的时候进行)。

3)叶轮吊装

(1)用2根120t×9m双眼吊带加2个120t弓形卸扣连接2个叶轮吊具，然后将吊带另一端挂到主起重机的吊钩上;用 1 根 30t × 15m × 500mm 双眼扁平吊带加叶片护板和叶尖风绳保护套固定到溜尾叶片的距离叶根 52m 位置,再将溜尾吊带 30t × 15m × 500mm 双眼扁平吊带另一端连接到辅起重机吊钩上,如图 7-47 所示。

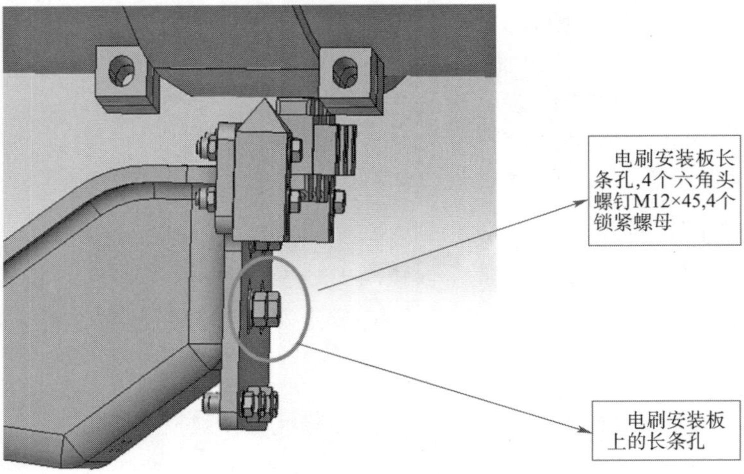


图 7-46　电刷安装板位置调整图

a) 辅吊点挂设

b) 主吊点挂设

图 7-47　吊带安装示意图

分别将 4 根引导绳(风绳)穿过 2 个叶尖风绳套,将 2 个叶尖风绳保护套套入,这个工序在叶片起吊拼装时完成。将叶尖风绳保护套套入朝下的叶片叶尖。在轮毂上合适位置安装 1 根风绳,并绕叶根旋转到叶尖,以便控制叶轮的张口,使安装过程顺利进行。由于吊装完之后要卸下,所以切勿用力过大。同时,要安装好引导绳,以便在叶轮安装完成后可以从地面轻易地将其卸掉。

先启动主起重机和辅起重机,将圆形吊带及扁平吊带拉直绷紧,然后开始拆卸轮毂与安装船上轮毂支架连接螺栓。再使用 2000N · m 电动冲击扳手加 65mm 套筒头拆卸 52 个工装螺栓 M48 × 510、螺母 M48 和垫圈 48。拆卸下来的螺栓、螺母、垫圈要集中存放,待返还给风机供应单位。

(2)叶轮起吊。

轮毂放置支架拆卸完成后,主起重机与辅起重机开始同时起吊叶轮。当叶轮平稳起吊至一人高度时停稳,用干净无纤维抹布及专用清洗剂清理轮毂与齿轮箱安装法兰面及螺纹孔。然后在螺栓孔内外侧 10mm 距离分别涂抹一圈密封胶,主起重机与辅起重机继续同时起吊叶轮离甲板约 20m 高,如图 7-48 所示。

图 7-48　主、辅起重机同步起吊叶轮示意图

(3)叶轮翻身。

控制辅起重机的起吊速度小于主起重机的起吊速度,使下方的叶片上升速度慢于上方的两支叶片,整个过程中(叶片保持离开甲板面 2m 以上)甲板上的施工人员通过引导绳控制叶轮方向,使其不因风向改变而出现较大的晃动。

叶轮吊装施工配置有经验的指挥人员,叶轮翻身过程中在甲板上安排一人对叶片与甲板面距离加以监控。若出现叶片与甲板面距离接近 3 ~ 4m 时,应同时停止主、辅起重机的作业,改为主、辅起重机同时相同速度慢慢起吊,至叶尖离甲板 5m 以上时,再按照之前主、辅起重机的起吊速度进行叶轮翻身。待叶轮翻身吊至竖直位置时,卸掉辅助起重机的吊带,撤离辅起重机,如图 7-49 所示。

a) 翻身完成　　b) 解除辅吊点

图 7-49　叶轮翻身竖直示意图

(4)叶轮与主机对接。

起吊叶轮系统至主机高度后,主机中的工作人员通过对讲机与起重机保持联系,指挥起重机缓缓移动。引导绳配合起重机,使叶轮慢慢靠近主机,并使定位销先穿入轮毂螺栓孔。缓慢小幅度移动叶轮,直到所有双头螺柱都穿入轮毂螺栓孔,且轮毂与齿轮箱止口完全贴合时,起重机停止移动,此时同时将2个风轮定位销插入齿轮箱与轮毂法兰的孔内并用M90螺母锁紧如图7-50所示,并将2个液压锁销伸出锁住风轮。

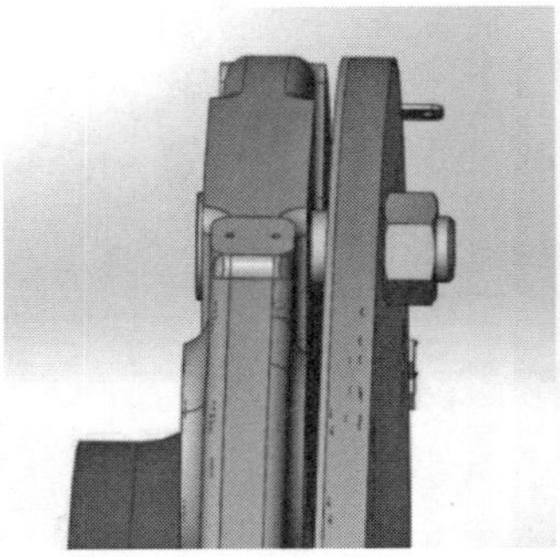

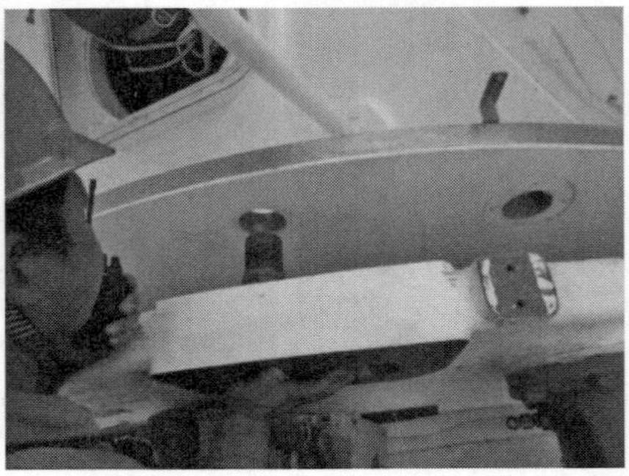

图7-50 插入风轮定位销图

图7-51 叶轮吊装完成示意图

(5)轮毂与主机连接螺栓紧固。

起重机保持该状态,工作人员携带液压拉伸器及1颗双头螺柱M48、圆螺母M48等从主机进入轮毂,先手动拧上77颗圆螺母M48,然后将定位更换销为双头螺柱M48,并安装螺母。再用M48拉伸器先按规定预紧力的一半交叉对称紧固所有螺栓,然后按最终预紧力先后分两次交叉、对称紧固所有螺栓。叶轮吊装完成后的效果如图7-51所示。

使用相同的工具拆卸轮毂吊座,然后撤走主起重机,并将吊带和吊座及紧固件集中存放,待吊装结束后返还风机供应公司。安排人员(甲板上)时刻关注拆卸吊具的工人,保持对讲机联系,一旦发生危险,立即停止作业并组织救援。

叶轮吊具拆卸完后,用6mm内六角扳手将两个螺栓孔盖板安装到吊具安装面凸台上,每块盖板使用6颗M8×20内六角圆柱头螺钉、6个螺母M6和6个垫圈6紧固,参考力矩23N·m。螺钉涂抹螺纹锁固胶,盖板安装面螺栓孔周围及距离边缘5mm处涂抹一圈密封胶。安装完成后,螺栓头和接缝处均匀涂抹硅酮密封胶。在轮毂内部,将叶轮与主机的对接缝隙处用硅酮密封胶均匀涂抹密封一圈。

(6)齿轮箱顶部防雷组件安装。

先用4个内六角圆柱头螺钉M8×20和4个平垫圈8将齿轮箱顶部防雷支架安装在齿轮箱顶部防雷块上,先不紧固螺栓,调整引弧电极与叶片防雷环的距离为5mm左右,电刷握把端面与防雷环距离为 10mm，并使电刷与防雷环接触且位于防雷环中间，不能太靠边缘。再使用手动力矩扳手加 14mm 套筒头紧固螺栓，紧固力矩 23N·m，螺栓安装前先在螺纹上涂抹螺纹锁固胶，然后用一颗内六角螺钉 M8×20 和垫圈 8 安装防雷扁钢，如图 7-52 所示。按相同操作方法安装剩下的一组齿轮箱顶部防雷组件。

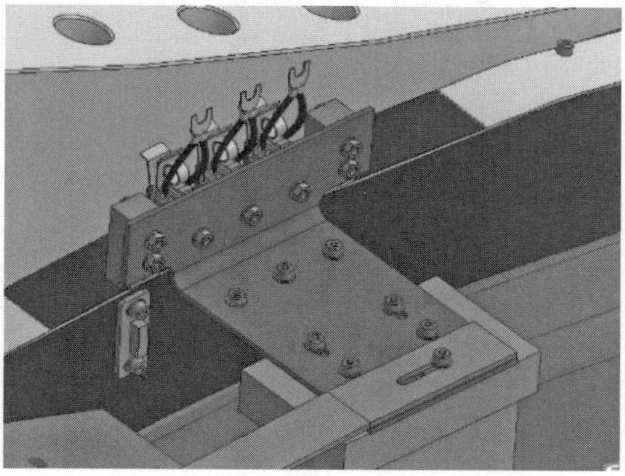

图 7-52　齿轮箱顶部防雷装置安装示意图

## 7.3.4　电气安装

1）电气安装准备

（1）根据项目风场配套物料清单及发货清单清点电气物料，检查确认安装所需的主辅物料（电气柜体、电缆、线耳、热缩管、扎带等）应齐备且正确无误。

（2）资料准备：

①《风力发电机组塔筒照明原理图》。

②《MySE6.45 或 8.3MW 海上风力发电机组整机接线图（标准型）》。

③《海上型风力发电机组电气部件包装及存放技术规范》。

④《MySE6.45 或 8.3MW 风力发电机组海上现场电气作业指导书》。

（3）工具准备：塔筒厂电气安装需用到的工具见表 7-13。

**电气安装工具清单**　　　　表 7-13

| 序号 | 名称 | 规格 | 数量 | 备注 |
|---|---|---|---|---|
| 1 | 棘轮式手动电缆钳 | 35～400mm$^2$ | 1 把 | 电缆裁剪 |
| 2 | 皮尺 | 30m | 1 卷 | 电缆长度测量 |
| 3 | 卷尺 | 3m | 1 卷 | 安装尺寸测量 |
| 4 | 棘轮扳手 |  | 1 套 | 螺栓紧固 |
| 5 | 活动扳手 | 12 | 2 把 | 电缆夹拆装 |
| 6 | 开口扳手 | 14～17 | 2 把 | 螺栓紧固用 |
| 7 | 开口扳手 | 17～19 | 2 把 | 螺栓紧固用 |

续上表

| 序号 | 名称 | 规格 | 数量 | 备注 |
| --- | --- | --- | --- | --- |
| 8 | 开口扳手 | 22 ~ 24 | 2 把 | 螺栓紧固用 |
| 9 | 电动压线钳 | 35 ~ 400mm$^2$ | 1 把 | 压接大电流线耳 |
| 10 | 欧式管型线耳压线钳 | 0.25 ~ 6mm$^2$ | 1 把 | |
| 11 | 棘轮式绝缘端子压线钳 | 0.5 ~ 10mm$^2$ | 1 把 | |
| 12 | 欧式管型线耳压线钳 | 16 ~ 50mm$^2$ | 1 把 | |
| 13 | 热风枪 | | 2 把 | |
| 14 | 电工刀、美工刀 | | 4 把 | 各 2 把 |
| 15 | 十字、一字螺丝刀 | 3 ~ 5mm | 4 把 | 各 2 把 |
| 16 | 斜口钳 | | 2 把 | |
| 17 | 尖嘴钳 | | 1 把 | |
| 18 | 剥线钳 | | 1 把 | |
| 19 | 摇表(兆欧表) | 1000V | 1 只 | |
| 20 | 38 件套 | | 1 套 | |
| 21 | 力矩扳手 | 200N · m | 1 把 | 螺栓紧固用 |
| 22 | 万用表 | | 2 个 | |
| 23 | 标示牌打印机 | | 1 台 | |
| 24 | 号码管打印机 | | 1 台 | |

2)塔筒照明系统连接与测试

确认各节塔筒内的照明灯具、开关、插座、接线盒及其连接线已经由塔筒厂家或在塔筒电缆预装前安装好,海上现场只需将基础段至 1 段、1 段至 2 段、2 段至 3 段、3 段至 4 段塔筒之间的照明电源连接上。

吊装完成后,将用于连接上下节塔筒照明供电的电缆的绑扎解除,按塔筒布线图的敷设路径预留合适长度后,将该电缆连接到另一节塔筒对应的接线盒,具体接线方式按塔筒照明原理图。

在塔筒照明连线完成后,对照明系统进行绝缘测试和通电前检查,要求线间及线与地间的绝缘电阻值应不小于 0.5MΩ。检测合格后,接通临时电源,分别测试照明灯、插座、开关等的工作是否正常,并做好相关测试记录。

3)三段塔筒动力电缆安装

(1)三段塔筒电缆解除绑扎与下放。

三段塔筒动力电缆已经在塔筒厂预安装好,海上现场只需将已预安装的三段塔筒电缆从电缆桥架处逐组(每个电缆夹位上的电缆为一组)解除绑扎,电缆下端放置位置见表 7-14,电缆上端拉至四段塔筒扭缆平台对接点处。

**电缆下端放置位置表**　　表 7-14

| 序号 | 电缆定义 | 电缆规格 | 电缆数量 | 电缆下端放至位置 | 备注 |
|---|---|---|---|---|---|
| 1 | 发电机动力电缆 | 1×300 | 36 根 | 变流器柜机侧 | |
| 2 | 机舱供电电缆 | 3×70+2×35 | 2 根 | 塔基柜 | |
| 3 | 接地电缆 | 1×300 | 2 根 | 基础接地环 | |

(2)三段向下安装电缆。

安排人员在每层平台将电缆端头引向平台的电缆过线口，慢慢向下放，并逐组放至底段塔筒，重复上述工作直至把所有的电缆放置完毕，确保整个过程不损伤电缆。

将电缆自上而下逐组理顺，排布在电缆夹正确位置，并从上至下依次压紧电缆夹，拧紧固定螺钉，固定完所有的电缆夹，电缆敷设效果见图 7-53a)。

在电缆桥架上间隔一个梯隔进行绑扎固定，每束绑扎采用两根 CV-550 扎带交叉绑扎，要求扎带头统一朝塔筒壁方向，见图 7-53b)。

在塔筒法兰连接处设置电缆跨越支架，要求电缆沿支架敷设，跨越处保持一定弧度，弧度要求一致，见图 7-53c)。

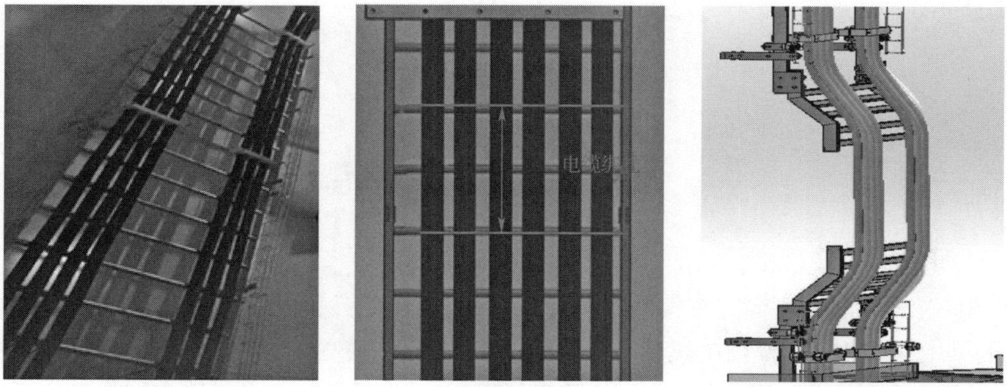

a) 现场图　　b) 绑扎示意　　c) 弧度示意

图 7-53　电缆敷设、绑扎和跨越示意图

要求电缆顺直，电缆位置无紊乱、交叉等，保证每个电缆夹对应位置上的电缆为同一根电缆，电缆按要求一直向下敷设至相应位置。

(3)三段向上电缆安装。

安排人员在四段塔筒扭缆平台，利用电动葫芦将三段塔筒向上的电缆吊至四段塔筒扭缆平台电缆对接处，重复上述工作直至把所有的电缆放置完毕，确保整个过程不损伤电缆。

将电缆自下而上逐组理顺，排布在电缆夹正确位置，并自上至下绑扎扎带并依次压紧电缆夹，拧紧固定螺钉，固定完所有的电缆夹。在电缆桥架上间隔一个梯隔进行绑扎固定，每束绑扎采用两根 CV-550 扎带交叉绑扎，要求扎带头统一朝塔筒壁方向。在塔筒法兰连接处设置了电缆跨越支架，要求电缆沿支架敷设，跨越处保持一定弧度，弧度要求一致。

要求电缆顺直，电缆位置无紊乱、交叉等，保证每个电缆夹对应位置上的电缆为同一根电缆，电缆按要求一直向上敷设至第四节塔筒扭缆平台处，准备对接。

4）四段塔筒动力电缆安装

（1）四段塔筒扭缆对接。

四段塔筒动力扭缆下端与三段塔筒电缆在扭缆平台处对接，对接位置如图 7-54 所示，上端在偏航平台扭缆悬挂处悬挂，再穿过液压站底部孔至机舱断路器柜、机舱动力柜、机舱壁接地排。

注意：动力扭缆分为两个不同的桥架，共 40 条，液压站底部有两个孔（分为孔 1 和孔 2），液压站孔 1（1 号机舱断路器下方孔位）和孔 2（2 号机舱断路器下方孔位）。

图 7-54　扭缆对接处图

（2）电缆整理及敷设。

用卸扣将电缆网套固定在偏航扭缆悬挂上，注意电缆支撑受力分布均匀。动力电缆共 40 根，其中 36 根 1 × 300 发电机动力电缆悬挂在偏航扭缆悬挂外圈，其他电缆悬挂在内圈及内圈横梁上，悬挂时左右电缆桥架的电缆区分开（左右电缆桥架电缆已用热缩管区分开），外圈电缆悬挂时同一桥架按 A、B、C 顺序相邻悬挂，如图 7-55 所示。

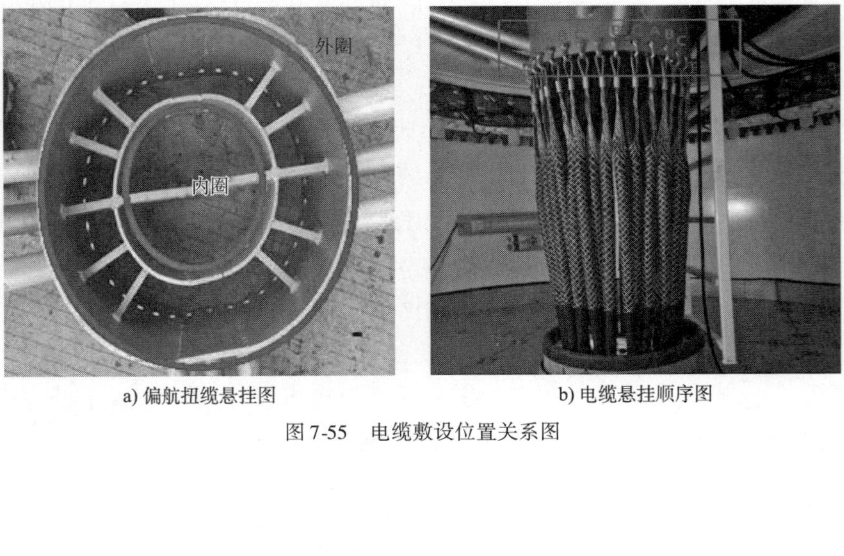


a) 偏航扭缆悬挂图　　b) 电缆悬挂顺序图

图 7-55　电缆敷设位置关系图

将塔筒厂预绑扎的麻绳逐一解开，将电缆从马鞍处至偏航平台从下到上整理捋顺，电缆不能有任何交叉情况，电缆从下至上整理的过程中可以一边整理一边安装电缆护套，要求在每隔一个电缆中心环处安装一个电缆护套及在最底端两个电缆中心环的下方 1.8 ~2m 处各安装一个电缆护套(共 7 套)具体安装位置见图 7-56，电缆中心环及电缆护套见图 7-57。

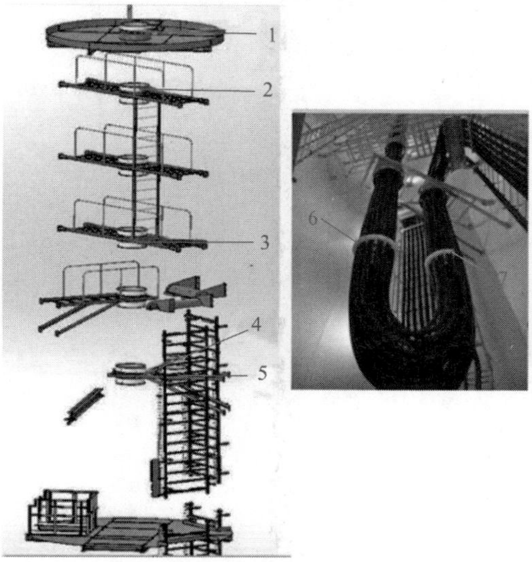


图 7-56　电缆护套安装位置涂

图 7-57　电缆中心环及电缆护套示意图

电缆按顺序穿入电缆护套，30 根发电机动力电缆安装在电缆护套外圈，同一桥架 A、B、C 一组安装在一个槽内，其余动力电缆和控制电缆在护套内圈，电缆不允许交叉。电缆在整理和安装电缆护套的过程中，需调整扭缆 U 形弯底部离扭缆平台的高度，高度在 1.2 ~1.5m 之间，如图 7-58 所示。

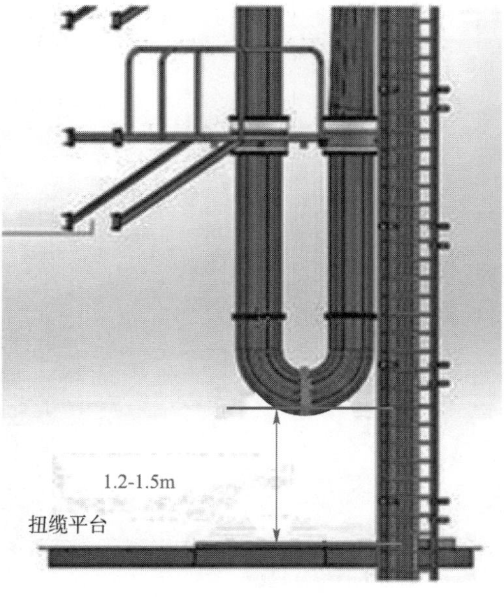


图 7-58　扭缆 U 形弯图

电缆从下至上逐级整理至偏航平台，整理过程中长出部分的电缆留到偏航平台向机舱敷设，四段扭缆整理及安装电缆护套后的效果如图 7-59 所示，要求电缆敷设后处于相对松弛状态，美观、电缆无交叉。

图 7-59　扭缆敷设效果图

(3)绝缘测试。

当所有的动力电缆、供电电缆等都敷设完成后，即可在扭缆平台处进行电缆对接。电缆对接前，须对电缆进行绝缘性能测试，0.6kV/1kV 及以下低压电缆线间和线对地间绝缘电阻值应大于 10MΩ。电缆测试合格后，应立即用电缆保护套对电缆端头进行保护。

动力电缆对接及机舱侧电缆线耳制作，按照厂家提供的《海上现场电气作业指导书》要求制作与对接。

5)其他位置电气安装

按照厂家提供的《海上现场电气作业指导书》要求，完成机舱到塔基电缆、塔基外平台、叶轮组装线缆排线及对接，叶片、轮毂、主轴等的防雷电气安装工作，如图 7-60 所示。

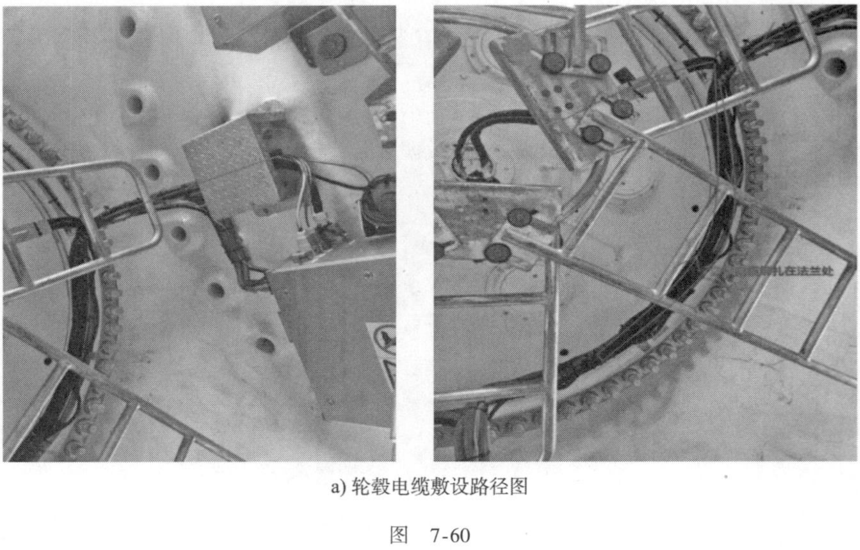


a) 轮毂电缆敷设路径图

图　7-60

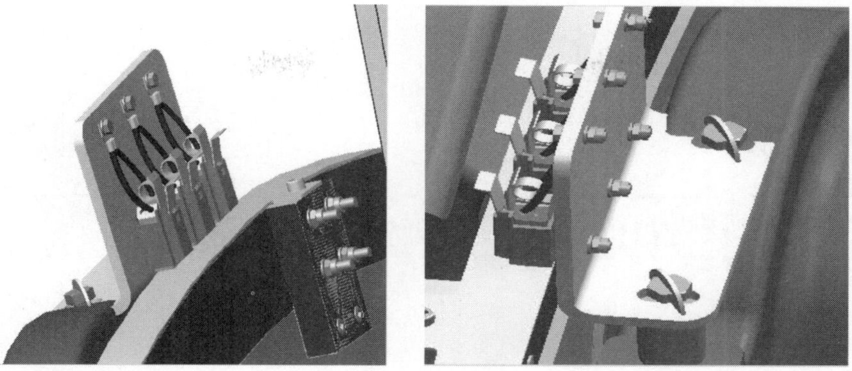

b) 主轴防雷支架图

图 7-60　其他位置电气安装图

# 第8章 陆上集控中心施工关键技术

## 8.1 工程简介

本项目陆上集控中心站址与南侧三峡沙扒项目陆上集控中心间隔一条20m宽的规划道路,距离东南侧沙扒海上风电场集控中心直线距离约600m,距离东南侧登陆点直线距离约800m;站址南侧距离X604县道约300m,距离南侧阳西电厂生活区约350m;站址西南侧250m为公安局,东侧为规划城市道路,站址西南侧有一小山包,最高点高程约50m。

集控中心主要设置有电气楼、宿舍楼、电气楼、无功补偿楼、各类水池、污水处理设施以及警卫室,其中电气楼内设置有气体绝缘开关设备(GIS)、电气一二次等设备。其中,陆上集控中心土建工程施工内容涉及电气楼、无功补偿楼、检修楼、宿舍楼、警卫楼及变压器基础。本期用地面积为16435.7$m^2$,总建筑面积为5588.63$m^2$。

## 8.2 集控中心主要施工技术

### 8.2.1 工程施工测量

本项目的轴线测放、高程控制及建筑物沉降观测工作的进行,主要以设计及建设单位所提供的总平面图、定位图上的坐标控制点及高程控制点为依据。

1)定位放线

根据设计及建设单位提供的坐标网中的坐标控制点,结合总平面定位图,主控轴线一次性完成;然后固定在建筑物的四周龙门桩上,形成现场测量控制网;遵循先整体后局部的控制原则,在施工现场设置矩形控制网。矩形控制网由建筑物的主要轴线组成,并根据建筑物的规模确定。

2)高程控制及垂直传递

(1)采用四等水准测量,将设计及建设单位给定的控制点引测至施工现场,经精测、复核准确无误后,在现场设置施工控制点,作为施工中高程控制依据。基础完成后,将高程引测至柱、梁边缘。施工基准点应设置在不受基础、土方工程施工变形影响及建筑物沉降影响范围外,水准基准点埋设深度应低于自然地面以下0.6m,其做法采用钢筋混凝土预制桩现场埋设。水准基点的高程数据自高程基准点引测得到。为了水准基点间互相校核，考虑本工程各施工点的建筑规模，拟在建筑物周围布设适当的水准基点，并对水准点定期进行高程闭合检测，以保证高程控制的准确及沉降观测成果的正确性。

(2)基础施工阶段深度的控制，从现场水准基准点测引至基坑内钉设的临时木桩上用混凝土围护，并用红线标出。

(3)垫层施工时，应先设置水平桩，垫层浇好后，基础支模时，要在主控制线上端外侧处标出水平标记，1层结构完成后，要有轴线控制位置同时标出同一水平标记，便于主体施工时丈量高程。

(4)主体以上各层水平标记，按不同设计层高，计算后用钢卷尺丈量。每层都应在周围外角主控制轴线处，先用水平仪复核每层丈量后的标记是否水平，经复核无误，然后再在其他轴线处或柱头处加密水平标记，包括中间柱头插筋处等，以便于各层高程的控制。高程闭合差不得超过 ±2mm，取其平均作为该楼层的高程控制点。

## 8.2.2　土方工程

1)土方施工工艺流程

因陆上集控中心电气楼包含地下室，为减少后期基坑土方开挖与基坑支护，缩短施工工期，采取分层分次的形式进行土方施工，将整个集控中心土方填筑分两次、三个区作业，具体施工流程及填筑分区如图8-1、图8-2所示。

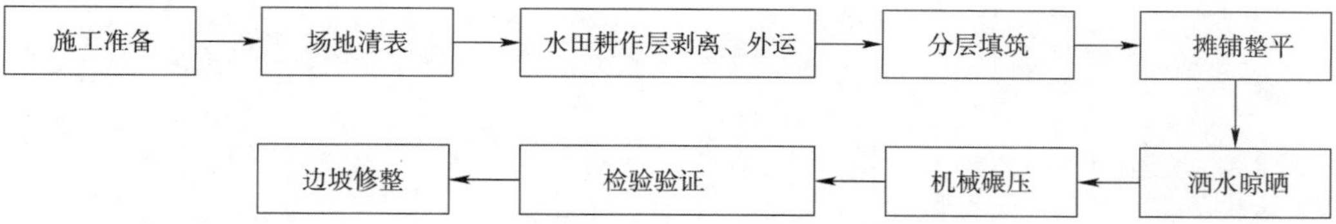


图8-1　陆上集控中心土方施工工艺流程图

2)施工方法

(1)基地处理。

根据现场地面实际条件及土质情况，按施工规范及设计要求采取相应的方法进行基底处理施工。场区内水塘先挖除淤泥部分，换填质地良好的土料。水田耕作区域内的先清表，再根据国家相关规定进行剥离与外运。

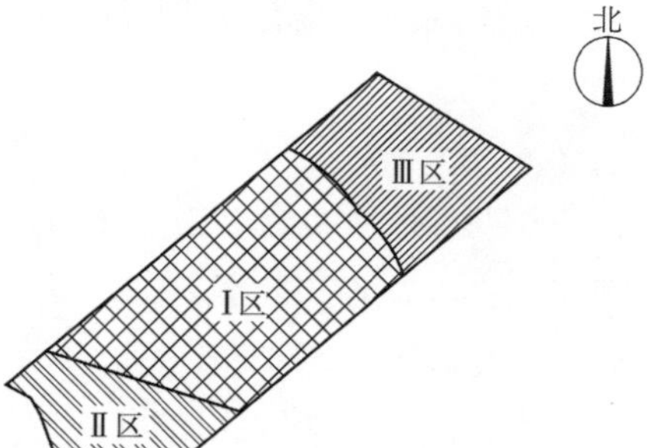


图8-2　陆上集控中心土方施工分区图

其他区域在开挖或填筑前，应先清除表层耕植土、腐殖土、树根等，将清除土方临时堆放于政府指定的弃土场内。

对于Ⅱ、Ⅲ区域稳定斜坡上的地基：在清除表土后，原地面应挖台阶，台阶宽度不小于1m，向内倾斜2%～4%，高度不小于0.3m；当基岩面上的覆盖层较薄时，宜先清除覆盖层再挖台阶，当覆盖层较厚且稳定时，可保留。

(2)土方填筑。

施工中控制土方分层厚度，以确保每层层底的密实度；控制密实度，以确保土方的填筑质量及施工后沉降不超标；控制拱度，以确保雨水及时排出；控制平整度，以确保碾压均匀及在下雨时场区内不积水。

采用水平分层填筑，结合征地情况及场区内高程变化划分为Ⅰ、Ⅱ、Ⅲ三个施工区段，机械化作业，沿场区征地红线长边纵向水平分层填筑压实。分层厚度根据填筑压实试验段所确定的工艺参数严格控制，土方填筑过程中，由测量人员用水准仪进行测量，控制每层填筑厚度与平整度。以土方填筑试验段确定松铺厚度，土方填筑厚度不得大于50cm。地形起伏时由低处分层填筑，由外侧向内侧填筑。边坡两侧各超填50～100cm宽，以方便机械压实作业，保证所有填筑土方的压实度一致，完工时刷坡整平。根据自卸车容量计算堆土间距，以便平整时控制均匀的分层厚度。两个相邻段交接处不在同一时间填筑，则先填段按1∶1坡度分层留台阶；如两段同时施工，则分层相互交叠衔接，其搭接长度不小于3m。

摊铺作业采用推土机推平，控制层面平整、厚度均匀，以保证压路机的碾压效果。摊铺时层面沿短边做成向两侧倾斜2%～3%的横向排水坡，以利场区内排水。在推土机摊铺平整的同时，对边坡顶部5m范围内进行预压，保证压路机进行压实时不致滑坡，如图8-3所示。

a)陆上集控中心松土摊铺整平图

b)陆上集控中心松土碾压图

图8-3　陆上集控中心土方填筑图

压实前必须检测填料的含水率，严格将填料含水率控制在规范要求之内，含水率过大则必须晾晒到最佳含水率，含水率过小则洒水闷料到最佳含水率。碾压时应控制土的含水率在最佳含水率±2%之内。

碾压前，先对填筑层的分层厚度和平整度进行检查，不符合要求时，用推土机再整平，确认符合要求后再进行碾压。开始碾压时，先用小吨位光轮压路机对松铺土表面预压，再用拖式振动碾碾压，再整平，然后再用大吨位振动压路机碾压。压实作业按照先压土方边缘，逐渐向中间递进，纵向进退，先慢后快，先静压后振动，由弱振至强振的操作规程进行碾压。碾压施工中，压路机往返行驶的轮迹必须重叠一部分，光轮压路机重叠1/2轮宽，振动压路机重叠40～50cm，相邻两区段纵向重叠2.0m。压实作业做到无偏压、无死角、碾压均匀。

将土方填至各栋建筑基础底高程后停止土方施工。待完成预应力混凝土(PHC)管桩与基础施工后,再重复上述工序将土方填筑至设计高程。

### 8.2.3　桩基础工程

1)桩基施工工艺流程(图8-4)

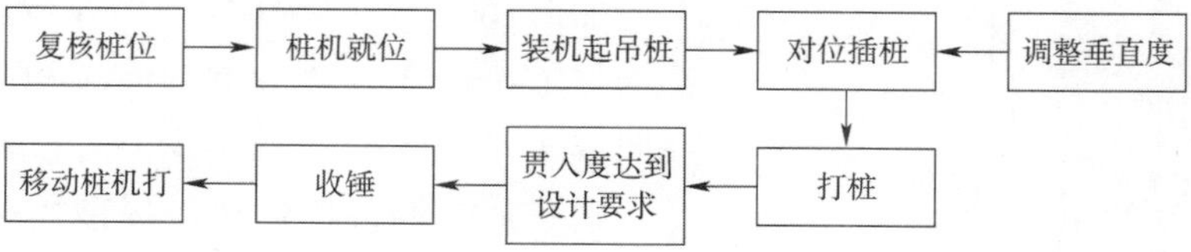


图8-4　陆上集控中心桩基施工工艺流程图

2)施工方法

(1)测量放线。

根据设计单位交桩的控制点,引入场区控制点,建立场区控制网。根据已有图纸数据,放出桩位线,用短木桩或短钢筋打好定位桩,并用白灰做出标志,便于施打。

(2)场地准备。

了解现场情况及周围环境情况,清除现场地上地下障碍物,平整场地准备工作平台,其表土承载力应满足施工要求,保证桩机在移动时稳定垂直。

(3)确定打桩路线。

考虑周边建筑的安全及边坡的稳定,按照先深后浅、先大后小及从毗邻建筑一侧向另一侧逐排施打。第一次进场先施工电气楼,然后施工变压器和无功补偿楼;第二次进场再施工检修楼和宿舍楼。

(4)确定管桩运输路线、堆放区域和桩机进场路线。

根据打桩路线与场区位置情况,为了让管桩运输路线和堆放区域不影响施工,确定管桩运输路线,堆放区域和桩机进场路线,其中管桩的堆放场地应平整坚实;桩按不同型号、规格、长度及施工顺序进行堆放;垫木与吊点应保持在同一截面上,且各层垫木应上下对齐;堆放层数不宜超过4层。预应力管桩层与层之间可以不垫垫木,底层边缘必须用楔子塞住以防滚动。

(5)试桩。

在全面施工前,应利用工程桩位置进行试打桩(试后作工程桩使用)。试打位置、地质条件及规格、长度具有代表性,施工工艺与工程桩一致。试打时采用高应变动测配合测试,以取得正式施打所需要的有关控制数据(如冲程、最后三阵贯入度、每阵10击平均贯入度、最后1m沉桩锤击数),尤其是需要送桩的贯入度控制值。

(6)沉桩。

打桩机就位后,先拴好吊桩的钢丝绳及索具,然后用索具捆绑桩的上端,启动机器起吊管桩,使桩尖对准桩位中心,缓缓放下插入土中。插桩必须垂直,其垂直度偏差不得大于

100mm,再在桩顶扣好桩帽,即可卸去索具。桩帽与桩周边留 5 ~ 10mm 的间隙,锤与桩帽、桩帽与桩顶之间应有相应的弹性衬垫,锤击压缩后的厚度以 120 ~ 150mm 为宜,在锤击过程中,经常检查及时更换。桩端插入桩位后,先用锤低击一两下,桩入土一定深度后,再次校核桩的垂直度。桩在入土前,在桩的身上设置尺寸标记,以便在施工中观测、记录数据。

图 8-5　现场接桩图

(7)配桩、接桩。

配桩时,第一个钢接头距设计桩顶高程的距离不得少于 8m。同一承台下的桩,需接桩的接头不宜在同截面内,需相互错开至少 1m,如图 8-5 所示。

接桩采用焊接接桩法。焊接接桩除应符合现行《钢结构焊接规范》(GB 50661)、《建筑桩基技术规范》(JGJ 94)和《先张法预应力管桩》(GB 13476)的有关规定外,还应符合下列规定:当管桩需要接长时,下节桩段的桩头宜高出地面 0.5 ~ 1.0m,下节桩的桩头处宜设导向箍以方便上节桩就位。接桩时上下节桩段保持顺直,错位偏差不宜大于 2mm,接桩就位纠偏时,不得采用大锤横向敲打。管桩对接前,上下端板表面应用铁刷子清刷干净,坡口处应刷至露出金属光泽,焊接时宜先在坡口圆周上对称点焊 4 ~ 6 点,待上下桩节固定后拆除导向箍再分层施焊,施焊宜由两个焊工对称进行,焊接层数不得少于两层,坡口必须满焊,第一层焊完后必须把焊渣清理干净,方能进行第二层施焊,焊缝应饱满连续,不得出现夹渣或气孔等缺陷。焊好后的桩接头应自然冷却后方可继续锤击,手工电弧焊的接头自然冷却时间不应少于 5min,二氧化碳气体保护焊的接头自然冷却时间不应少于 3min,严禁用水冷却或焊好即打。雨天焊接时,应采取可靠的防雨措施,焊接接头的质量检查宜采用探伤检测,同一工程探伤抽样检验不得少于 3 个接头。

(8)送桩、截桩。

现场采用的管桩允许送桩,送桩采取专用的送桩器,送桩深度不超过 1.0m,但必须保证截桩头的要求。管桩充满水时,严禁送桩作业;送桩前,先对桩位偏差进行中间验收;送桩孔洞应及时用砂或石子回填;截桩须用专门截桩机。

(9)收锤标准。

当桩的打入深度和贯入度达到设计要求,根据地质资料核对桩端入土深处的地质情况。最后三阵、每阵十击的贯入度控制值不大于设计规定时,方可收锤,移动桩机。每根桩收锤后,施工人员应会同监理及有关人员共同将带铁丝罩的 24V 低压灯泡或孔内摄像仪放入桩孔内检查桩内壁有无明显的破损,并做好记录。

### 8.2.4　主体结构工程

主体结构工程主要包括模板及支架施工、钢筋及混凝土施工。

1)模板及支架施工

(1)模板及支架施工流程见图8-6。

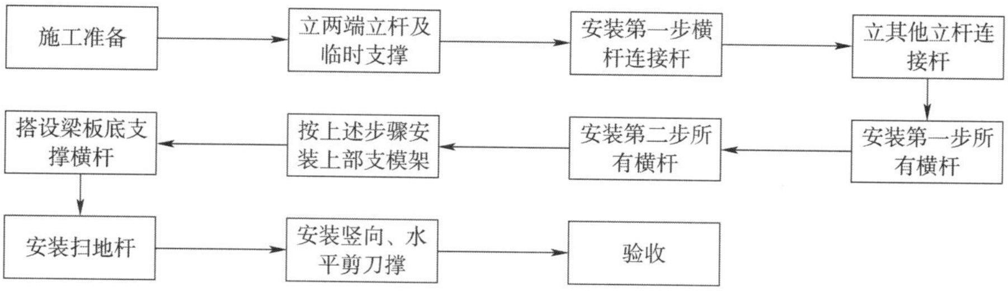


图8-6　陆上集控中心模板及支架施工工艺流程图

(2)盘扣式支架搭设方法。

无功补偿楼屋面、电气楼屋面、检修楼、宿舍楼、检修楼的盘扣式脚手架立杆主要选用B-LG-1000、B-LG-1500、B-LG-2000,水平杆选用A-SG-600、A-SG-900、A-SG-1200三种型号,可调顶托选用A-ST-600,可调底座选用A-XT-600。小梁选用40mm×90mm×2000mm方木,主梁搭设采用$\phi$48.3mm×3.6mm钢管,斜杆、连接盘等配件根据立杆、水平杆规格配备。

无功补偿楼高支模区域的基础为回填土。根据第三方委托单位的回填土检测报告,无功补偿楼区域回填土的密实度达到94.6%以上,可满足模板支架对地基承载力的要求。通过浇筑100mm厚C15混凝土垫层,调节地基平整度与地基承载力。

电气楼支模区域的地基为钢筋混凝土结构楼板或地下室底板,可满足支架荷载、平整度对地基的要求。高支模区域地基不需要处理。±0.000m位置的混凝土模板支架基础采用回填土分层压实后,用C15混凝土作为垫层调整平整度与承载力。

①测量放线。

根据施工图尺寸在平面上弹出轴线、梁的位置线。按照支架平面布置图要求的立杆间距,用钢卷尺量出每根立杆的位置并用墨斗弹线做好标识。用水准仪投设高程红三角标志,标志间距为4m,为梁板模板的安装创造条件。

②搭设盘扣式支撑钢管架。

底托:各栋建筑按照脚手架平面布置图确定的底托位置布置,第一步水平杆作为扫地杆高度控制在550mm以内。

立杆、水平杆、剪刀撑:各栋建筑立杆均采用沿长边方向逐步逐跨搭设的方法。先立好两侧底托再立第一步立杆并随立杆同步设置水平杆,依此方法将支架铺满整层,再逆向铺设第二步立杆与水平杆,直至高度达到梁、板高度,水平剪刀撑随立杆搭设高度,每6跨布置一道。

顶托:使用时,将螺杆部分直接插入支撑立杆顶端,旋转螺母可调节顶托高度,使之达到要求高程。可调托座的伸出顶层水平杆的悬臂长度严禁超过650mm，可调托座插入立杆长度不得小于150mm，外露长度不大于400mm。

板下支撑设置：板下支撑采用常规满堂架，搭设要求同前。板底模板搁置在40mm×90mm×2000mm的方木小梁上，小梁搁置在支撑架顶层的双水平杆上，整体结构如图8-7所示。

(3)模板安装与拆除。

①梁模安装。

按设计间距要求整齐铺好40mm×90mm×2000mm方木，随即铺设梁底模，铺设时应先与柱头对接好并钉牢，并用40mm×90mm×2000mm方木条作立挡及立挡支撑，用约30mm宽、15mm厚模板作压脚压紧侧模底部(或者使用铁制侧模卡勾代替侧模压脚)。之后吊直侧模，根据梁截面积不同，在梁高的中间加$\phi$14mm穿墙螺杆。另外，当梁跨度大于4m时，跨中梁底处应按设计要求起拱，如设计无要求时，起拱高度为梁跨度的2/1000，主次梁交接时，应先主梁起拱，后次梁起拱。为了保证梁不出现下沉变形等质量事故，在大梁底模中间加一排到两排立杆与高支模排架，如图8-8所示。

图8-7　陆上集控中心检修楼现场支架搭设图

图8-8　检修楼二层底模安装图

②柱模安装。

a.柱模安装工艺流程：弹线找平定位组装柱模，涂刷脱模剂后安装柱箍、拉杆、斜撑校正轴线，垂直度固定柱模后进行预检并封堵清扫口。先弹出柱的轴线及四周边线。

b.根据测量高程抹水泥砂浆，找平层调整柱底高程，并作为定位的基准，支侧模时应与其靠紧。通排柱(或多根柱)模板安装时，应先将柱脚互相搭牢固定，再将两端柱模板找正吊直，固定后，拉通线校正中间各柱模板。柱模除各柱单独固定外还应加设剪刀撑彼此拉牢，以免浇灌混凝土时偏斜。

c.柱脚应预留清扫口，柱子较高时应预留浇灌口，高度不得高于柱脚2m。

d.柱模应根据柱断面尺寸和混凝土的浇灌速度加设柱箍及对拉螺栓。柱模板的安装必须待钢筋检查无问题并办好验收手续后方可进行封模，封模前必须将模内垃圾清理干净，施工时要留出梁口位置(或混凝土只浇到梁底)，紧固夹具间距不大于500mm，柱模安装时在下部留设清除口，待模板内垃圾清除干净后再封模。

③墙模安装。

剪力墙采用九夹板配制，$\phi$14mm×450mm 对拉止水螺栓连接，竖向围檩采用 40mm×90mm×250mm 方木，水平向围檩采用 $\phi$48.3mm×3.6mm×450mm 钢管与对拉螺栓相连，每排两根，外侧用两个山形帽固定件或成品铁板垫块加双螺帽拧紧，100mm×100mm 方木衬挡接头错开，方木长度采用 4000mm、2000mm 两种规格。墙 L 形时的阴阳角及模板拼缝处必须用两根木方固定，以免漏浆走位。外墙内侧模板离结构面≤10mm，离结构面≤150mm 处设一限位钢筋@1000，在层间节点处及楼梯井搭接处需设一 20mm 统长带，以便下一层浇捣时搭接良好，同时在层间节点处须预埋单头螺栓@500 与板筋焊接，墙外侧用 $\phi$48mm 钢管沿外墙统长配置，墙端最外一道对拉螺杆离墙端必须 <150mm。

④模板拆除。

拆模板前，先进行针对性的安全技术交底，并做好记录，交底双方履行签字手续。模板拆除前必须办理拆除模板审批手续，经技术负责人、监理审批签字后方可拆除。支拆模板时，2m 以上高处作业设置可靠的立足点，并有相应的安全防护措施。拆模顺序应遵循先支后拆，后支先拆，从上往下的原则。模板拆除前必须有混凝土强度报告，强度达到规定要求后方可拆模。

侧模在混凝土强度能保证构件表面及棱角不因拆除模板而受损坏后方可拆除。底模拆除条件：梁长 >8m，混凝土强度达到 100%；梁长≤8m，混凝土强度达到 75%；悬臂构件达到 100% 后方可拆除。板底模≤2m，混凝土强度达到 50%；板底模 >2m 且≤8m，混凝土强度达到 75%；板底模 >8m，混凝土强度达到 100% 方可拆除。

柱模拆除，先拆除拉杆再卸掉柱箍，然后用撬棍轻轻撬动模板，使模板与混凝土脱离，最后一块块往下传递到地面。

墙模板拆除，先拆除穿墙螺栓，再拆水平撑和斜撑，再用撬棍轻轻撬动模板，使模板离开墙体，最后一块块往下传递，不得直接往下抛。

楼板、梁模拆除，应先拆除楼板底模，再拆除侧模，楼板模板拆除应先拆除水平拉杆，然后拆除模板支柱，每排留 1～2 根支柱暂不拆，操作人员应站在已拆除的空隙，拆去近旁余下的支柱使木挡自由坠落，再用钩子将模板钩下。等该段的模板全部脱落后，集中运出、集中堆放，木模的堆放高度不超过 2m。楼层较高，支模采用双层排架时，先拆除上层排架，使木挡和模板落在底层排架上，上层模板全部运出后再拆底层排架，有穿墙螺栓的应先拆除穿墙螺杆，再拆除梁侧模和底模。

当立柱的水平拉杆超过 2 层时，应首先拆除 2 层以上的拉杆。当拆除最后一道水平拉杆时，应和拆除立柱同时进行。当拆除 4～8m 跨度的梁下立柱时，应先从跨中开始，对称地分别向两端拆除。拆除时，严禁采用连梁底板向旁侧拉倒的拆除方法。

2）钢筋及混凝土施工

陆上集控中心电气楼、无功补偿楼、宿舍楼、检修楼、变压器基础的构件种类主要有承台、基础底板、剪力墙、柱、梁、板。

使用的钢筋种类：陆上集控中心工区主要采用一级和三级钢筋，钢筋直径从 6mm 到 28mm。其中，基础底板主要采用 16 钢筋，柱纵筋主要采用 18、20、22、25、28 钢筋，剪力墙主要采用 14、16 钢筋，梁纵筋主要采用 16、18、20、22、25 钢筋，楼板主要采用 10、12、14、16 钢筋，箍筋主要采用 8、10、12 钢筋。

钢筋连接方式：柱纵向受力筋采用电渣压力焊，梁主筋和腰筋采用绑扎连接或机械连接，板采用搭接连接。

现场主体结构混凝土全部采用商品混凝土，采用 52m 泵车和自卸的输送方式。重点控制项目为电气楼地下室底板、顶板及剪力墙混凝土浇筑。其余建筑的混凝土浇筑因混凝土数量较少，浇筑时间短，均采用沿长边向短边浇筑的施工方法。

（1）钢筋绑扎与安装。

钢筋绑扎之前，应预制混凝土垫块或砂浆垫块，其强度与构件一致，厚度与保护层相同，保护层厚度按照图纸要求。在基础垫层弹出承台、柱的位置边线，根据各部位的位置线弹出钢筋位置线，检查无误后再绑扎基础承台钢筋网。

基础承台混凝土完成拆模后，再回填土方，回填土方要分层分级、每 300mm 打夯夯实，夯实后混凝土地梁垫层弹出地梁位置，地梁绑扎必须先扎好底筋、面筋及吊筋，并垫好垫块，确保底筋及侧筋有足够保护层。

（2）混凝土柱、承台钢筋绑扎。

混凝土柱，若有接头一律采用电渣压力焊，接头位置准确，错开布置。在绑扎前，检查核实柱、承台的位置型号，核实每个承台、柱的钢筋品种、数量、规格，检查无误后开始绑扎承台，柱立筋与基础底筋绑牢，上部用钢筋做斜拉筋加木龙门架，保证钢筋处于垂直状态。预埋管、洞处的加固按图纸要求绑扎。柱钢筋第二次绑扎前，对钢筋的位置进行校正核对，一次性绑扎到位。

（3）梁的钢筋绑扎。

绑扎前，钢筋组长应对梁的位置进行核对，在模板上写明梁号，并写明特殊钢筋的要求。对钢筋底筋、支座负筋、支座二排、吊筋位置，箍筋加密箍位置等，绑扎时重点检查两层筋的间距位置，梁与柱、梁与梁的交叉处，钢筋位置要符合构造要求，即梁筋在柱筋内，次梁在主梁上，梁端筋锚固长度按图纸和规范设计要求，梁纵向受力筋采用机械连接，具体做法如图 8-9、图 8-10 所示。

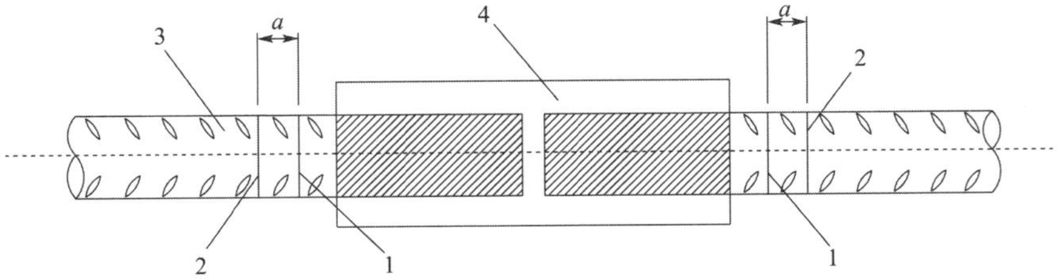


图 8-9　钢筋机械连接示意图

1-定位标志；2-检查标志；3-钢筋；4-钢套筒

（4）板筋绑扎。

板钢筋采取逐点绑扎，不得跳扣，板上皮筋及盖铁应绑十字花扣，随绑扎的进行逐步将垫块或马凳垫好。

(5)混凝土浇筑。

图 8-10　电气楼现场钢筋绑扎图

现场混凝土输送采用泵送方式,要求生产厂家对混凝土坍落度严格按配合比控制,定期测定砂石含水率并及时调整配合比。泵送混凝土的配合比,除了必须满足混凝土设计强度和耐久性的技术要求外,尚应使混凝土满足可泵性要求。根据混凝土原材料、混凝土运输距离、混凝土泵与混凝土输送管径、泵送距离、气温等具体施工条件调整配合比,特别是外加剂剂量要从严控制。混凝土搅拌完毕后,为减少坍落度损失,应尽快输送到浇筑地点,保持泵正反转两个冲程,防止堵管。出料后应尽快入模,延续时间视浇筑部位确定。

①柱混凝土浇筑。

柱混凝土浇灌时要控制混凝土自落高度和浇灌厚度,防止离析、漏振。严格控制下料厚度及振捣时间,不得振动钢筋及模板,以保证混凝土质量。要加强柱根部混凝土振捣,防止漏振造成根部烂根、棱角残缺现象出现。

为防止柱混凝土根部烂根,在浇筑混凝土前先浇 30mm 厚与柱混凝土同强度的水泥砂浆。

混凝土宜分层浇筑振捣,每层浇筑厚度控制在 50cm 左右。浇筑墙体混凝土应连续进行,间隔时间不得超过混凝土初凝时间。

浇筑门窗洞口处混凝土时,应两侧对称下料,同时振捣,振捣棒距洞口每边 30cm 以上。对柱混凝土强度等级高于梁的梁柱节点处,自柱边起 400mm 处按 45°角绑两层钢丝网,浇筑混凝土时单独浇筑柱节点内混凝土,并及时浇筑梁板混凝土,防止产生冷缝。

混凝土振捣时,振捣棒插入下层混凝土内深度不得小于 50mm,振捣棒的移动间距不得大于 400mm。既要保证振捣密实,又要避免过振造成漏浆跑浆,振捣以表面呈现浮浆和不再沉落为度。

混凝土浇筑完毕后,将上口、施工缝处钢筋上的污染物清理干净。混凝土养生采取喷水养生,以保持混凝土表面湿润。常温施工时,普通混凝土养生不少于 7d,抗渗混凝土养生不得少于 14d。

②梁、板混凝土浇筑。

浇筑采用平板振捣器,表面抹平压光,并用塑料薄膜加以覆盖,浇水养生。二次抹压工艺要求如下:

第 1 遍:采用木刮杠将混凝土表面的脚印、振捣接槎不平处整体刮平,且使混凝土面的虚铺高度略高于其实际高度,刮平抹平,力度要基本均匀一致。

第 2 遍:当混凝土收水并开始初凝时(以可踩出脚印但不下陷为准),用木抹子进行第 2 遍抹压工作,此遍抹压工作用力应稍大(以感觉到混凝土的柔和性为准),将面层小坑、气泡眼、砂眼和脚印等压平,操作时脚下垫小块多层板,使面层充分达到密实、平整,以消除此阶段由于混凝土收水硬化而产生表面裂缝的可能性。

第 3 遍：当混凝土初凝后、终凝前进行此遍抹压工作，此遍抹压用力应比第 2 遍抹压再稍大一点（以能感觉到混凝土的干缩性为准），使混凝土的面层再次充分达到密实，最后用塑料扫把拉顺毛，使表面平顺美观，拉毛后随即用塑料薄膜覆盖养护。

常温施工时，普通混凝土养生 7d，对于后浇和有抗掺及其他要求的混凝土养生时间不得少于 14d。

③电气楼地下室剪力墙及顶板混凝土浇筑。

电气楼地下室剪力墙与顶板混凝土浇筑方量共 268$m^3$，其中剪力墙混凝土方量为 133$m^3$，顶板混凝土方量为 135$m^3$。采用 52m 泵车浇筑，每小时可浇筑方量为 45$m^3$。根据计算，剪力墙与顶板的浇筑时间约为 6h。

剪力墙高 3m、长 150m、厚 0.3m。从 A 点开始分三次浇筑，第一次、第二次每次浇筑 1.2m 高，每次浇筑方量为 54$m^3$，每次浇筑时长 1.2h，满足施工要求。第三次同顶板一同浇筑至设计高程，浇筑顺序如图 8-11、图 8-12 所示。

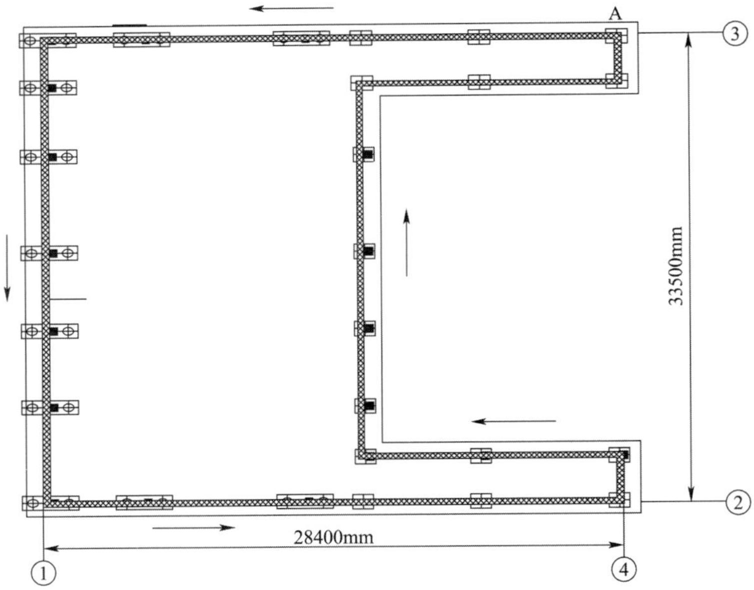


图 8-11　剪力墙浇筑路线图

## 8.2.5　装饰装修工程

装饰装修工程主要包括砖砌体施工、抹灰施工、顶棚施工、楼地面施工、屋面防水施工等工序。

1）砖砌体施工工艺

砖砌体施工工艺流程如图 8-13 所示。

严格按照建筑、结构图纸和设计说明书进行施工。电气、设备等管线预留须分别与各专业要求密切配合，详细核对预留洞口、管道、沟槽、预埋的位置、尺寸以及设计规定，避免事后剔凿，如图 8-14 所示。

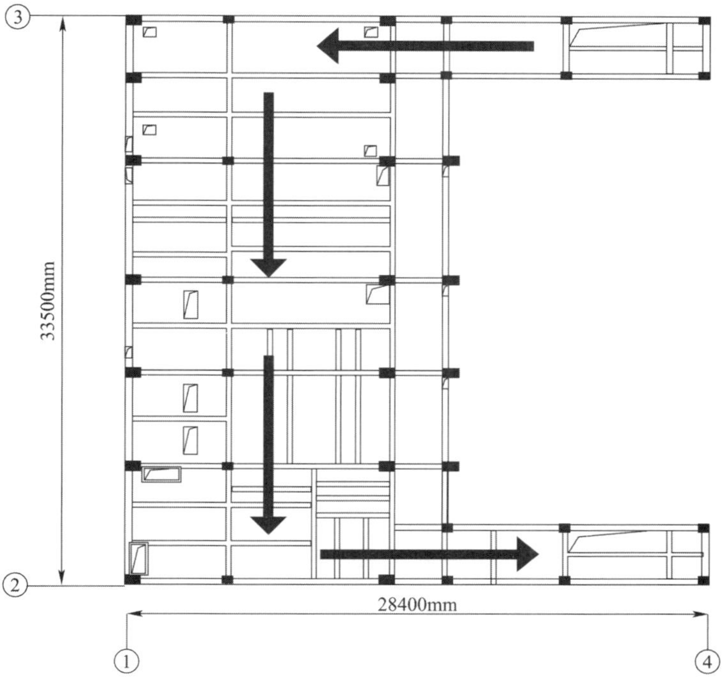


图 8-12　顶板浇筑路线图

图 8-13　砖砌体工程施工流程图

图 8-14　宿舍楼砖砌体施工图

沿长度方向按门窗洞口等位置，进行一次排砌，尽量用主规格砌块，砌块排列上下皮错缝搭接，搭接长度为砌块的 1/2，不得小于砌块高的 1/3，使墙体组砌合理，每道墙设置皮数杆控制高程。

砌筑前砌块浇水湿润。在墙壁内预埋预制混凝土块、预埋件或敷设管道处周围，按预砌块模数现场预制混凝土块，门洞口两侧放置经过防腐处理的 50mm × 50mm × 80mm 预制混凝土块内埋，门洞每边不少于 3 块，保证数量、位置均准确。埋墙件与砖或混凝土接触部分均满涂防腐剂。各种墙体的预埋铁件均预制在混凝土块上，然后砌筑在砌体内。暗装消火栓、电气箱柜要环绕箱柜安装一个 60mm 厚混凝土现浇框架配 $2\phi6$mm 钢筋，而且水平混凝土框各向两侧伸长 1m。

砌体与墙体和柱子连接处必须每隔 500mm 高加 $2\phi6$mm 墙拉接筋一道，两端均做 180°弯钩，锚入墙柱内不小于 180mm，伸入墙体内不小于 1000mm。顶到结构的砖墙，顶部砌一层斜立砖，与梁底或板底顶紧，斜立砖必须等下部砌体沉实后再砌。顶部设高 180mm 的压顶，C20 混凝土，内配 $4\phi12$mm 钢筋，箍筋 $\phi6@250$mm。

砌体按设计和规范要求设置构造柱、圈梁、过梁、墙梁、钢混带等。砌块与混凝土或砖墙连接处为防止抹灰裂缝，该处先钉钢板网，每边不小于 200mm。卫生间隔墙下做 200mm 高同墙厚的混凝土带。

2）抹灰施工

抹灰施工工艺流程见图 8-15。

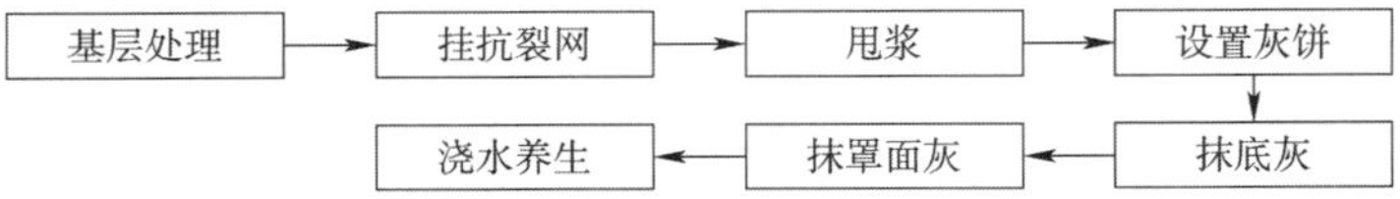


图 8-15　抹灰施工流程图

（1）乳胶漆/无机涂料内墙面。

在墙面砌筑养护完成后，用水喷湿墙面，抹 3mm 厚外加剂专用砂浆打底刮糙，待砂浆凝固后，用 1∶1∶6 水泥石灰膏砂浆打底扫毛，厚度为 8mm，凝固之后抹 1∶0.5∶2.5 水泥石灰膏砂浆抹平，厚度为 5mm，养护完成后，用耐水腻子分遍刮平面层，2mm 厚；最后扫白色乳胶漆/无机涂料两遍。

（2）釉面砖内墙面（防水）。

喷湿墙面，在基底上抹 3mm 厚外加剂专用砂浆，待砂浆干燥后，用 1∶1∶6 水泥石灰膏打底扫毛，厚度 6mm，扫毛完成后，抹 1∶0.5∶2.5 水泥石灰膏砂浆分层压实并抹平，抹平完成后，涂聚合物水泥防水涂料，厚度 1.5mm，再抹强力胶粉黏结层 4mm 厚，揉挤压实，最后贴墙面砖（粘贴前墙砖充分浸湿）5～7mm 厚，白水泥擦缝。

（3）丙烯酸油性外墙漆。

喷湿墙面，专用界面剂甩毛，全墙铺直径为 1mm 的热镀锌钢丝加强网，网目 12.7mm × 12.7mm，钢钉固定，钢钉间距 400mm，抹 15mm 厚专用抹灰砂浆，分两次抹灰，抹聚合物乳液水泥砂浆防水层，厚 8mm，最后外墙腻子刮面砂纸打磨光滑，刷外墙涂料两遍，如图 8-16 所示。

（4）真石漆外墙面。

喷湿墙面，专用界面剂甩毛，全墙铺直径为 1mm 的热镀锌钢丝加强网，网目 12.7mm × 12.7mm，钢钉固定，钢钉间距 400mm，抹 15mm 厚专用抹灰砂浆，分两次抹灰，抹聚合物乳液水泥砂浆防水层，厚 8mm，最后外墙腻子刮面砂纸打磨光滑，刷外墙涂料两遍，如图 8-17

所示。

图 8-16　水泵房外墙刮腻子图

图 8-17　水泵房外墙抹灰图

3）顶棚施工

顶棚施工采用现浇施工工艺，具体施工如图 8-18 所示。

图 8-18　现浇顶棚施工流程图

（1）现浇混凝土顶棚施工要点。

①基层处理。

首先将凸出的混凝土剔平，并用钢丝刷满刷一遍，再浇水湿润。

②弹线、找规矩。

根据 ±50cm 水平线找出靠近顶棚四周的水平线。用尺杆或钢尺量至顶棚板距 100mm 处，再用粉线包弹出四周水平线，作为顶棚水平的控制线，也可称为顶棚抹灰层的面层高程线。高程线必须从 +50cm 水平线量起，绝不可从顶棚底往下量。

③抹底子灰。

抹底子灰，包括底层灰和中层灰之和，分两次抹。抹底层灰时混凝土顶板应湿润，先刷一道掺胶黏剂的素水泥浆（内掺水重 10% 的胶黏剂），随刷随抹。底层灰采用 1∶0.5∶3 的水泥石灰膏砂浆，其厚度控制在 5mm 左右。操作时需用力压，以便将底层灰挤入到混凝土顶板细小孔隙中，用软刮尺刮抹顺平，用木抹子搓平、搓毛。注意顶棚抹灰不做灰饼、标筋，所以顶棚抹灰的平整度由目测和水平线找齐。抹中层灰时，其抹压方向与底层灰抹压方向垂直。

④抹面罩灰。

待中层灰达到六七成干，用手指按不软但有指印时，就可以抹面罩灰。若中层灰过干，可洒水湿润再抹。

（2）顶棚吊顶施工要点。

吊顶顶棚采用轻钢龙骨石膏板顶棚施工工艺，具体施工工艺流程如图 8-19 所示。

①弹线。

用水准仪在房间内每个墙（柱）角上抄出水平点（若墙体较长，中间也适当抄几个点），弹出水准线(水准线距地面一般为500mm),从水准线量至吊顶设计高度加上12mm(一层石膏板的厚度),用粉线沿墙(柱)弹出水准线,即为吊顶次龙骨的下皮线。同时,按吊顶平面图,在混凝土顶板弹出主龙骨的位置。主龙骨应从吊顶中心向两边分,最大间距为1000mm,并标出吊杆的固定点,吊杆的固定间距900~1000mm,如遇到梁和管道固定点大于设计和规程要求,应增加吊杆的固定点。

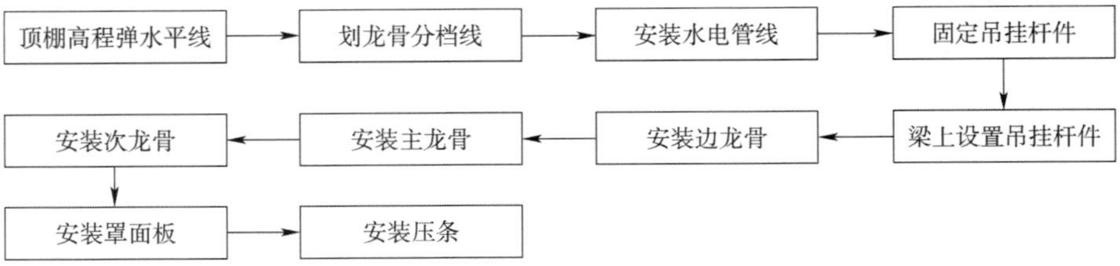


图8-19　吊顶顶棚施工流程图

②固定吊挂杆件。

采用膨胀螺栓固定吊挂杆件。不上人的吊顶,吊杆长度小于1000mm,可以采用直径为6mm的吊杆,如果大于1000mm,采用直径为8mm的吊杆,设置反向支撑,吊杆要采用冷轧钢筋和盘圆钢筋,采用盘圆钢筋时,用机械将其拉直。

制作好的吊杆应做防锈处理,用膨胀螺栓固定在楼板上,并用冲击电锤打孔,孔径应稍大于膨胀螺栓的直径。

③在梁上设置吊挂杆件。

吊挂杆件应通直并有足够的承载能力。当预埋的杆件需要接长时,必须搭接焊牢,焊缝要均匀饱满。

吊杆距主龙骨端部不得超过300mm,否则增加吊杆。

吊顶灯具、风口及检修口等设附加吊杆。

④安装边龙骨。

边龙骨的安装按设计要求弹线,沿墙(柱)上的水平龙骨线把射钉固定在混凝土墙上,射钉间距不大于吊顶次龙骨的间距。

⑤安装主龙骨。

主龙骨吊挂在吊杆上,间距900~1000mm。主龙骨分为不上人的UC38小龙骨和上人的UC60大龙骨两种。主龙骨平行房间长向安装,同时应起拱,起拱高度为房间跨度的1/200~1/300;主龙骨的悬臂段不大于300mm,若大于300mm,需增加吊杆;主龙骨的接长采取对接,相邻龙骨的对接接头要相互错开。主龙骨挂好后基本调平。

⑥安装次龙骨。

次龙骨紧贴主龙骨安装,间距300~600mm,次龙骨不得搭接。用T形镀锌铁片连接件把次龙骨固定在主龙骨上时,次龙骨的两端应搭在L形边龙骨的水平翼缘上。墙上预先标出次龙骨中心线的位置,以便安装罩面板时,找到次龙骨的位置。当用自攻螺钉安装板材时,板材接缝处必须安装在宽度不小于40mm的次龙骨上。在通风、水电等洞口周围设附加龙骨,附加龙骨的连接用拉铆钉铆固。

⑦安装纸面石膏板。

饰面板在自由状态下固定,防止出现弯棱、凸鼓的现象;且应在顶棚四周封闭的情况下安装固定,防止板面受潮变形。纸面石膏板的长边(包封边)沿纵向次龙骨铺设。自攻螺钉与纸面石膏板边的距离,用面纸包封的板边以10~15mm为宜。固定次龙骨的间距,一般不大于300mm。钉距以150~170mm为宜,螺钉与板面垂直,已弯曲、变形的螺钉需要剔除,并在相隔50mm的部位另安螺钉。

安装双层石膏板时,面层板与基层板的接缝错开,不得在一根龙骨上。石膏板的接缝,按设计要求进行板缝处理。纸面石膏板与龙骨固定,应从一块板的中间向板的四边进行固定,不得多点同时作业。螺钉头略埋入板面,但不得损坏纸面,钉眼应作防锈处理并用石膏腻子抹平。拌制石膏腻子时,必须使用清洁水和清洁容器。

4)楼地面施工

楼地面施工工艺流程如图8-20所示。

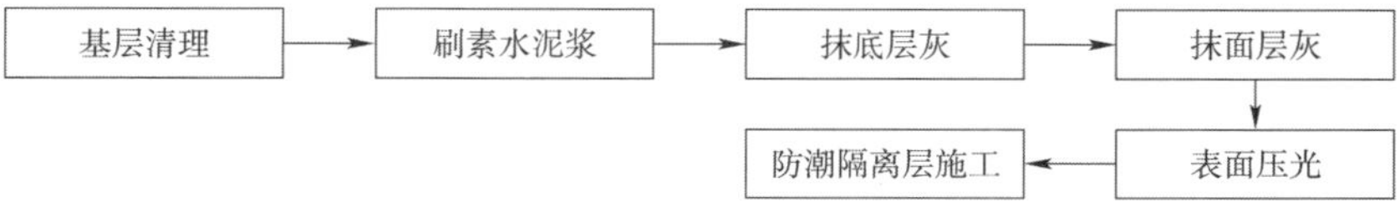


图8-20 楼地面施工流程图

(1)清理混凝土基层上的杂物,并用錾子剔掉楼地面超高、墙面超平部分及砂浆落地灰,用钢丝刷刷净浮浆层。找面层高程、弹线。根据墙上的水平高程线,向下测出面层高程,并弹在墙上。

(2)抹找平层砂浆。

洒水湿润:在清理好的基层上,用喷壶将地面基层均匀洒水一遍。

抹灰饼和标筋:从已弹好的面层水平线下量至找平层上皮的高程(面层高程减去砖厚及黏结层的厚度),抹灰饼间距1.5m,灰饼上平就是水泥砂浆找平层的高程,然后从房间一侧开始抹标筋。有地漏的房间,应由四周向地漏方向放射性抹标筋,并找好坡度。抹灰饼和标筋使用1:4干硬性水泥砂浆,厚度20mm。

装挡(即在标筋间装铺水泥砂浆):清净抹标筋的剩余浆渣,涂刷一遍水泥浆(水灰比为0.4~0.5)黏结层,要随涂刷随铺砂浆。然后根据标筋的高程,用小锹或木抹子将已拌和的水泥砂浆(配合比在1:4)铺装在标筋之间,用木抹子摊平拍实,小木杠刮平,再用木抹子搓平,使铺设的砂浆与标筋找平。用大木杠横竖检查平整度,检查高程和泛水坡度,24h后浇水养生。

①弹铺砖控制线。

当找平层砂浆抗压强度达到1.2MPa时,开始上人弹砖的控制线。预先根据设计要求和砖板块规格尺寸,确定板块铺砌的缝隙宽度。设计无要求时,紧密铺贴,缝隙宽度不大于1mm,虚缝铺贴缝隙宽度为5~10mm。

在房间内分中，纵横两个方向排尺寸，当尺寸不足整砖倍数时，将非整砖排在靠墙位置，纵向(垂直门口)应在房间内分中，非整砖对称排放在两墙边处，尺寸不小于整砖边长的1/2。根据已确定的砖数和缝宽，在地面上弹纵横控制线(每隔 4 块砖弹一控制线)。

②铺砖。

为了找好位置和高程，从门口开始，纵向先铺 2 ~3 行砖，以此为标筋拉纵横水平高程线。铺时从里向外退着操作，人不得踏在刚铺好的砖面上，每块砖必须跟线。

铺砌前，将砖板块放入半截水桶中浸水湿润，晾干后表面无明水，方可使用。找平层上洒水湿润，均匀涂刷素水泥浆(水灰比 0.4 ~0.5)，涂刷面积不要过大，铺多少刷多少。结合层采用水泥砂浆，厚度为 20mm。结合层组合材料拌和，水泥砂浆结合层，配合比为 1∶4(水泥∶砂)干硬性砂浆，随拌随用，初凝前用完，防止影响黏结质量。

铺砌时，砖的背面朝上抹黏结砂浆，铺砌到已刷好的水泥浆找平层上，砖上棱略高出水平高程线，找正、找直、找方后，砖上面垫木板，用橡皮锤拍实。从内退着向外铺砌，做到面砖砂浆饱满，相接紧密、坚实，与地漏相接处，用砂轮锯将砖加工成与地漏相吻合。铺地砖时，最好一次铺一间，大面积施工时，用采取分段、分部位铺砌。

铺完 2 ~3 行，应随时拉线检查缝格的平直度，如超出规定应立即修整，将缝拔直，并用橡皮锤拍实。此项工作在结合层凝结之前完成。

③勾缝、擦缝。

面层铺贴应在 24h 内进行擦缝、勾缝工作，并采用同品种、同强度等级、同颜色的水泥，缝宽一般在 8mm 左右，采用勾缝。

用 1∶1 水泥细砂浆勾缝，勾缝用砂要用窗纱过筛，要求缝内砂浆密实、平整、光滑，勾好后缝成圆弧形，凹进面砖外表面 2 ~3mm，随勾随将剩余水泥砂浆清除、擦净。

设计要求缝隙很小，要求接缝平直，在铺实修整好的砖面层上，用浆糊往缝内浇水泥浆，然后用干水泥撒在缝上，再用棉纱团擦揉，将缝隙擦满，最后将面层上的水泥浆擦干净。

④养生：铺完砖 24h 后洒水养生，时间不应少于 7d。

5)屋面防水施工

屋面防水施工主要包括细石混凝土保护层平屋面和水泥砂浆防水屋面施工。施工工艺流程如图 8-21 所示。

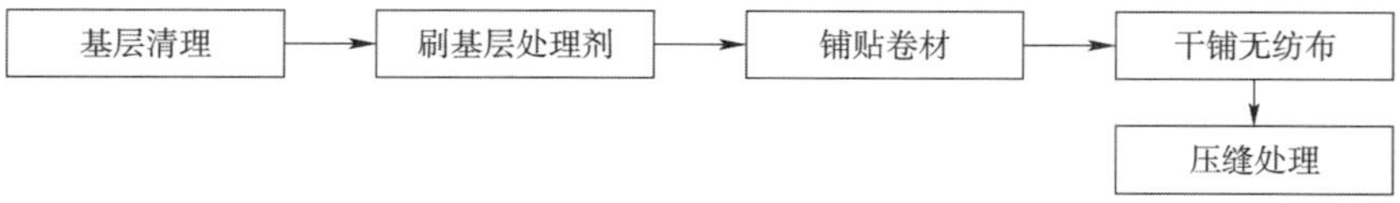


图 8-21　屋面防水施工流程图

(1)细石混凝土保护层平屋面。

先把现浇钢筋混凝土屋面板表面清扫干净，用轻质陶粒混凝土找 2% 坡，厚度 20mm，再用 1∶2.5 水泥砂浆找平，20mm 厚，刷基层处理剂(聚氨酯防水涂料)1.5mm 厚。贴自黏聚酯胎改性沥青防水卷材 3mm 厚，四周上翻不少于 300mm，干铺聚酯纤维无纺布一层，45mm 厚挤塑聚苯乙烯泡沫塑料板隔热层，最后用 40mm 厚 C20 细石混凝土，内配直径为 4mm 双向钢筋间距 200mm，分格缝纵横间距采取 6m，缝宽 20mm，内嵌填密封材料。

(2)水泥砂浆防水屋面。

现浇钢筋混凝土屋面板，表面清扫干净，刷素水泥浆一道，再用 20mm 厚 1∶2 水泥砂浆，掺水泥量 5% 的防水剂，分两次抹灰(每抹一遍收水时压光)。

(3)屋面防水施工要点。

①基层清理。

将已完成钢筋混凝土结构层表面上的杂物、灰尘清理干净。应对结构表面进行检查验收，不得有尖锐的突起及明显的凹陷，如有凸起的混凝土及钢筋头，需剔凿打磨平整，低凹处采用 1∶2.5 水泥砂浆找平，保证基层平整、干净、干燥。

②找平层施工。

为了保证防水卷材的施工质量，保温层上抹 20mm 厚 1∶2.5 水泥砂浆找平层，在保温层上做灰饼，拉线控制水泥砂浆找平层的厚度和坡度。找平层表面做到平整、坚实、光滑。

为保证下一道工序防水施工的基层满足要求，基层与突出屋面结构(女儿墙、设备基础等)的交接处和基层的转角处，找平层均应做成圆弧形，圆弧半径 $R = 50$mm。

做灰饼。根据立面结构上弹出的高程线，拉线做砂浆灰饼，间距 1.5m，灰饼直径 5cm。砂浆找平层施工过程中以灰饼厚度为准用木杠刮平控制坡度。

女儿墙、机房、设备基础等结构立面的表面，在做防水的范围内用 1∶2.5 水泥砂浆修补平整。

③防水层施工。

弹线分块。按卷材宽度及搭接长度弹粉线分割，以水平面距离边墙 60cm 处为卷材搭接起点，平面卷材长边搭接长边 80mm、短边 100mm。

附加层。为防止卷材在阴阳角转角部位拉裂，预先铺 50cm 宽附加层一道，每边 25cm。附加层铺贴经检查合格后方可进行下道工序的施工。

铺贴顺序。先铺贴阴阳角附加层，再铺贴平面与立面相连的卷材，先铺贴立面卷材，然后由上向下铺贴平面卷材，要求保证卷材紧贴阴角。

大面积铺贴。铺贴卷材前，要量好要施工的防水面积，然后根据材料尺寸合理使用材料，从最低处开始铺贴，先将卷材按位置放正，长边留出 10cm 接茬、短边留出 10cm 接茬。然后点燃喷灯对准卷材底面及基层表面同时均匀加热(喷灯嘴距卷材表面约 30cm 为宜)，待卷材表面熔化后，随即向前滚铺卷材，并把卷材压实压平，接茬部分以压出熔化沥青为宜，滚压时不要卷入空气和异物，并防止偏斜、起鼓和褶皱。最后再用喷灯和压子均匀细致地把接缝封好，防止翘边。

卷材接缝。卷材搭接宽度短边为 100mm、长边 100mm，同一层相邻两幅卷材铺贴时横向接头错开不小于 1.5m。立面与平面转角处卷材的接缝留在平面上距两边不小于 60cm。

④厚挤塑聚苯板隔热层。

屋面保温层均采用挤塑聚苯板保温层。在防水卷材上直接将材料铺设在屋面结构板上,为防止起风影响施工,可采用砂浆掺入建筑胶在保温板背面4个角打点薄粘于楼板上,黏结剂厚度一致,保证板面平整。

可以使用刀、锯进行切割保温板,对于切割下来的小块板材应集中堆放并进行覆盖,防止四处散落。保温板需切割规整,边缘及表面不能有破损,保温板之间应对接紧密。地漏、出屋面管道位置应尺寸准确、套割圆滑。

保温板拼接应整齐、严密、挤紧,板间缝隙不得大于2mm,相邻板高差不得大于1.5mm。板缝间或缺角处应用碎屑加胶料拌匀填补严密。

屋面保温层应进行隐蔽验收,施工质量验收合格后方可进行下道工序。

# 参 考 文 献

[1] 中国船级社. 浅海固定平台建造与检验规范 2004[S]. 北京:人民交通出版社股份有限公司,2004.

[2] 中国船级社. 海上移动平台入级与建造规范 2005[S]. 北京:人民交通出版社股份有限公司,2005.

[3] 中华人民共和国交通运输部. 港口与航道水文规范:JTS 145—2015[S]. 北京:人民交通出版社股份有限公司,2015.

[4] 中华人民共和国交通运输部. 码头结构设计规范:JTS 167—2018[S]. 北京:人民交通出版社股份有限公司,2018.

[5] 中华人民共和国交通运输部. 港口与航道水文规范:JTS 145—2015[S]. 北京:人民交通出版社股份有限公司,2015.

[6] 中华人民共和国交通运输部. 港口工程荷载规范:JTS 144—1—2010[S]. 北京:人民交通出版社股份有限公司,2011.

[7] 中华人民共和国住房和城乡建设部. 建筑地基基础设计规范:GB 50007—2011[S]. 北京:中国计划出版社,2011.

[8] 中华人民共和国住房和城乡建设部. 建筑结构荷载规范:GB 50009—2012[S]. 北京:中国建筑工业出版社,2012.

[9] 中华人民共和国交通运输部. 码头结构设计规范:JTS 167—2018[S]. 北京:人民交通出版社股份有限公司,2018.

[10] 中华人民共和国住房和城乡建设部. 钢结构设计标准:GB 50017—2017[S]. 北京:中国建筑工业出版社,2017.

[11] 广东省住房和城乡建设厅. 建筑地基基础设计规范:DBJ 15—31—2016[S]. 北京:中国建筑工业出版社,2016.

[12] 全国钢标准化技术委员会. 粗直径钢丝绳:GB/T 20067—2017[S]. 北京:中国标准出版社,2017.